Ehestabilität in der zwe Lebenshälfte

Ingmar Rapp

Ehestabilität in der zweiten Lebenshälfte

Eine Analyse von kumulierten sozialwissenschaftlichen Umfragedaten

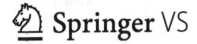 Springer VS

Ingmar Rapp
Heidelberg, Deutschland

Dissertation, Ruprecht-Karls-Universität Heidelberg, 2011

Zugl. Dissertation unter dem Titel: „Determinanten der Ehestabilität im mittleren
und höheren Erwachsenenalter. Eine Analyse von kumulierten sozialwissenschaftlichen Umfragedaten."

ISBN 978-3-531-19750-0   ISBN 978-3-531-19751-7 (eBook)
DOI 10.1007/978-3-531-19751-7

Die Deutsche Nationalbibliothek verzeichnet diese Publikation in der Deutschen National-
bibliografie; detaillierte bibliografische Daten sind im Internet über http://dnb.d-nb.de
abrufbar.

Springer VS
© Springer Fachmedien Wiesbaden 2013
Springer VS ist eine Marke von Springer DE. Springer DE ist Teil der Fachverlagsgruppe
Springer Science+Business Media
www.springer-vs.de

Vorwort

Im Zuge der stark abgenommenen Stabilität von Paarbeziehungen und der gleichzeitig stattfindenden Alterung der Bevölkerung behandelt das Buch und die ihm zugrunde liegende Dissertation von Ingmar Rapp ein bislang fast unbeachtetes Thema von stark zunehmender Relevanz. Zum einen macht die abnehmende Stabilität von Paarbeziehungen und speziell von Ehen auch vor dem mittleren und höheren Lebensalter nicht halt. Zum anderen sorgt die Bevölkerungsalterung dafür, dass Trennungen und Scheidungen nicht nur im mittleren, sondern in der Zukunft auch im höheren Alter immer häufiger werden.

Das vorliegende Buch analysiert die Faktoren, die die Stabilität von Ehen begünstigen oder beeinträchtigen. Einerseits zeigen die Analysen, dass einige Faktoren, die im jüngeren Erwachsenenalter die Stabilität von Paarbeziehungen beeinflussen, mit zunehmendem Alter ihre Bedeutung für die Beziehungsstabilität einbüßen. Andererseits werden die Auswirkungen alterstypischer Veränderungen der Lebenssituation auf die Ehestabilität untersucht, nämlich die des Auszugs von Kindern aus dem Elternhaus, die des Eintritts in den Ruhestand und die gesundheitlicher Beeinträchtigungen.

Die Fülle der sehr differenzierten Einzelergebnisse entzieht sich jeder kurzen Zusammenfassung. Dabei sind einige Erkenntnisse auch weit über die engere Fragestellung hinaus von einem allgemeineren Interesse. So lässt etwa das Ergebnis, dass der Auszug von Kindern aus dem Elternhaus die Stabilität der elterlichen Paarbeziehung reduziert, darauf schließen, dass Kinder bei ihrer Geburt die Beziehungsstabilität erhöhen und dass es nicht nur einfach die stabilen Beziehungen sind, in denen Kinder geboren werden.

Die Analysen und deren Ergebnisse stehen im Kontext einer langjährigen Beschäftigung von Ingmar Rapp in meiner Arbeitsgruppe und um so mehr freut mich das gelungene Buch.

Heidelberg, im November 2012   Thomas Klein

Inhalt

Tabellenverzeichnis...11

Abbildungsverzeichnis..13

1   Einleitung 17

2   Theorie und Forschungsstand 21

2.1   Theoretischer Rahmen.. 22

2.1.1   Das austauschtheoretische Erklärungsmodell ehelicher Stabilität 23

2.1.2   Das familienökonomische Erklärungsmodell ehelicher Stabilität 25

2.1.3   Ergänzende Überlegungen aus einer Lebensverlaufsperspektive 26

2.2   Theoretische Überlegungen, empirische Befunde und
Hypothesen zu den Determinanten der Ehestabilität
im mittleren und höheren Erwachsenenalter.................................. 27

2.2.1   Determinanten der Ehestabilität, die sich im mittleren und
höheren Erwachsenenalter systematisch verändern 28

2.2.1.1   Der Einfluss einer längeren Ehedauer auf das Trennungsrisiko.......... 28

2.2.1.2   Der Einfluss eines höheren Lebensalters auf das Trennungsrisiko...... 32

2.2.1.3   Der Einfluss eines höheren Heiratsalters auf das Trennungsrisiko 34

2.2.2   Spezielle Einflussfaktoren für das mittlere und höhere
         Erwachsenenalter 36

2.2.2.1 Der Einfluss des Auszugs der Kinder aus dem Elternhaus
         auf das Trennungsrisiko 36

2.2.2.2 Der Einfluss des Übergangs in den Ruhestand auf das
         Trennungsrisiko 42

2.2.2.3 Der Einfluss der Gesundheit auf das Trennungsrisiko 45

2.2.3   Determinanten der Ehestabilität, die möglicherweise in späteren
         Ehephasen eine andere Bedeutung für die Ehestabilität haben
         als in frühen Ehephasen 51

2.2.3.1 Der Einfluss des Bildungsniveaus auf das Trennungsrisiko in
         späteren Ehephasen 52

2.2.3.2 Der Einfluss der Bildungs- und Altershomogamie der Partner
         auf das Trennungsrisiko in späteren Ehephasen 58

3   Daten und Methode 63

**3.1   Auswahl und Beschreibung der zur Kumulation
         herangezogenen Datensätze 63**

**3.2   Harmonisierung und Kumulation des ALLBUS, des Generations
         and Gender Survey, der Lebensverlaufsstudie, der Mannheimer
         Scheidungsstudie und des Sozio-oekonomischen Panel 68**

3.2.1   Determinanten der Ehestabilität, die sich im mittleren und
         höheren Erwachsenenalter systematisch verändern 70

3.2.1.1 Operationalisierung der Ehedauer in den Einzeldatensätzen
         und Harmonisierung im kumulierten Datensatz 70

3.2.1.2 Operationalisierung des Lebensalters in den Einzeldatensätzen
         und Harmonisierung im kumulierten Datensatz 77

3.2.1.3 Operationalisierung des Heiratsalters in den Einzeldatensätzen
         und Harmonisierung im kumulierten Datensatz 79

3.2.2   Spezielle Einflussfaktoren für das mittlere und höhere
         Erwachsenenalter 80

3.2.2.1 Operationalisierung des Auszugs der Kinder aus dem Elternhaus
         in den Einzeldatensätzen und Harmonisierung im kumulierten
         Datensatz 80

3.2.2.2 Operationalisierung des Übergangs in den Ruhestand in den
         Einzeldatensätzen und Harmonisierung im kumulierten
         Datensatz 85

3.2.2.3 Operationalisierung der Gesundheit im Sozio-oekonomischen
         Panel und im kumulierten Datensatz 89

3.2.3   Determinanten der Ehestabilität, die möglicherweise in späteren
         Ehephasen eine andere Bedeutung für die Ehestabilität haben
         als in frühen Ehephasen 91

3.2.3.1 Operationalisierung des Bildungsniveaus in den Einzeldatensätzen
         und Harmonisierung im kumulierten Datensatz 91

3.2.3.2 Operationalisierung der Bildungs- und Altershomogamie der
         Partner in den Einzeldatensätzen und Harmonisierung im
         kumulierten Datensatz 101

3.2.4   Operationalisierung der Kontrollvariablen in den
         Einzeldatensätzen und Harmonisierung im kumulierten
         Datensatz 103

3.3   Beschreibung der kumulierten Stichprobe 106

3.3.1   Zahl der Ehen in den Einzeldatensätzen und Zahl der Ehen,
         die im kumulierten Datensatz für Trennungsanalysen zur
         Verfügung stehen 107

3.3.2   Zahl der Trennungsereignisse und Verteilungen der erklärenden
         Variablen im kumulierten Datensatz und differenziert nach
         Ausgangsdatensatz 110

3.4   Auswertungsverfahren 118

4 Ergebnisse.. **123**

4.1 Determinanten der Ehestabilität, die sich im mittleren und höheren Erwachsenenalter systematisch verändern........................ 123

4.1.1 Der Einfluss einer längeren Ehedauer auf das Trennungsrisiko....... 123

4.1.2 Der Einfluss eines höheren Lebensalters auf das Trennungsrisiko.. 131

4.1.3 Der Einfluss eines höheren Heiratsalters auf das Trennungsrisiko.. 139

4.2 Spezielle Einflussfaktoren für das mittlere und höhere Erwachsenenalter... 146

4.2.1 Der Einfluss des Auszug der Kinder aus dem Elternhaus auf das Trennungsrisiko.. 147

4.2.2 Der Einfluss des Übergangs in den Ruhestand auf das Trennungsrisiko.. 152

4.2.3 Der Einfluss der Gesundheit auf das Trennungsrisiko.................... 156

4.3 Determinanten der Ehestabilität, die möglicherweise in späteren Ehephasen eine andere Bedeutung für die Ehestabilität haben als in frühen Ehephasen.................... 161

4.3.1 Der Einfluss des Bildungsniveaus auf das Trennungsrisiko in späteren Ehephasen 161

4.3.2 Der Einfluss der Bildungs- und Altershomogamie der Partner auf das Trennungsrisiko in späteren Ehephasen 169

5 Zusammenfassung und Ausblick................................. **179**

Literatur...187

Anhang...203

Tabellenverzeichnis

Tabelle 1: Beschreibung der für Deutschland vorliegenden Datensätze mit Informationen über die Ehebiografie im Längsschnitt.. 65

Tabelle 2: Anzahl der Ehen und Anzahl der Ehen mit bzw. ohne fehlende Werte zum Beginn und Ende der Ehe in den Einzeldatensätzen.. 108

Tabelle 3: Trennungsereignisse und Verteilungen der erklärenden Variablen im kumulierten Datensatz und differenziert nach Ursprungsdatensatz.. 113

Tabelle 4: Anzahl der Ehejahre und Anzahl der Trennungen nach der Ehedauer.. 126

Tabelle 5: Anzahl der Ehejahre und Anzahl der Trennungen nach dem Alter der Ehefrau und des Ehemannes............................ 131

Tabelle 6: Effekte des Heiratsalters der Frau und des Mannes und weitere Determinanten des Trennungsrisikos von Ehen (relative Risiken, generalisiertes Sichel-Modell) 140

Tabelle 7: Effekte des Heiratsalters der Frau und des Mannes und weitere Determinanten des Trennungsrisikos von Ehen, mit und ohne Kontrolle der früheren Eheerfahrung (relative Risiken, generalisiertes Sichel-Modell) 142

Tabelle 8: "Empty nest"-Effekte und weitere Determinanten des Trennungsrisikos von Ehen (relative Risiken, generalisiertes Sichel-Modell).. 148

Tabelle 9: Ruhestands-Effekte und weitere Determinanten des Trennungsrisikos von Ehen (relative Risiken, generalisiertes Sichel-Modell).. 153

Tabelle 10:   Gesundheits-Effekte und weitere Determinanten des
Trennungsrisikos von Ehen (relative Risiken,
generalisiertes Sichel-Modell) 157

Tabelle 11:   Effekte der Bildung der Frau und weitere Determinanten
des Trennungsrisikos von Ehen (relative Risiken,
generalisiertes Sichel-Modell) 163

Tabelle 12:   Effekte der Bildung des Mannes und weitere
Determinanten des Trennungsrisikos von Ehen
(relative Risiken, generalisiertes Sichel-Modell) 166

Tabelle 13:   Effekte der Bildungshomogamie und weitere
Determinanten des Trennungsrisikos von Ehen
(relative Risiken, generalisiertes Sichel-Modell) 171

Tabelle 14:   Effekte der Altershomogamie und weitere Determinanten
des Trennungsrisikos von Ehen (relative Risiken,
generalisiertes Sichel-Modell) 173

Tabelle 15:   Effekte der Altershomogamie, „empty nest"- und
Ruhestands-Effekte und weitere Determinanten des
Trennungsrisikos von Ehen (relative Risiken,
generalisiertes Sichel-Modell) 175

Tabelle 16:   Effekte der Ehedauer auf das Trennungsrisiko für
verschiedene Heiratskohorten (relative Risiken,
Piecewise Constant Exponential-Modell) 203

Tabelle 17:   Effekte der Ehedauer auf das Trennungsrisiko, mit und
ohne Kontrolle des Alters (relative Risiken, Piecewise
Constant Exponential-Modell) 204

Tabelle 18:   Effekte des Alters der Frau bzw. des Mannes auf das
Trennungsrisiko für alle Ehen und für nur Erstehen
(relative Risiken, Piecewise Constant Exponential-Modell) .. 205

Tabelle 19:   Effekte des Alters der Frau bzw. des Mannes auf das
Trennungsrisiko, mit und ohne Kontrolle der Ehedauer
(relative Risiken, Piecewise Constant Exponential-Modell) .. 206

Abbildungsverzeichnis

Abbildung 1: Austauschtheoretisches Erklärungsmodell ehelicher Stabilität nach Lewis und Spanier 24

Abbildung 2: Hypothesen zum „empty nest"-Einfluss auf das Trennungsrisiko im Überblick 41

Abbildung 3: Hypothesen zum Einfluss des Übergangs in den Ruhestand auf das Trennungsrisiko im Überblick 44

Abbildung 4: Hypothesen zum Einfluss von Krankheit auf das Trennungsrisiko im Überblick 49

Abbildung 5: Operationalisierung des Heiratsjahres in den Einzeldatensätzen und Harmonisierung im kumulierten Datensatz 71

Abbildung 6: Operationalisierung des Trennungsjahres in den Einzeldatensätzen und Harmonisierung im kumulierten Datensatz 73

Abbildung 7: Operationalisierung des Verwitwungsjahres in den Einzeldatensätzen und Harmonisierung im kumulierten Datensatz 76

Abbildung 8: Operationalisierung des Geburtsjahres der Befragungsperson in den Einzeldatensätzen und Harmonisierung im kumulierten Datensatz 77

Abbildung 9: Operationalisierung des Geburtsjahres des Partners in den Einzeldatensätzen und Harmonisierung im kumulierten Datensatz 79

Abbildung 10: Operationalisierung der Auszugsjahre der Kinder in den Einzeldatensätzen und Harmonisierung im kumulierten Datensatz 83

Abbildung 11: Operationalisierung des Ruhestandseintrittsjahres in den Einzeldatensätzen und Harmonisierung im kumulierten Datensatz 87

Abbildung 12: Operationalisierung der Schulbildung der Befragungsperson in den Einzeldatensätzen und Harmonisierung im kumulierten Datensatz 92

Abbildung 13: Operationalisierung der Berufsausbildung der Befragungsperson in den Einzeldatensätzen und Harmonisierung im kumulierten Datensatz............................ 95

Abbildung 14: Operationalisierung der Schulbildung des Partners in den Einzeldatensätzen und Harmonisierung im kumulierten Datensatz 98

Abbildung 15: Operationalisierung der Berufsausbildung des Partners in den Einzeldatensätzen und Harmonisierung im kumulierten Datensatz 100

Abbildung 16: Operationalisierung der Eheerfahrung in den Einzeldatensätzen und Harmonisierung im kumulierten Datensatz 104

Abbildung 17: Verlauf der Übergangsrate im generalisierten Sichelmodell für unterschiedliche Parameter b und c 120

Abbildung 18: Ehedauerspezifische Trennungsraten für verschiedene Heiratskohorten (Berechnung unter Verwendung der Parameter aus den Regressionsmodellen in Tabelle 16 im Anhang) 125

Abbildung 19: Ehedauerspezifische Trennungsraten unter Konstanthaltung des Heiratsjahres (Berechnung unter Verwendung der Parameter aus Regressionsmodell 1 in Tabelle 17 im Anhang) 128

Abbildung 20: Ehedauerspezifische Trennungsraten ohne und mit Kontrolle des Alters der Ehepartner (Berechnung unter Verwendung der Parameter aus den Regressionsmodellen 2 und 3 in Tabelle 17 im Anhang)............................ 129

Abbildung 21: Altersspezifische Trennungsraten nach dem Alter der Ehefrau und nach dem Alter des Ehemannes (Berechnung unter Verwendung der Parameter aus den Regressionsmodellen 1 und 3 in Tabelle 18 im Anhang)............................ 132

Abbildung 22: Altersspezifische Trennungsraten nach dem Alter der Ehefrau und nach dem Alter des Ehemannes, für alle Ehen und für nur Erstehen (Berechnung unter Verwendung der Parameter aus den Regressionsmodellen aus Tabelle 18 im Anhang).. 135

Abbildung 23: Altersspezifische Trennungsraten nach dem Alter des Mannes, ohne und mit Kontrolle der Ehedauer (Berechnung unter Verwendung der Parameter aus den Regressionsmodellen 3 und 4 in Tabelle 19 im Anhang)....... 136

Abbildung 24: Altersspezifische Trennungsraten nach dem Alter der Frau, ohne und mit Kontrolle der Ehedauer (Berechnung unter Verwendung der Parameter aus den Regressionsmodellen 1 und 2 aus Tabelle 19 im Anhang) 137

Abbildung 25: Trennungsrisiko nach dem Heiratsalter der Frau, ohne und mit Kontrolle der früheren Eheerfahrung (Berechnung unter Verwendung der Parameter aus den Regressionsmodellen 1 und 2 aus Tabelle 7)................................. 143

Abbildung 26: Trennungsrisiko nach dem Heiratsalter des Mannes, ohne und mit Kontrolle der früheren Eheerfahrung (Berechnung unter Verwendung der Parameter aus den Regressionsmodellen 3 und 4 aus Tabelle 7)................................. 144

Abbildung 27: Ehedauerabhängiger Verlauf der Trennungsrate bei einem Eintritt in die „empty nest"-Phase nach 25 Ehejahren (Modell).. 150

1 Einleitung

Seit den 1980er Jahren werden die Ursachen und die sozialen Unterschiede der Ehestabilität auf der Grundlage von großen sozialwissenschaftlichen Umfragedatensätzen untersucht. Bei einer Bilanzierung der deutschen Scheidungsforschung bis zum Jahr 2001 zählen Wagner und Weiß (2003) bereits 42 Publikationen, die seit 1987 erschienen sind. Aus diesen und aus späteren Trennungs- und Scheidungsstudien kennt man heute viele der Faktoren, die das Trennungsverhalten beeinflussen. Obwohl die Menschen immer älter werden, ist über die Ursachen von Trennung und Scheidung in späteren Lebens- und Partnerschaftsphasen nach wie vor nur sehr wenig bekannt. Die vorliegenden Studien zur Partnerschafts- und Ehestabilität beziehen sich fast ausschließlich auf das jüngere Erwachsenenalter und lassen sich nicht auf spätere Lebens- und Partnerschaftsabschnitte übertragen.

Zu dem Forschungsdefizit zur Stabilität von Paarbeziehungen im mittleren und höheren Erwachsenenalter hat beigetragen, dass Ältere in der theoretischen Reflexion familiendemographischer Prozesse häufig ausgespart werden. Dies gilt auch für die wichtigsten Theorien der Ehestabilität. Diese konzentrieren sich auf frühere Lebens- und Partnerschaftsphasen, in denen Kinder geboren und großgezogen werden und in denen Partnerschaft, Kinder und Erwerbsarbeit in Einklang zu bringen sind. Die bestehenden Theorien der Ehestabilität erlauben gleichwohl auch Vorhersagen zu den Determinanten ehelicher Stabilität im mittleren und höheren Erwachsenenalter. Sie wurden bislang aber nicht auf spätere Lebens- und Partnerschaftsphasen angewandt. Der ausschlaggebende Grund für die Vernachlässigung von älteren Menschen und Partnerschaften in der bisherigen Trennungs- und Scheidungsforschung liegt jedoch darin, dass bis jetzt die in Einzelstudien zu geringen Fallzahlen ein unüberwindliches Hindernis dargestellt haben. Denn selbst in den großen sozialwissenschaftlichen Umfragedatensätzen sind höhere Altersbereiche und spätere Trennungsereignisse zu selten enthalten, um zuverlässige Aussagen über die Determinanten der Ehestabilität im mittleren und höheren Erwachsenenalter treffen zu können.

Grundlage der vorliegenden Studie ist deshalb, zur Überwindung des Fallzahlproblems, eine aufwändige Kumulation bereits vorliegender Umfragedaten mit den notwendigen Informationen, um mit einer hinreichenden Fallzahl das Trennungsverhalten von Paaren in späteren Lebens- und Partnerschaftsphasen untersuchen zu können. Bei den Surveys, die in die Datenkumulation einbezogen werden, handelt es sich um die Allgemeine Bevölkerungsumfrage der Sozialwissenschaften (ALLBUS), den Generations and Gender Survey für Deutschland, die Lebensverlaufsstudie, die Mannheimer Scheidungsstudie und das Sozio-oekonomische Panel (SOEP). Alle fünf Surveys repräsentieren die deutsche oder westdeutsche Bevölkerung, enthalten Informationen über Ehen im Längsschnitt und haben sich für den Zweck der vorliegenden Untersuchung als kumulierbar erwiesen. Der kumulierte Datensatz übersteigt die Fallzahlen, die bislang für Trennungsanalysen zur Verfügung standen, um ein Vielfaches. Damit steht erstmals eine Datengrundlage zur Verfügung, mit der sich auch für das mittlere und höhere Erwachsenenalter und für spätere Partnerschaftsphasen zuverlässige Aussagen über die Ursachen und die sozialen Unterschiede der Ehestabilität treffen lassen.

Das Interesse der vorliegenden Studie gilt erstens jenen Determinanten der Ehestabilität, die zwar in bisherigen, auf ein früheres Alter konzentrierten Untersuchungen vielfach untersucht wurden, die sich aber im Lebensverlauf systematisch verändern. Dies betrifft die Ehedauer, das Alter und ggf. (wenn eine Person mehr als einmal heiratet) das Heiratsalter. Zum Beispiel ist für ein jüngeres Erwachsenenalter gut dokumentiert, dass das Trennungs- und Scheidungsrisiko in den ersten Ehejahren rasch ansteigt, nach wenigen Jahren ein Maximum erreicht und danach wieder abfällt. Eine offene Frage, die sich aus der Konzentration der bisherigen Trennungs- und Scheidungsforschung auf das frühere Erwachsenenalter ergibt, ist aber, ob ein Absinken des Trennungsrisikos auch über den längerfristigen Eheverlauf gegeben ist. Was das Heiratsalter anbelangt, haben vorliegende Untersuchungen vielfach eine mit steigendem Heiratsalter zunehmende Ehestabilität festgestellt. Es ist aber unklar, bis in welches Alter sich der günstige Einfluss des Aufschubs der Heirat fortsetzt, bzw. ob nach einem „optimalen" Heiratsalter das Trennungsrisiko wieder ansteigt. Diese Frage betrifft, infolge der gesunkenen

Ehestabilität, zunehmend mehr Ehen, die erst in späteren Jahren begonnen werden.

Zweitens richtet sich das Interesse der vorliegenden Untersuchung auf die für das mittlere und höhere Erwachsenenalter typischen Ereignisse und Gegebenheiten. Hierzu zählen der Auszug von Kindern aus dem Elternhaus, der Übergang in den Ruhestand und gesundheitliche Beeinträchtigungen. Aufgrund der Konzentration fast aller Untersuchungen auf das frühere Erwachsenenalter ist bislang unklar, wie sich diese Faktoren auf das Trennungsrisiko auswirken.

Schließlich gilt das Interesse drittens solchen Merkmalen, die sich in jungen Jahren als bedeutsam für die Ehestabilität erwiesen haben, für die aber in Betracht zu ziehen ist, dass sie in späteren Lebens- und Partnerschaftsphasen eine andere Bedeutung für die Ehestabilität haben als in jungen Jahren. Hierbei handelt es sich um das Bildungsniveau sowie um die Bildungs- und Altershomogamie der Partner.

Eine Analyse der genannten Faktoren ist auch über die begrenzte Thematik der vorliegenden Studie hinaus von Bedeutung. Zum Beispiel erlauben die Ergebnisse zum Einfluss des Auszugs von Kindern auf die Ehestabilität auch Rückschlüsse darauf, ob (wie häufig vermutet, aber noch kaum untersucht) der günstige „Einfluss" von Kindern auf die Ehestabilität überhaupt auf einem Kausaleffekt beruht, oder dadurch zustande kommt, dass Kinder eher in den stabilen Ehen geboren werden. Des Weiteren sind die Ergebnisse zum Einfluss der Gesundheit auf die Ehestabilität auch für die Erklärung gesundheitlicher Ungleichheit relevant. Sie erlauben Rückschlüsse darauf, inwieweit die vielfach dokumentierte bessere Gesundheit von Verheirateten auf einem protektiven Effekt von Partnerschaft und Ehe auf die Gesundheit beruht, oder darin begründet ist, dass Gesündere eher verheiratet bleiben. Schließlich gründet die gesellschaftliche Relevanz der Untersuchung darauf, dass späte Trennungen und Scheidungen mit vielfältigen Konsequenzen für die Betroffenen und für die Gesellschaft verknüpft sein können, zum Beispiel für die sozialen Beziehungen und Unterstützungsnetzwerke (Berardo 1982), für den materiellen Wohlstand (Andreß und Lohmann 2001) und für die Alterssicherung, für die pflegerische Versorgung und sogar für die Lebenserwartung (Brockmann und Klein 2004).

In *Kapitel zwei* wird zunächst der theoretische Rahmen der vorliegenden Untersuchung vorgestellt. Anschließend werden, gegliedert nach den Einflussfaktoren ehelicher Stabilität, vorliegende empirische Befunde zusammengefasst, welche die Ehestabilität in späteren Lebens- und Partnerschaftsphasen betreffen oder hierfür relevant sind, und es werden Hypothesen zu den Determinanten ehelicher Stabilität in späteren Lebens- und Partnerschaftsphasen formuliert. *Kapitel drei* beschreibt die zur Kumulation herangezogenen Datensätze und deren Auswahl, dokumentiert die Harmonisierung und Operationalisierung der berücksichtigten Variablen, stellt die kumulierte Stichprobe dar und erläutert die angewandten Analyseverfahren. *Kapitel vier* berichtet die Ergebnisse zu den Determinanten der Ehestabilität in späteren Lebens- und Partnerschaftsphasen. Zugunsten einer besseren Lesbarkeit schließen die Unterkapitel, in denen die Ergebnisse zu den Einflussfaktoren ehelicher Stabilität beschrieben werden, bereits eine Diskussion der Ergebnisse mit ein. *Kapitel fünf* fasst die wichtigsten Ergebnisse und Schlussfolgerungen zusammen, die sich aus der vorliegenden Untersuchung ergeben.

2 Theorie und Forschungsstand

Obgleich in der wissenschaftlichen Diskussion seit langem ein Forschungsdefizit in Bezug auf die Stabilität von Ehen im mittleren und höheren Erwachsenenalter beklagt wird (vgl. zum Überblick Fooken und Lind 1997: 110 ff.), ist nach wie vor nur ausgesprochen wenig über die Ursachen von Trennung und Scheidung in späteren Lebens- und Partnerschaftsphasen bekannt. Es gibt zwar eine Vielzahl von Untersuchungen zum Scheidungs- und Trennungsverhalten. Diese sind aber nur aussagekräftig für das jüngere Erwachsenenalter und für frühere Ehephasen, weil die beobachteten Zusammenhänge stark durch Trennungen nach kürzerer Ehedauer und in einem jüngeren Alter dominiert werden, wo das Trennungsrisiko am höchsten ist. Gleichzeitig weisen aber theoretische Überlegungen und auch vereinzelte empirische Befunde darauf hin, dass die für ein jüngeres Alter gewonnenen Ergebnisse nicht auf spätere Partnerschafts- und Lebensabschnitte übertragbar sind.

Auch die amtliche Statistik legt lediglich nahe, dass die Ehestabilität auch in späteren Lebens- und Partnerschaftsphasen abgenommen hat. Während im Jahr 1964 von den in Deutschland geschiedenen Ehen 34 % der Männer und 27 % der Frauen 40 Jahre oder älter gewesen sind, waren es bei den 2009 geschiedenen Ehen mit 67 % bereits zwei Drittel der Männer und mit 57 % deutlich mehr als die Hälfte der Frauen (Statistisches Bundesamt 1966, 2011). Gleichzeitig hat sich der Anteil der Ehescheidungen nach der Silberhochzeit, d. h. nach einer Ehedauer von mehr als 25 Jahren, von 5 % der Ehen im Jahr 1964 auf 14 % der Ehen im Jahr 2009 erhöht (Statistisches Bundesamt 1966, 2011). Die amtliche Statistik erlaubt jedoch keine Aussagen zu den Ursachen später Scheidungen.

Demgegenüber existieren nur sehr wenige Untersuchungen, die explizit die Ursachen von Trennung und Scheidung in späteren Partnerschafts- und Lebensabschnitten beleuchten. Deren Ergebnisse sind aber aufgrund von zu geringen Fallzahlen mit Vorbehalten verbunden. Und obendrein entstammen

die wenigen vorliegenden Ergebnisse zum Trennungs- und Scheidungsverhalten in späteren Lebens- und Partnerschaftsphasen meist dem angloameri-
kanischen Raum und sind, aufgrund der jeweiligen kulturellen und institutionellen Besonderheiten, nicht ohne weiteres auf Deutschland übertragbar.

Das Fallzahlproblem für das mittlere und höhere Erwachsenenalter ist
darin begründet, dass Trennungen und Scheidungen (nicht nur, aber insbesondere) im mittleren und höheren Erwachsenenalter ein seltenes Ereignis
darstellen. Späte Trennungen und Scheidungen kommen deshalb in repräsentativen Umfragen nur selten vor. In vielen Surveys wird das Fallzahlproblem der Seltenheit später Trennungen in der Realität noch dadurch verschärft, dass in der meist retrospektiven Erhebung der Ehebiografien von
Personen unterschiedlichen Alters die Ehen mit (noch) kurzer Dauer stark
überrepräsentiert sind, während spätere Ehephasen nur bei den Befragten in
entsprechendem Alter vorkommen können.[1] Die vorliegende Untersuchung
löst das Fallzahlproblem durch eine Kumulation mehrerer bereits vorliegender sozialwissenschaftlicher Umfragedatensätze (siehe *Kapitel 3*).

2.1 Theoretischer Rahmen

Den theoretischen Rahmen der vorliegenden Untersuchung bilden austauschtheoretische und familienökonomische Erklärungsmodelle ehelicher
Stabilität. Beide Erklärungsmodelle wurden in empirischen Untersuchungen
zum Trennungs- und Scheidungsverhalten im jüngeren Erwachsenenalter
und in früheren Ehephasen bereits häufig getestet.[2] Eine Anwendung auf
spätere Lebens- und Partnerschaftsabschnitte steht bislang aber aus.

---

[1]   In manchen Erhebungen, die für Trennungs- und Scheidungsanalyen zur Verfügung
stehen, bleiben spätere Lebensphasen sogar gänzlich außen vor. Zum Beispiel bezieht sich
der Family und Fertility Survey nur auf 20- bis 39-Jährige und der Familiensurvey nur auf
18- bis 55-Jährige.

[2]   Dabei dominiert in Untersuchungen für Deutschland das familienökonomische Erklärungsmodell. Wagner und Weiß stellen bei ihrer Bilanzierung der deutschen Scheidungsforschung fest, dass dieses in mehr als der Hälfte der 42 Publikationen besonders hervorgehoben wird. Das austauschtheoretische Erklärungsmodell wird in ca. jeder zehnten Veröffentlichung besonders hervorgehoben, und etwa jede dritte Veröffentlichung weist keinen
eindeutigen Bezug zu einer Theorie ehelicher Stabilität auf (Wagner und Weiß 2003: 38). Die
Dominanz familienökonomischer und austauschtheoretischer Erklärungsmodelle gründet

Die folgenden beiden *Kapitel 2.1.1* und *Kapitel 2.1.2* fassen zunächst die Grundannahmen der beiden Erklärungsmodelle, die an anderer Stelle bereits ausführlich dargestellt sind (insbesondere Hill und Kopp 2006; Kopp 1994), in wenigen Sätzen zusammen. Dabei wird auch deutlich, dass die beiden Theorieentwürfe hinreichende Gemeinsamkeit aufweisen, um sie für den Zweck der vorliegenden Studie miteinander verbinden zu können. Ihnen liegt ein gemeinsames Handlungsmodell zugrunde, das von einem subjektiv (und damit in vielerlei Hinsicht begrenzt) rationalen Akteur ausgeht, der bei gegebenen Präferenzen in sozial vorgegebenen Situationen seinen Nutzen maximiert (Hill und Kopp 2006: 125 ff.). Ehen werden demnach dann aufgelöst, wenn die Ehepartner den Gesamtnutzen einer Ehe als geringer bewerten als den nach einer Trennung bzw. Scheidung. In größerem Detail werden diejenigen Annahmen des austauschtheoretischen und des familienökonomischen Erklärungsmodells ehelicher Stabilität, die für die Generierung von Hypothesen zu den Determinanten der Ehestabilität im mittleren und höheren Erwachsenenalter relevant sind, in *Kapitel 2.2* dargestellt, das sich nach den Einflussfaktoren der Ehestabilität in späteren Lebens- und Partnerschaftsphasen gliedert.

Zuvor werden in *Kapitel 2.1.3* einige Überlegungen skizziert, die Konzepten der Lebensverlaufsforschung entnommen sind und die bei der Ableitung der Hypothesen zu den Determinanten ehelicher Stabilität in späteren Lebens- und Partnerschaftsphasen ergänzend berücksichtigt werden.

2.1.1 Das austauschtheoretische Erklärungsmodell ehelicher Stabilität

In der Perspektive der Austauschtheorie werden Ehen als verstetigte Tauschbeziehungen begriffen, die als wechselseitig belohnend empfunden werden und einen subjektiv höheren Belohnungswert aufweisen als alternativ realisierbare Beziehungen (Hill und Kopp 2006: 277). Auf die Erklärung der Ehestabilität wurde die Austauschtheorie vor allem von Levinger (1976) und von

---

dabei in erster Linie darauf, dass diese – anders als zum Beispiel die Individualisierungsthese (Beck 1986; Beck und Beck-Gernsheim 1994), die These zur Deinstitutionalisierung von Ehe und Familie (Tyrell 1988) oder die Theorie des postmaterialistischen Wertewandels (Inglehart 1997) – die zu einer gehaltvollen Erklärung notwendige handlungstheoretische Grundlage liefern (Coleman 1990: 3 ff.; Esser 1993: 94 ff.).

Abbildung 1:   Austauschtheoretisches Erklärungsmodell ehelicher Stabilität
                 nach Lewis und Spanier

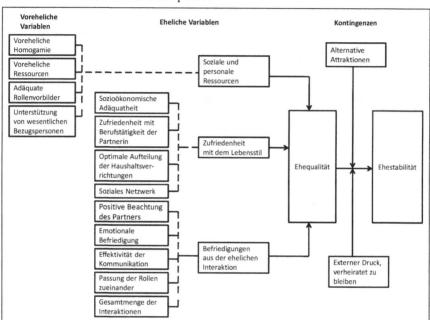

Quelle: Lewis und Spanier 1979: 289, deutsche Übersetzung von Hill und Kopp 1990: 222,
nachgezeichnet.

Lewis und Spanier (1979, 1982) übertragen. Die Ehestabilität hängt in dieser
Perspektive von der Ehequalität ab, von den Alternativen zur bestehenden
Ehe sowie vom externen Druck, verheiratet zu bleiben (siehe Abbildung 1).

Bei der Ehequalität handelt es sich um die subjektive Bewertung der
ehelichen Beziehung (Lewis und Spanier 1979: 269). Sie wird sowohl von
ehelichen als auch von vorehelichen Faktoren beeinflusst (siehe Abbildung 1)
und stellt den wichtigsten Einflussfaktor auf die Ehestabilität dar (Lewis und
Spanier 1979: 273). Üblicherweise geht eine hohe Ehequalität mit einer hohen
Stabilität der Ehe einher (vgl. im Folgenden Lewis und Spanier 1979: 285 ff.).
Dies ist aber nicht immer der Fall, da auch außereheliche Faktoren – alternative Attraktionen und der externe Druck, verheiratet zu bleiben – die Ehestabilität beeinflussen. Auch Ehen mit einer hohen Ehequalität sind vergleichs-

weise instabil, wenn die wahrgenommenen Alternativen noch besser bewertet werden und wenn die Barrieren gegenüber einer Trennung niedrig sind. Umgekehrt können Ehen mit niedriger Ehequalität sehr stabil sein, wenn Alternativen fehlen und die Barrieren gegenüber einer Trennung hoch sind. Dabei erschöpfen sich die Alternativen nicht in der Aussicht auf eine andere Paarbeziehung. Auch Alleinleben kann eine Alternative zur bestehenden Ehebeziehung darstellen.

2.1.2 Das familienökonomische Erklärungsmodell ehelicher Stabilität

In der Perspektive der Familienökonomie werden Ehen als Produktionsgemeinschaft betrachtet. Es wird angenommen, dass Paare ihren gemeinsamen Haushalt und ihre Ehebeziehung in der Weise organisieren, dass sie dadurch einen maximalen Nutzen erzielen. Begründet und (unter anderem) auf die Erklärung ehelicher Stabilität angewandt wurde das familienökonomische Erklärungsmodell von Becker (1993) bzw. von Becker, Landes und Michael (1977). Das Trennungs- und Scheidungsverhalten orientiert sich in dieser Perspektive an dem Gewinn aus der Ehe, an dem Nutzen der Alternativen zur Ehe und an den Trennungskosten. Ehen werden aufgelöst, wenn der gemeinsame Nutzen aus der Ehe niedriger ist als der erwartete Nutzen nach einer Trennung (Becker et al. 1977: 1142, 1144).

Der Ehegewinn wird insbesondere durch die Eigenschaften und Fähigkeiten der beiden Ehepartner sowie durch Investitionen in ehespezifisches Kapital bestimmt. Dabei ist auch von Bedeutung, ob es sich um komplementäre oder substituierbare Merkmale handelt. Bei komplementären Eigenschaften (z. B. Bildung oder Alter) geht Ähnlichkeit zwischen den Partnern mit einem höheren Ehegewinn einher, in Bezug auf substituierbare Eigenschaften ist eine Verbindung zwischen ungleichen Partnern günstig (Becker et al. 1977: 1146). Zu den substituierbaren Eigenschaften zählt Becker die Produktivität bei der Erwerbs- und Haushaltsarbeit, weil sich durch Arbeitsteilung zwischen den Ehepartnern Spezialisierungsgewinne und dadurch ein höherer Ehegewinn realisieren lässt (Becker 1993: 30 ff.). Dabei lässt sich eine spezialisierte Arbeitsteilung auch als ehespezifisches Kapital begreifen. Zum ehespezifischen Kapital zählen außerdem gemeinsame Kinder, das Wissen über den Partner und weitere Güter, die innerhalb einer Ehe von größerem

Wert sind als außerhalb (Becker et al. 1977: 1152, 1157), die Trennungskosten folglich erhöhen und somit das Trennungsrisiko senken.

Weitere grundlegende Konzepte stellen Unsicherheiten und Suchkosten dar. Im Zusammenhang mit Unsicherheit betont die Familienökonomie die Bedeutung von Veränderungen, die sich nicht oder nur schwer antizipieren lassen, für das Trennungsrisiko (Becker et al. 1977: 1153, 1161, 1183). Denn aufgrund von solchen Veränderungen können, ebenso wie aufgrund von unvollständigen Informationen bei Ehebeginn, der erwartete und der tatsächliche Nutzen aus der Ehe auseinanderfallen. Darin, dass Unsicherheit über den Nutzen einer Ehe besteht, ist denn auch die zentrale Ursache für Scheidungen zu sehen (Becker et al. 1977: 1144). Dass Ehen bei mehr oder weniger unvollständigem Informationsstand begonnen werden, ist den Suchkosten (in Form von Zeit und anderen Ressourcen) geschuldet, die mit der Suche nach einem geeigneten Partner einhergehen. Personen antizipieren diese Kosten und nehmen ein nicht optimales Partnermatch in Kauf (Becker et al. 1977: 1147-1151).

2.1.3   Ergänzende Überlegungen aus einer Lebensverlaufsperspektive

In jüngerer Zeit wurden in verschiedenen Disziplinen Konzepte formuliert, die den Nutzen und die Notwendigkeit betonen, bei der Analyse und Erklärung individueller und sozialer Prozesse eine Lebensverlaufsperspektive einzunehmen (Giele und Elder 1998). Einige Beachtung haben diesbezügliche Überlegungen und Konzepte zum Beispiel in der Entwicklungspsychologie (Baltes et al. 1999), in der Epidemiologie (Ben-Shlomo und Kuh 2002; Lynch und Davey Smith 2005) und (im wortwörtlichen Sinn) nicht zuletzt in der Soziologie erfahren (Kohli 1985; Mayer 1990). Die soziologische Lebensverlaufsforschung stellt dabei keinen geschlossenen Theorieentwurf zur Verfügung. Sie lässt sich als ein Forschungsprogramm charakterisieren, das „eine Reihe heuristischer (und zum Teil empirisch überprüfbarer) Thesen" bereithält (Mayer 1990: 10). Ihr Wert für die Erklärung ehelicher Stabilität bemisst sich darin, dass diese Thesen familienökonomische und austauschtheoretische Argumente ergänzen können, indem sie dazu beitragen, präzisere Hypothesen zu den Determinanten ehelicher Stabilität in späteren Lebens- und Partnerschaftsphasen zu formulieren.

Zu den Überlegungen, die aus Konzepten der Lebensverlaufsforschung entstammen und die im Folgenden bei der Formulierung von Hypothesen zu den Determinanten ehelicher Stabilität in späteren Lebens- und Partnerschaftsphasen berücksichtigt werden, zählt die Vorstellung, dass Verläufe in einzelnen Lebensbereichen nicht isoliert von Verläufen in anderen Lebensbereichen verstanden und erklärt werden können (Huinink und Feldhaus 2009: 308; Mayer 1990: 11). Eine Analyse ehelicher Stabilität muss demnach auch Gegebenheiten und Veränderungen in anderen zentralen Lebensbereichen als Partnerschaft und Familie berücksichtigen, etwa im Erwerbsleben der Partner oder in Bezug auf deren Gesundheit. Eine weitere erkenntnisleitende Annahme betrifft die Unterscheidung zwischen „event-, state- and duration-dependency" (Mayer 2009: 12). Demnach ist zum Beispiel in Betracht zu ziehen, dass das Ereignis „Auszug des letzten Kindes" eine grundlegend andere Bedeutung für die Ehestabilität haben kann als der Zustand „alle Kinder sind ausgezogen", indem etwa das eine die Stabilität der Ehe reduzieren und das andere die Ehestabilität erhöhen könnte. Schließlich wird im Folgenden der im Kontext der Lebensverlaufsforschung verschiedentlich geäußerten Forderung Rechnung getragen, mehrfache und gleichzeitige Zeitabhängigkeiten zu berücksichtigen (Blossfeld und Huinink 2001: 9; Mayer 1990: 11 f.). Bezogen auf die Entwicklung ehelicher Stabilität impliziert dies, dass sich diese nicht nur an der Dauer der Ehe, sondern auch und gleichzeitig an anderen Zeitdimensionen orientieren kann, etwa am Lebensalter der Ehepartner oder am Alter der Kinder. Dabei handelt es sich bei den genannten Zeitdimensionen freilich zunächst nur um „leere Variablen" (Fry 2002: 274). Sie tragen, ebenso wie die zuvor skizzierten Überlegungen, erst durch ihre Verknüpfung mit familienökonomischen und austauschtheoretischen Argumenten zur Erklärung ehelicher Stabilität bei.

2.2 Theoretische Überlegungen, empirische Befunde und Hypothesen zu den Determinanten der Ehestabilität im mittleren und höheren Erwachsenenalter

In austauschtheoretischen und familienökonomischen Erklärungsmodellen ehelicher Stabilität werden verschiedene Faktoren für die Ehestabilität verantwortlich gemacht, weil sie für die Qualität der Tauschbeziehung bzw. für den Ehegewinn, für die Alternativen oder für die Trennungskosten relevant sind. Hierzu zählen die sozioökonomischen Ressourcen der Partner, Investitionen in die Beziehung und anderes mehr. Der Einfluss dieser oder hieran geknüpfter Faktoren auf die Ehestabilität ist in Untersuchungen für das jüngere Erwachsenenalter vielfach dokumentiert (zum Überblick Hill und Kopp 2006; Wagner und Weiß 2003).

Die für das jüngere Erwachsenenalter und für frühere Partnerschaftsphasen gewonnenen Ergebnisse lassen sich aber nicht ohne weiteres auf das mittlere und höhere Erwachsenenalter und auf spätere Partnerschaftsphasen übertragen. Dabei betrifft die mangelnde Übertragbarkeit erstens diejenigen Determinanten, die sich systematisch mit der Zeit verändern. Hierzu zählen die Ehedauer, das Alter und ggf. das Heiratsalter. Zweitens betrifft die mangelnde Übertragbarkeit solche Einflussfaktoren, die nur für das mittlere und höhere Erwachsenenalter Bedeutung haben, wie der Auszug der Kinder, der Übergang in den Ruhestand und gesundheitliche Beeinträchtigungen. Schließlich ist drittens in Betracht zu ziehen, dass für das jüngere Erwachsenenalter festgestellte Determinanten der Ehestabilität, wie das Bildungsniveau und die Bildungs- und Altershomogamie der Partner, in späteren Lebens- und Partnerschaftsphasen einen anderen Einfluss auf das Trennungs- und Scheidungsrisiko haben als in jungen Jahren.

2.2.1 Determinanten der Ehestabilität, die sich im mittleren und höheren Erwachsenenalter systematisch verändern

2.2.1.1 Der Einfluss einer längeren Ehedauer auf das Trennungsrisiko

Für eine kürzere Ehedauer ist vielfach dokumentiert, dass das Trennungs- und Scheidungsrisiko in den ersten Ehejahren rasch ansteigt, nach ein paar Jahren ein Maximum erreicht und danach langsam abfällt (vgl. im Folgenden Rapp 2008). Dabei erscheint ein sichelförmiger Verlauf der Scheidungsrate als ein nahezu universelles Muster, das nicht nur in Deutschland (Brüderl 2000; Brüderl und Engelhardt 1997; Diekmann und Engelhardt 1995; Diekmann und Klein 1991; Engelhardt 1998; Esser 1999; Höhn 1980; Klein 1994; Ott 1993), sondern auch in den allermeisten anderen Ländern Europas (Klein und Kopp 2002) und darüber hinaus (Fisher 1993: 468) zu beobachten ist. Als Erklärungsfaktoren für diesen nicht-monotonen Verlauf des Trennungsrisikos in frühen bis mittleren Ehephasen kommen verschiedene Mechanismen in Betracht.

Der nach wenigen Jahren einsetzende Rückgang der (aggregierten) Trennungsrate lässt sich unter anderem durch einen Selektionsprozess erklären, wonach nur die stabileren Ehen lange andauern (z. B. Becker et al. 1977: 1157; Heaton 1991). Mit zunehmender Ehedauer steigt deshalb der Anteil stabiler Ehen und das durchschnittliche Trennungsrisiko sinkt – auch dann, wenn das individuelle Trennungsrisiko unverändert bleibt und unter Umständen sogar auch dann, wenn das individuelle Trennungsrisiko steigt.

Als Erklärungsfaktoren sowohl für den Anstieg des Trennungsrisikos in den ersten Ehejahren als auch für den nach wenigen Jahren einsetzenden Rückgang des Trennungsrisikos kommen außerdem verschiedene beziehungsspezifische Prozesse in Betracht. Ausgehend von familienökonomischen Überlegungen liegt die zentrale Ursache für Trennungen darin begründet, dass Unsicherheit über den Nutzen der Ehe besteht (Becker et al. 1977: 1142), die in unvollständigen Informationen über den Partner zum Zeitpunkt der Eheschließung begründet sein kann (Becker 1993). Hierdurch lässt sich erklären, dass Trennungen häufig bereits nach kurzer Ehedauer erfolgen, weil „Irrtümer" bei der Partnerwahl bereits nach kurzer Zeit erkannt und die betreffenden Ehen dann aufgelöst werden (Becker 1993: 328 f.; Brüderl und Kalter 2001: 405). Wird unterstellt, dass das Trennungsrisiko der ungeeigneten Partnerkonstellationen (die so genannten Mismatches) mit zunehmender Ehedauer ansteigt, zum Beispiel weil sich in dieser Gruppe Enttäuschungen anhäufen (Engelhardt 1998: 74), ergibt sich in Verbindung mit der Selektionshypothese für die Gesamtpopulation ein erst ansteigender und schließlich wieder abfallender Risikoverlauf (Diekmann und Mitter 1984).

Ein zweiter Faktor, der familienökonomischen Überlegungen zufolge den Verlauf des Trennungsrisikos beeinflusst, ist die Akkumulation ehespezifischen Kapitals. Beispiele sind gemeinsame Kinder sowie die Spezialisierung des einen Partners auf Erwerbsarbeit und des anderen Partners auf Familienarbeit (Becker et al. 1977: 1152, 1157). Da diese Güter in Folge einer Trennung an Wert verlieren und weil sie die Wohlfahrtsgewinne aus der Ehe steigern (vgl. Hill und Kopp 2006: 286), ist mit zunehmenden Investitionen in ehespezifisches Kapital ein abnehmendes Trennungsrisiko zu erwarten (Becker et al. 1977: 1152 f.).

Auf der Grundlage von austauschtheoretischen Überlegungen ist die Ehestabilität in erster Linie abhängig von der Ehequalität. Empirische Untersuchungen zeigen häufig eine abnehmende oder eine u-förmige Entwicklung der Ehequalität im Eheverlauf (vgl. zum Überblick Dinkel 2006: 16 f.; Fooken und Lind 1997: 56 ff.; Kopp 1994: 181 f.). Eine theoretische Begründung für ein zwischenzeitliches Absinken der Ehequalität kann aus emotionstheoretischen Überlegungen abgeleitet werden (vgl. im Folgenden Hill 1992; Hill und Kopp 2006: 221 ff.). Demnach sind Paarbeziehungen in einem frühen Stadium vor allem durch „romantische, leidenschaftliche Liebe" charakterisiert, bis mit steigender Interaktionshäufigkeit und zunehmendem Wissen über den Partner die Chance für unerwartete Ereignisse und damit die Intensität der „romantischen Liebe" nachlässt. Nach einiger Zeit tritt dann zunehmend „kameradschaftliche Liebe" an deren Stelle, wodurch die Beziehungsqualität wieder ansteigt und Trennungen wieder unwahrscheinlicher werden.

Mit Blick auf die Barrieren gegenüber einer Trennung lässt sich ergänzen, dass diese mit steigender Beziehungsdauer zunehmen, wenn sich die jeweiligen Netzwerke der beiden Partner zunehmend überschneiden und die soziale Einbettung zunimmt. Booth, Edwards und Johnson (1991) weisen nach, dass der Anteil gemeinsamer Freunde mit zunehmender Ehedauer steigt und gleichzeitig das Trennungsrisiko stark reduziert. Erklären lässt sich die ehestabilisierende Wirkung geteilter Netzwerke durch soziale Kontrolle sowie dadurch, dass geteilte Netzwerke die Kommunikation zwischen den Partnern und die „Identifikation des Paares als Einheit durch signifikante Andere" fördern (Hartmann 2003: 45).

Schließlich bieten Diekmann und Mitter (1984: 129 f.) eine lerntheoretische Begründung für einen erst ansteigenden und schließlich wieder abfallenden Verlauf der Trennungsrate an, die sich mit familienökonomischen und austauschtheoretischen Argumenten verbindet. Demnach häufen sich in den ersten Ehejahren Fehler und Enttäuschungen in der partnerschaftlichen Interaktion, was zu einem steigenden Trennungsrisiko führt (weil die Ehequalität bzw. der Ehegewinn sinkt). Da solche Fehler aufgrund von Lernprozessen zunehmend vermieden werden und weil gleichzeitig frühere „Sünden" vergessen oder vergeben werden, beginnt das Trennungsrisiko nach einiger Zeit wieder zu sinken.

Die genannten Erklärungsmechanismen können in ihrem Zusammen-
spiel sowohl den Anstieg des Trennungsrisikos in den ersten Ehejahren als
auch den nach wenigen Jahren einsetzenden Rückgang des Trennungsrisikos
gut erklären. Sie erlauben aber keine eindeutige Vorhersage darüber, wie sich
die Ehestabilität in späteren Ehephasen entwickelt. Aufgrund des bisherigen
Fallzahlproblems liegen hierzu auch keine aussagekräftigen empirischen
Ergebnisse vor.[3]

Mit Blick auf jene Faktoren, die sich auf den ansteigenden Ast der Trennungsrate in den ersten Ehejahren beziehen – eine zunehmende Klarheit über
unpassende Merkmale des Partners, die Anhäufung negativer Erfahrungen
aufgrund einer noch ungenügenden Abstimmung zwischen den Partnern
sowie der Rückgang „romantischer Liebe" – ist anzunehmen, dass diese bereits in den ersten Ehejahren rasch an Bedeutung verlieren und in späten
Ehephasen kaum noch eine Rolle spielen. Diese Annahme steht auch im Einklang mit dem nach wenigen Ehejahren einsetzenden Rückgang des Tren-
nungs- und Scheidungsrisikos, der in vorliegenden Studien bereits gut dokumentiert ist.

Was hingegen diejenigen Erklärungsmechanismen betrifft, die sich auf
den fallenden Ast der Trennungsrate beziehen, lässt zunächst die Selektionshypothese auch für spätere Ehedauern einen Rückgang des Trennungsrisikos
erwarten. Für die meisten anderen Faktoren, die den Rückgang des Trennungsrisikos erklären können – Lernprozesse in der Beziehung, zunehmende
„kameradschaftliche Liebe" und eine zunehmende Netzwerküberschneidung
– ist hingegen davon auszugehen, dass sich diese Faktoren in späteren Ehephasen kaum noch verändern. Auf dieser Grundlage ist in späteren Ehephasen eher ein gleichbleibendes Trennungsrisiko zu erwarten. Demgegenüber

---

[3] Was speziell den Einfluss einer längeren Ehedauer auf das Trennungsrisiko anbelangt,
wird das Fallzahlproblem noch dadurch verschärft, dass es notwendig ist, ehedauerspezifische Trennungsraten nach Heiratskohorten getrennt zu schätzen. Denn eine längere Ehedauer geht mit einem früheren Heiratsjahr einher, während das Trennungsrisiko bekanntermaßen in der Kohortenabfolge angestiegen ist. Manche Untersuchungen verzichten
(wohl wegen der sonst zu geringen Fallzahlen) auf eine Kohortendifferenzierung, vermi-
schen dadurch aber Ehedauer- und Kohortenunterschiede des Trennungsrisikos. Eine
Schätzung ehedauerspezifischer Trennungsraten für mittlere und spätere Ehejahre war
deshalb bislang nicht möglich, oder vorliegende Ergebnisse hierzu sind, aufgrund von zu
geringen Fallzahlen und/oder einer fehlenden Kohortendifferenzierung, mit Vorbehalten
verbunden.

ist mit Blick auf die Akkumulation ehespezifischen Kapitals auch ein (Wieder-) Anstieg des Trennungsrisikos in späteren Ehephasen denkbar, da der Auszug der Kinder und, im Falle einer spezialisierten Arbeitsteilung, auch der Übergang in den Ruhestand mit einem Verlust bzw. mit einer Entwertung ehespezifischen Kapitals verbunden ist. Ob ein Absinken des Trennungsrisikos auch über den längerfristigen Eheverlauf gegeben ist, lässt sich somit theoretisch nicht eindeutig vorhersagen.

Schließlich ist in Betracht zu ziehen, dass neben beziehungsspezifischen Prozessen auch an das Lebensalter der Ehepartner geknüpfte Prozesse zu einer Veränderung des Trennungsrisikos in mittleren und späteren Ehephasen beitragen können, da eine spätere Ehedauer mit einem höheren Lebensalter einhergeht.

2.2.1.2   Der Einfluss eines höheren Lebensalters auf das Trennungsrisiko

Im Vergleich zum ehedauerabhängigen Verlauf des Trennungsrisikos, der zumindest für eine kürzere Ehedauer bereits gut dokumentiert ist, wurde der Zusammenhang zwischen dem Lebensalter der Ehepartner und dem Trennungs- und Scheidungsrisiko bislang kaum untersucht. Eine Ausnahme für Deutschland stellt die Untersuchung von Dorbritz und Gärtner (1998) dar, die altersspezifische Scheidungsraten für die Altersspanne von 20 bis 50 Jahren im Querschnitt ausweist. Demnach steigt das Scheidungsrisiko zunächst bis zum Alter von etwa Mitte 20 an und sinkt danach bis zum Alter von 50 Jahren. Da es sich um eine Querschnittbetrachtung handelt, bleibt allerdings unklar, inwieweit das niedrigere Scheidungsrisiko der Älteren auf deren höherem Alter oder auf deren Zugehörigkeit zu einer älteren Geburts- und/oder Heiratskohorte beruht.

Auffällig ist die Ähnlichkeit zwischen dem altersabhängigen und dem (im vorstehenden Kapitel beschriebenen) ehedauerabhängigen Verlauf des Trennungs- und Scheidungsrisikos. Da ein höheres Alter mit einer späteren Ehedauer einhergeht, stellt sich die Frage, ob die Altersunterschiede des Scheidungsrisikos durch unterschiedliche Ehedauern (bzw. durch an die Ehedauer geknüpfte beziehungsspezifische Prozesse) erklärbar sind. Dies ist vermutlich für den von Dorbritz und Gärtner beschriebenen Anstieg des Scheidungsrisikos im Altersbereich Anfang 20 der Fall. Was den anschließenden Rückgang des Scheidungsrisikos anbelangt, legen jedoch verschiedene Argumente nahe, dass dem Lebensalter ein eigenständiger Einfluss auf das Trennungs- und Scheidungsrisiko zukommt.

Auf Grundlage von familienökonomischen und austauschtheoretischen Erklärungsmodellen ehelicher Stabilität ist ein stabilisierender Einfluss eines höheren Lebensalters auf die Ehe deshalb zu erwarten, weil sich die Alternativen zur bestehenden Paarbeziehung verschlechtern, wenn die Ehepartner älter werden (vgl. im Folgenden Rapp 2008: 504). Denn mit steigendem Alter ist eine zunehmende Zahl potentieller Partner in demselben Altersbereich bereits gebunden, und es verbleiben zudem tendenziell eher die weniger attraktiven Kandidaten (Klein 2000: 233 f.).[4] Zu einem ehestabilisierenden Effekt des Alters könnte außerdem die Reduktion biographischer Übergänge und Unsicherheiten beitragen, weil dadurch unwahrscheinlicher wird, dass sich das Partnermatch verschlechtert (vgl. Morgan und Rindfuss 1985). Zusätzlich lassen eine Verbesserung der wirtschaftlichen Situation und eine zunehmende soziale und emotionale Reife (Booth und Edwards 1985; Jalovaara 2002: 540; Lee 1977) einen Rückgang des Trennungsrisikos im Lebensverlauf erwarten. Speziell für ein späteres Lebensalter könnte schließlich von Bedeutung sein, dass sich mit zunehmendem Alter die nach einer Trennung noch verbleibende Lebenszeit verkürzt. Dadurch reduzieren sich auch die erwartbaren Nutzengewinne, die sich durch eine Trennung noch erzielen lassen (Jalovaara 2002: 540).[5]

Es ist jedoch davon auszugehen, dass die genannten Prozesse mit dem Alter nicht kontinuierlich voranschreiten. Die soziale und emotionale Reife verbessert sich vermutlich schneller in jungen Jahren, bis irgendwann Sättigungseffekte eintreten. Auch die Verschlechterung der Alternativen, die Reduktion biographischer Brüche und Übergänge sowie die Verbesserung der materiellen Lebensbedingungen sind jeweils auf das jüngere Erwachsenenalter konzentriert. Vor diesem Hintergrund ist zu erwarten, dass der

---

[4] Dass ein größerer Vorrat an alternativen Partnern mit einem höheren Trennungsrisiko einhergeht, ist empirisch gut abgesichert (South und Lloyd 1995; Udry 1983; Udry 1981; White und Booth 1991).

[5] Dieses Argument setzt allerdings voraus, dass die Nutzenbewertung jedes noch verbleibenden Lebensjahres nicht im selben Maße zunimmt, wie sich die verbleibende Lebenszeit verkürzt.

stabilisierende Effekt eines höheren Lebensalters auf die Ehestabilität mit zunehmendem Alter schwächer wird.[6]

Was die Alternativen zur bestehenden Paarbeziehung anbelangt, werden diese allerdings im mittleren und höheren Lebensalter wieder zahlreicher, wenn mit steigendem Alter ein zunehmender Anteil der Personen im relevanten Altersbereich geschieden (und im höheren Alter auch verwitwet) ist und auf den Partnermarkt zurückkehrt. Hinzu kommt, dass biographische Brüche und Übergänge wieder an Bedeutung gewinnen, wenn das Ruhestandsalter erreicht wird, wobei sich mit dem Übergang in den Ruhestand häufig auch die wirtschaftliche Situation wieder verschlechtert. Auf dieser Grundlage ist in Betracht zu ziehen, dass sich das Trennungsrisiko mit steigendem Alter nicht kontinuierlich reduziert, sondern dass das Trennungsrisiko im mittleren und höheren Lebensalter auch wieder ansteigen könnte. Hierzu könnte auch beitragen, dass im mittleren und höheren Lebensalter ein steigender Anteil der Verheirateten bereits zum wiederholten Male verheiratet ist, was mit einem erhöhten Trennungs- und Scheidungsrisiko einhergeht (Klein 1992). Es ist daher eine offene Frage, wie sich das Trennungsrisiko im mittleren und höheren Erwachsenenalter entwickelt.

Schließlich könnten auch an die Ehedauer geknüpfte beziehungsspezifische Prozesse zu einer Veränderung des Trennungsrisikos im mittleren und höheren Erwachsenenalter beitragen (siehe oben), da ein höheres Lebensalter im Durchschnitt mit einer späteren Ehedauer einhergeht.

2.2.1.3 Der Einfluss eines höheren Heiratsalters auf das Trennungsrisiko

Zu den am häufigsten replizierten Befunden der Trennungs- und Scheidungsforschung zählt ein mit zunehmendem Heiratsalter abnehmendes Trennungs- und Scheidungsrisiko. Konsistente Ergebnisse finden sich in zahlreichen Studien und für eine Vielzahl von Ländern (Diekmann und

---

[6] Als Indiz hierfür lassen sich auch Ergebnisse von Glick und Norton (1977), South und Spitze (1986), Klein (1995b) und von Rapp (2008) interpretieren, nach denen der ehedestabilisierende Effekt einer frühen Heirat mit zunehmender Ehedauer schwächer wird. Demgegenüber beobachten allerdings Booth et al. (1986), Heaton, Albrecht und Martin (1985) sowie Morgan und Rindfuss (1985) einen mit zunehmender Ehedauer andauernden risikoerhöhenden Effekt einer frühen Heirat (Rapp 2008: 507 f.).

Schmidheiny 2004; Wagner und Weiß 2003). Ebenfalls gut abgesichert ist, dass Ehen, die in sehr jungen Jahren geschlossen wurden, in besonderem Maße gefährdet sind (Wagner und Weiß 2003). Dies impliziert, dass ein Aufschub der Heirat in sehr jungen Jahren die Ehestabilität in stärkerem Maße erhöht als ein Aufschub der Heirat in einem etwas späteren Alter. Wie sich ein Aufschub der Heirat über das junge Erwachsenenalter hinaus auf das Trennungsrisiko auswirkt, ist bislang unklar.

Diese Unklarheit ist darin begründet, dass in den vorliegenden Studien zumeist nur wenige Ehen mit einem höheren Heiratsalter vorkommen. Zurückzuführen ist dies nicht nur auf die vergleichsweise geringe Zahl der Ehen mit einem höheren Heiratsalter in der Realität. Sondern vor allem auch darauf, dass in fast allen Surveys, die für Trennungs- und Scheidungsanalysen zur Verfügung stehen, Personen unterschiedlichen Alters einbezogen sind. Ehen mit einem höheren Heiratsalter können deshalb nur bei einem kleinen Teil der Befragten vorkommen. Vereinzelte Untersuchungen, die in Betracht ziehen, dass ein Aufschub der Heirat in späteren Jahren einen anderen Effekt auf die Ehestabilität haben könnte als in jungen Jahren, kommen zu dem Ergebnis, dass das Trennungs- und Scheidungsrisiko bei späterer Eheschließung wieder ansteigt (zum Beispiel Moore und Waite 1981; Ostermeier und Blossfeld 1998). Diese Ergebnisse sind jedoch, aufgrund von ihrer Seltenheit und wegen der geringen Fallzahlen, die ihnen zugrunde liegen, mit Vorbehalten verbunden.

Die Erklärungen für den stabilisierenden Einfluss einer späteren Heirat sind, da ein höheres Heiratsalter mit einem höheren Alter während der Ehe einhergeht, zum Teil dieselben, die für das aktuelle Alter gelten (siehe *Kapitel 2.2.1.2*). Hingegen sind andere Erklärungen nicht in erster Linie an das aktuelle Alter während der Ehe, sondern unmittelbar an das Alter zum Zeitpunkt der Eheschließung geknüpft. Auf der Grundlage von familienökonomischen Überlegungen geht ein höheres Heiratsalter auch deshalb mit einer höheren Ehestabilität einher, weil ein höheres Alter mit einer verbesserten Kenntnis des Partnermarkts und mit einem Abbau unrealistischer Erwartungen einhergeht (Becker et al. 1977: 1151, 1156). Zudem erhöht ein späteres Heiratsalter die Wahrscheinlichkeit, dass sich die beiden Partner seit längerem und bereits besser kennen, was ebenfalls die Wahrscheinlichkeit eines so genannten Mismatch reduziert (Becker et al. 1977: 1156).

Jedoch ist, im Hinblick auf den Partnermarkt, ein zu hohes Heiratsalter der Ehestabilität womöglich sehr abträglich. Denn mit zunehmender Suchdauer wird der Partnermarkt kleiner und intransparenter, die Suchkosten steigen und die Wahrscheinlichkeit eines Mismatch nimmt wieder zu (Becker 1993; Becker et al. 1977). Speziell für Frauen könnte auch das „Ticken der biologischen Uhr" dazu beitragen, dass die Kompromissbereitschaft steigt und Mismatches deshalb wieder wahrscheinlicher werden (Becker et al. 1977: 1151; Lehrer 2006). Hinzu kommen die Entwicklung eines eigenen Lebensstils und, damit verbunden, eine geringere Anpassungsfähigkeit und Anpassungsbereitschaft (Fooken und Lind 1997: 86). Und schließlich handelt es sich bei denjenigen Ehen mit einem höheren Heiratsalter häufiger um Zweitehen (von nur einem Partner oder von beiden Partnern), die ein höheres Trennungsrisiko aufweisen als Erstehen (Klein 1992). Die zuletzt genannten Argumente lassen vermuten, dass der günstige Einfluss einer späteren Eheschließung nicht beliebig verlängerbar ist, sondern dass nach einem optimalen Heiratsalter jeder weitere Aufschub das Trennungsrisiko wieder ansteigen lässt.

Es lässt sich somit theoretisch nicht eindeutig vorhersagen, ob sich der für eine hohe Ehestabilität günstige Einfluss des Aufschubs der Heirat über das jüngere Erwachsenenalter hinaus fortsetzt, oder ob nach einem „optimalen" Heiratsalter das Trennungsrisiko wieder ansteigt.

2.2.2 Spezielle Einflussfaktoren für das mittlere und höhere Erwachsenenalter

2.2.2.1 Der Einfluss des Auszugs der Kinder aus dem Elternhaus auf das Trennungsrisiko

In zahlreichen Untersuchungen ist gut dokumentiert, dass Ehepaare mit gemeinsamen Kindern ein geringeres Trennungs- und Scheidungsrisiko aufweisen als kinderlose Ehen (vgl. zum Überblick Wagner und Weiß 2003). Studien, die nach dem Alter der Kinder differenzieren, weisen zudem darauf hin, dass der beziehungsstabilisierende Effekt gemeinsamer Kinder mit zunehmendem Alter der Kinder nachlässt (Andersson 1997; Böttcher 2006; Cherlin 1977; Galler und Ott 1990; Heaton 1990; Liu und Vikat 2004; Lyngstad 2004; Rapp 2008; Stauder 2002, 2006; Waite und Lillard 1991; Wu und Penning 1997). Ein bislang ungeklärtes Problem betrifft jedoch die Frage, inwieweit der günstige „Einfluss" von Kindern auf die Ehestabilität überhaupt auf einem Kausaleffekt beruht, d. h. als Einfluss von Kindern auf die Ehestabilität der Eltern interpretierbar ist, oder aber dadurch zustande kommt, dass Kinder eher in den stabilen Partnerschaften geboren werden (Lyngstad und Jalovaara 2010: 262 f.). Die vorliegende Studie trägt zur Klärung dieser Frage bei, indem sie Ehen über die Phase hinaus beobachtet, in der die Ehepartner mit ihren Kindern zusammenleben.

Wie sich der Auszug der Kinder aus dem Elternhaus auf die Ehestabilität der Eltern auswirkt, wird in keiner der für Deutschland vorliegenden Studien untersucht (vgl. im Folgenden Klein und Rapp 2010; Rapp und Klein 2010). Eine der wenigen internationalen Studien, die den Einfluss des Auszugs von Kindern auf die Ehestabilität untersuchen, berichtet für die Schweiz, dass sich das Trennungsrisiko der Eltern durch den Eintritt in die so genannte „empty nest"-Phase (in der das letzte Kind aus dem elterlichen Haushalt ausgezogen ist) deutlich erhöht (Sauvain-Dugerdil 2006). Dies trifft auch für die USA zu, allerdings nur, wenn der Auszug des letzten Kindes nach vergleichsweise kurzer Ehedauer stattfindet. Tritt die „empty nest"-Phase erst nach längerer Ehedauer ein, reduziert der Auszug das Trennungsrisiko im Vergleich zu Paaren, deren Kinder noch nicht ausgezogen sind (Hiedemann und Suhomlinova 1998).

Die Übertragbarkeit dieser Ergebnisse auf deutsche Verhältnisse ist aber unklar. Unbeantwortet bleiben zudem die Frage nach den Ursachen für diese Befunde sowie die Frage nach dem Vergleich zu kinderlosen Paaren. Dabei wiegt das diesbezügliche Forschungsdefizit umso schwerer, als einerseits konkurrierende Erklärungsmechanismen als Ursache für einen ungünstigen Effekt des Auszugs von Kindern auf die Stabilität der Paarbeziehung der Eltern in Betracht kommen, während aber andererseits ein destabilisierender „empty-nest"-Effekt keinesfalls auf der Hand liegt (vgl. im Folgenden Klein und Rapp 2010).[7]

---

[7] Im Unterschied zu Klein und Rapp (2010) umfassen die folgenden Abschnitte auch Hypothesen in Bezug auf die Frage, ob der „empty nest"-Effekt auf das Trennungsrisiko der Eltern mit dem Auszugsalter der Kinder variiert. Da die diesbezüglichen Vorhersagen je nach Erklärungsansatz unterschiedlich ausfallen (siehe unten), lassen sich durch diese Differenzierung zusätzliche Rückschlüsse auf die Ursachen ziehen, die dem „empty nest"-Effekt zugrunde liegen.

(1) Die vielfach beobachtete Stabilisierung der Ehe durch gemeinsame Kinder kann gemäß familienökonomischer Überlegungen darauf beruhen, dass Kinder und Familienleben Nutzen und Befriedigung mit sich bringen und dadurch den Nutzen aus der Ehe steigern (Hill und Kopp 2006: 297). Dabei lassen sich Kinder als ehespezifische Investition bzw. als ein ehespezifisches „Gut" begreifen, dessen nutzenstiftende Wirkung an die Existenz der Ehe gebunden ist und infolge einer Trennung an Wert verliert (Becker et al. 1977: 1152). Damit wird erklärbar, weshalb die ehestabilisierende Wirkung gemeinsamer Kinder mit zunehmendem Alter der Kinder nachlässt. Denn mit zunehmendem Alter und mit zunehmender Selbständigkeit der Kinder nimmt die Interaktionsdichte mit den Eltern ab, und Besuche sind im Fall einer Trennung leichter zu organisieren (Stauder 2006: 623). Der aus der Interaktion mit den Kindern resultierende Nutzen von Kindern reduziert sich daher mit zunehmendem Alter der Kinder und ist zudem immer weniger an den Fortbestand der Ehe geknüpft. Der Auszug des letzten Kindes aus dem Haushalt der Eltern erscheint demnach als Abschluss eines Prozesses, an dessen Ende sich die ehestabilisierende Wirkung gemeinsamer Kinder gänzlich auflöst.

(2) Ein zweiter Mechanismus, der sich mit der familienökonomischen Argumentation verbindet, beruht auf der erhöhten wechselseitigen Abhängigkeit von Paaren mit Kindern (Heaton 1990: 56). Denn die Betreuung, Versorgung und Erziehung von Kindern beansprucht umfangreiche zeitliche, finanzielle und emotionale Ressourcen, die zusammen mit der Erwerbsarbeit und anderen Anforderungen von einem Partner alleine nur schwerer aufzubringen sind. Die erhöhten Anforderungen forcieren eine Arbeitsteilung zwischen Haus- und Erwerbsarbeit schon aus Gründen der Effizienz und erhöhen dadurch die wechselseitige Abhängigkeit der Partner. Auch dieses Argument lässt vermuten, dass sich der beziehungsstabilisierende Einfluss gemeinsamer Kinder mit ihrem zunehmenden Alter und ihrer zunehmenden Selbständigkeit reduziert und schließlich verschwindet, wenn das letzte Kind das Elternhaus verlässt.

(3) Ein dritter Erklärungsansatz bezieht sich auf den Verlust bzw. die Schwächung der Elternrolle. In diesem Zusammenhang wird jedoch, mit Blick auf die Qualität der elterlichen Paarbeziehung, der Verlust der Elternrolle kontrovers diskutiert (vgl. White und Edwards 1991). Eine Verschlechterung der Beziehungsqualität beruht auf der Vorstellung, dass der Verlust

einer wichtigen Rolle mit Entfremdung, Unzufriedenheit und Einsamkeit einhergeht oder dass zumindest der Wechsel zu anderen Rollen mit ungünstigen psychologischen Auswirkungen verbunden ist. Im Hinblick auf die familiäre Arbeitsteilung lässt sich ergänzen, dass die Reduzierung der Arbeitsaufgaben eine Neuorganisation der Arbeitsteilung bedingt (wenn sie für beide Partner einigermaßen zufriedenstellend sein soll), die nicht einheitlich gut gelingt.

(4) Im Unterschied zu einer pauschalen Annahme von Umstellungs- und Anpassungsschwierigkeiten lässt sich andererseits argumentieren, dass die Auswirkungen des Auszugs auf die Beziehungsqualität und die Beziehungsstabilität davon abhängen, in welchem Maße die Elternrolle mit Konflikt und Stress belastet war, wobei zahlreiche Studien von einem hohen Belastungsfaktor der Elternrolle ausgehen (vgl. White und Edwards 1991). Auf dieser Basis lässt der Auszug von Kindern aus dem Elternhaus keine Destabilisierung, sondern eine Stabilisierung der Paarbeziehung erwarten. Ebenfalls können eine Reduktion finanzieller Belastungen und eine Verbesserung der Wohnsituation zur Stabilisierung beitragen.

(5) In Betracht kommt ferner ein Nachholeffekt bzw. ein Aufschub von Trennungen, solange die Kinder noch im Haushalt der Eltern leben, der nach dem Auszug der Kinder einen Anstieg des Trennungsrisikos bedingt. Dieses Verhalten kann in Rücksicht gegenüber den Kindern begründet liegen, oder auch darin, dass die Anwesenheit von Kindern elterliche Konflikte weniger zutage treten lässt. Der Auszug ist nach dieser These nicht ursächlich, sondern nur für den Zeitpunkt der Trennung relevant.

(6) Schließlich könnte ein „empty nest"-Effekt auf die Stabilität der Paarbeziehung darin begründet sein, dass eine geringere Qualität und Stabilität der Ehe und ein damit verbundenes schlechtes Familienklima einen frühen Auszug der Kinder befördert. Ein höheres Trennungsrisiko von Ehen in der „empty nest"-Phase hätte ihre Ursache demnach nicht im Auszug der Kinder, sondern darin, dass unter den Ehepaaren, die nicht mehr mit ihren Kindern zusammenleben, überdurchschnittlich viele mit niedriger Qualität und Stabilität vertreten sind.

(7) Zu guter Letzt ist in Betracht zu ziehen, dass eine höhere Stabilität von Paaren mit Kindern auch in selektiver Elternschaft begründet sein kann, d. h. darin, dass Kinder eher in den stabilen Partnerschaften geboren werden. In diesem Fall sollten Paare mit Kindern generell die stabileren Verbindun-

gen darstellen, unabhängig davon, ob die Eltern noch mit ihren Kindern zusammenleben, und auch nach Eintritt in die „empty nest"-Phase ein geringeres Trennungsrisiko aufweisen als kinderlose Paare.

Die Mehrzahl der Erklärungsansätze argumentiert somit zugunsten einer Erhöhung des Trennungsrisikos infolge des Auszugs von Kindern aus dem Elternhaus, d. h. im Vergleich zu Eltern, deren Kinder noch zu Hause wohnen. Die Erklärungsansätze implizieren jedoch auch Hypothesen darüber, ob sich das Trennungsrisiko in der „empty nest"-Phase von dem Trennungsrisiko kinderloser Paare unterscheidet. Die Schlussfolgerungen fallen allerdings je nach Erklärungsansatz unterschiedlich aus (siehe Abbildung 2). Der Wegfall ehespezifischen Kapitals durch den Auszug der Kinder (Erklärung 1) lässt einen Anstieg des Trennungsrisikos lediglich auf das Niveau der ohnehin Kinderlosen erwarten. Dasselbe gilt, wenn sich die Abhängigkeit der Partner durch den Auszug der Kinder reduziert (Erklärung 2). Gibt hingegen die Belastungsreduktion den Ausschlag, ist in umgekehrter Richtung eine Reduktion des Trennungsrisikos auf das Niveau der Kinderlosen zu erwarten (Erklärung 4). Dem gegenüber ist von einer Erhöhung des Trennungsrisikos noch über das Niveau der Kinderlosen hinaus auszugehen, sofern die Erhöhung auf Umstellungs- und Anpassungsschwierigkeiten beruht, die Kinderlose nicht durchmachen (Erklärung 3), oder auf einem Nachholeffekt (Erklärung 5). Allerdings könnte ein über dem Niveau der dauerhaft kinderlosen Paare liegendes Trennungsrisiko in der „empty nest"-Phase auch in selektivem Auszugsverhalten begründet sein (Erklärung 6). Für den Fall, dass die höhere Stabilität von Paaren mit Kindern auf selektiver Elternschaft beruht (Erklärung 7), ist für Paare mit Kindern auch nach dem Eintritt in die „empty nest"-Phase ein geringeres Trennungsrisiko als bei kinderlosen Paaren zu erwarten.

Die Erklärungsansätze erlauben weiterhin Aussagen darüber, ob der „empty nest"-Effekt auf das Trennungsrisiko eher dauerhaft oder nur vorübergehend ist (siehe Abbildung 2). Während Anpassungsprobleme sowie Nachholeffekte einen vorübergehenden „empty nest"-Effekt implizieren, lassen die anderen Erklärungsansätze einen eher dauerhaften Effekt erwarten.

Abbildung 2:　Hypothesen zum „empty nest"-Einfluss auf das
　　　　　　　Trennungsrisiko im Überblick

Erklärungsansatz	"empty nest"-Effekt auf das Trennungsrisiko			
	gegenüber Familien mit Kindern im Haushalt	gegenüber kinderlosen Paaren	ist dauerhaft/ temporär	steigt/sinkt mit dem Auszugsalter des Kindes
1. Verlust ehespezifischen Kapitals	risikosteigernd	kein Effekt	dauerhaft	sinkt
2. Reduktion der Abhängigkeit	risikosteigernd	kein Effekt	dauerhaft	sinkt
3. Anpassungsprobleme	risikosteigernd	risikosteigernd	temporär	sinkt
4. Belastungsreduktion	risikoreduzierend	kein Effekt	dauerhaft	sinkt
5. Nachholeffekte	risikosteigernd	risikosteigernd	temporär	steigt
6. Selektives Auszugsverhalten	risikosteigernd	risikosteigernd	dauerhaft	sinkt
7. Selektive Elternschaft	kein Effekt	risikoreduzierend	dauerhaft	bleibt gleich

Quelle: eigene Zusammenstellung, siehe auch Klein und Rapp 2010 für die Spalten 1 bis 4.

Schließlich geben die Erklärungsansätze Anlass zu der Vermutung, dass der „empty nest"-Effekt mit dem Alter der Kinder bei Auszug (genauer: des zuletzt ausziehenden Kindes) variiert, wobei diese Schlussfolgerungen wiederum je nach Erklärungsansatz unterschiedlich ausfallen (siehe Abbildung 2). Je höher das Alter des zuletzt ausziehenden Kindes, desto geringer ist die Einbuße an Familienleben (Erklärung 1), desto geringer ist die Reduktion der wechselseitigen Abhängigkeit der Eltern (Erklärung 2), desto geringer sind die Anforderungen an eine Anpassung des partnerschaftlichen Zusammenlebens (Erklärung 3) und desto weniger spielt selektives Auszugsverhalten eine Rolle, weil verstärkt Ereignisse im Lebensverlauf der Kinder das Auszugsverhalten bestimmen (Erklärung 6) – kurzum: desto geringer also die Erhöhung des Trennungsrisikos im Anschluss an den Auszug. Entsprechendes gilt allerdings auch für den umgekehrten „empty nest"-Effekt durch den Wegfall von Belastungsfaktoren der Elternrolle (Erklärung 4). Nachholeffekte sollten dagegen umso bedeutsamer sein, je später die Kinder ausziehen und je mehr aufgeschobene Trennungen sich angehäuft haben (Erklärung 5).

Sofern allerdings die höhere Stabilität von Paaren mit Kindern in selektiver Elternschaft begründet ist, sind der Auszug von Kindern aus dem Elternhaus und damit auch das Alter der Kinder beim „empty nest"-Eintritt unerheblich für das Trennungsrisiko (Erklärung 7).

2.2.2.2 Der Einfluss des Übergangs in den Ruhestand auf das Trennungsrisiko

Wie sich der Übergang in den Ruhestand auf das Trennungs- und Scheidungsrisiko auswirkt, wird nur in einer einzigen Studie untersucht (Bulanda 2006). Die Studie kommt für die Vereinigten Staaten zu dem Ergebnis, dass der Übergang in den Ruhestand das Scheidungsrisiko nicht signifikant beeinflusst. Aufgrund von geringen Fallzahlen ist dieses Ergebnis jedoch mit Vorbehalten verbunden, und hiervon ungeachtet ist die Übertragbarkeit auf deutsche Verhältnisse infrage gestellt.[8] Ob der Übergang in den Ruhestand das Trennungs- und Scheidungsrisiko beeinflusst, ist daher völlig unklar.

(1) In familienökonomischer Perspektive steigert eine ausgeprägte eheliche Arbeitsteilung, d. h. eine Spezialisierung des einen Partners auf Erwerbsarbeit und des anderen Partners auf Haushaltsarbeit, den Ehegewinn und damit die Ehestabilität (Becker 1993: 14 ff.; Becker et al. 1977: 1145 f.). Für die Zeit nach dem Übergang in den Ruhestand ist daher zu vermuten, dass die Ehestabilität von denjenigen Paaren, die zuvor eine ausgeprägte Arbeitsteilung erlebt haben, sinkt, weil sich in der Nacherwerbsphase keine Spezialisierungsgewinne mehr erzielen lassen. Vormalige Investitionen der beiden Partner in (entweder nur Erwerbs- oder nur Haushalts-) spezifisches Humankapital erfahren eine Entwertung und stellen keine Barriere gegenüber einer Trennung mehr dar. Auf dieser Grundlage ist zu erwarten, dass der Übergang in den Ruhestand das Trennungsrisiko erhöht.

(2) Unter Partnerwahlgesichtspunkten lässt sich ergänzen, dass die Partnerwahl zumeist in jungen Jahren und lange vor Erreichen des Ruhestands getroffen wird. Man kann deshalb davon ausgehen, dass sich die

---

[8] Die Studie bezieht sich auf 6.253 Ehen von Personen, die zum Zeitpunkt der Erstbefragung 51 bis 61 Jahre alt waren und die über einen Zeitraum von bis zu 12 Jahren beobachtet werden.

Partnerwahl vor allem an den Zielen und Erfordernissen von früheren Lebensabschnitten orientiert (Kruse und Wahl 1999: 339), die zum Beispiel die Familiengründung, die Betreuung und Versorgung von Kindern und die Arbeitsteilung zwischen Haus- und Erwerbsarbeit betreffen. Da sich beim Übergang in den Ruhestand die Rahmenbedingungen der Partnerschaft verändern, ändern sich auch die Kriterien für ein gutes Partnermatch. Zum Beispiel können die Partner in der Nacherwerbsphase deutlich mehr Zeit miteinander verbringen. Es ist deshalb anzunehmen, dass in dieser Phase gemeinsame Interessen oder die Fähigkeit für gemeinsame Aktivitäten im Vergleich zu jungen Jahren an Bedeutung für die Ehestabilität gewinnen. Der Übergang in den Ruhestand kann daher mit einer Verschlechterung des Partnermatchs einhergehen. Auch vor diesem Hintergrund ist zu erwarten, dass der Übergang in den Ruhestand das Trennungsrisiko erhöht.

(3) Ein ungünstiger Einfluss des Übergangs in den Ruhestand auf die Ehestabilität ist drittens aufgrund von Anpassungs- und Umstellungsschwierigkeiten zu vermuten, die mit einer Neuorganisation des Alltags und mit einer Neuverteilung von Aufgaben zwischen den Partnern verbunden sind. Dabei sind die anfallenden Anpassungs- und Umstellungsschwierigkeiten, die durch den Eintritt in den Ruhestand erzwungen werden, auch deshalb als hoch einzuschätzen, weil sich die Alltagsgestaltung und Rollenaufteilung vor dem Übergang in den Ruhestand über einen sehr langen Zeitraum etabliert haben.

(4) Schließlich entfallen mit dem Übergang in den Ruhestand aber auch frühere berufsbezogene Belastungen, die eine Quelle von ehelichen Konflikten und von einer reduzierten Qualität und Stabilität der Ehebeziehung sein können (Hughes et al. 1992; Presser 2000). Hinzu kommt der Wegfall der vormaligen zeitlichen Inanspruchnahme durch den Beruf, was eine stärkere Konzentration auf die Partnerschaft ermöglicht (Schmitt und Re 2004: 378). Für die Ruhestandsphase ist auf dieser Grundlage, im Gegensatz zu den vorstehenden Erklärungsansätzen, keine reduzierte, sondern eine vergleichsweise hohe Ehestabilität zu erwarten.

Während der Wegfall von berufsbezogenen Belastungen und Beanspruchungen als einziger Erklärungsansatz eine Reduzierung des Trennungsrisikos infolge des Übergangs in den Ruhestand erwarten lässt, argumentieren die ersten drei Erklärungsansätze zugunsten einer Erhöhung des Trennungsrisikos gegenüber der Zeit vor dem Ruhestandseintritt. Dabei fallen die Vorhersagen dieser drei Erklärungsansätze jedoch unterschiedlich aus in Bezug auf die Frage, ob der Ruhestandseintritt das Trennungsrisiko eher dauerhaft oder nur vorübergehend erhöht (siehe Abbildung 3). Sofern entfallende Spezialisierungsgewinne und/oder ein verändertes Partnermatch den Ausschlag geben, ist von einer eher dauerhaften Risikosteigerung auszugehen. Demgegenüber lassen Anpassungs- und Umstellungsschwierigkeiten nur eine temporäre Risikosteigerung erwarten. Gibt hingegen der Wegfall berufsbezogener Belastungen den Ausschlag, ist in umgekehrter Richtung von einer dauerhaften Reduktion des Trennungsrisikos auszugehen.

Abbildung 3: Hypothesen zum Einfluss des Übergangs in den Ruhestand auf das Trennungsrisiko im Überblick

Erklärungsansatz	Effekt des Übergangs in den Ruhestand auf das Trennungsrisiko			
	gegenüber der Zeit vor dem Ruhestandseintritt	ist dauerhaft/ temporär	ist stärker/ schwächer bei vorzeitigem Ruhestandseintritt	ist stärker/ schwächer bei höherem Heiratsalter
1. entfallende Spazialisierungsgewinne	risikosteigernd	dauerhaft	bleibt gleich	bleibt gleich
2. reduziertes Partnermatch	risikosteigernd	dauerhaft	bleibt gleich	schwächer
3. Anpassungsprobleme	risikosteigernd	temporär	stärker	bleibt gleich
4. Wegfall berufsbezogener Belastungen	risikoreduzierend	dauerhaft	bleibt gleich	bleibt gleich

Quelle: eigene Zusammenstellung.

Für den Fall, dass Anpassungs- und Umstellungsschwierigkeiten den Ausschlag geben, ist außerdem zu erwarten, dass der risikosteigernde Einfluss des Übergangs in den Ruhestand auf das Trennungsrisiko bei vorzeitigem Ruhestandseintritt stärker ausfällt, weil sich dieser nicht oder weniger gut antizipieren lässt. Hingegen lassen entfallende Spezialisierungsgewinne und ein reduziertes Partnermatch einen gleichermaßen risikosteigernden und wegfallende berufsbezogene Belastungen einen gleichermaßen risikosenkenden Einfluss vermuten, unabhängig davon, ob Personen mit Erreichen der Regelaltersgrenze oder (deutlich) früher und möglicherweise unerwartet in den Ruhestand eintreten.

Schließlich erlauben die Erklärungsansätze auch Aussagen darüber, ob der Einfluss des Ruhestandseintritts auf das Trennungsrisiko je nach Heiratsalter bzw. Alter bei Partnerwahl unterschiedlich ausfällt. Was den risikosteigernden Einfluss von wegfallenden Spezialisierungsgewinnen (Erklärung 1) und von Anpassungs- und Umstellungsschwierigkeiten (Erklärung 3) auf das Trennungsrisiko anbelangt, sollte das Heiratsalter eher unerheblich für den Ruhestands-Effekt sein. Dasselbe gilt für den risikoreduzierenden Einfluss von wegfallenden berufsbezogenen Belastungen (Erklärung 4). Anders verhält es sich für den risikosteigernden Einfluss, der möglicherweise mit einer Veränderung des Partnermatchs einhergeht (Erklärung 2). Da davon auszugehen ist, dass sich die Partnerwahl erst bei einem höheren (Heirats-) Alter zunehmend an den Rahmenbedingungen und Erfordernissen der Ruhestandsphase orientiert, ist eine Verschlechterung des Partnermatchs im Zuge des Übergangs in den Ruhestand bei einer Heirat in jungen Jahren wahrscheinlicher als bei einer späteren Heirat, die nicht mehr allzu weit vom Ruhestandseintritt entfernt ist. Zu erwarten ist daher, dass ein auf einer Verschlechterung des Partnermatchs beruhender Ruhestands-Effekt mit zunehmendem Heiratsalter schwächer wird.

2.2.2.3 Der Einfluss der Gesundheit auf das Trennungsrisiko[9]

Für Deutschland liegen bislang keine repräsentativen Ergebnisse vor, ob gesundheitliche Beeinträchtigungen das Trennungs- und Scheidungsverhalten beeinflussen. Das diesbezügliche Forschungsdefizit steht in Zusammenhang damit, dass „Sozialwissenschaftler [...] die biologischen Rahmenbedingungen menschlichen Verhaltens lange Zeit nahezu vollkommen ignoriert" haben (Schnell 2009: 46). Dabei ist die Frage nach dem Einfluss der Gesundheit auf die Ehestabilität nicht nur für die Trennungsforschung relevant, sondern auch für die Erklärung gesundheitlicher Ungleichheit. In zahlreichen Untersuchungen ist gut dokumentiert, dass Verheiratete gesünder sind und länger leben als nicht Verheiratete (Hu und Goldman 1990; Manzoli et al. 2007). Es ist aber kontrovers, inwieweit der günstige „Einfluss" der Ehe

---

[9] Eine überarbeitete Version dieses Kapitels ist in Heft 4/2012 in der Kölner Zeitschrift für Soziologie und Sozialpsychologie erschienen (Rapp 2012).

auf die Gesundheit auf einem Kausaleffekt beruht, oder durch Selektion zustande kommt (z. B. Unger 2008). Was die Erklärung durch Selektion anbelangt, wird zumeist auf bessere Heiratschancen von Gesünderen verwiesen (Goldman et al. 1995; Lillard und Panis 1996; Murray 2000). In Betracht zu ziehen ist aber auch, dass gesundheitsselektive Ehestabilität zu den bekannten Familienstandsunterschieden von Morbidität und Mortalität beiträgt. Die vorliegende Untersuchung trägt zur Klärung dieser Frage bei, indem sie den Einfluss der Gesundheit auf das Trennungsrisiko analysiert.

Ob die Gesundheit das Trennungs- und Scheidungsrisiko beeinflusst, ist auch für andere Länder als Deutschland bislang kaum untersucht. Für die Niederlande berichten Joung et al. (1998), dass gesundheitliche Beeinträchtigungen das Scheidungsrisiko erhöhen.[10] Für die Vereinigten Staaten berichten Waldron et al. (1996) sowie Bulanda (2006) ebenfalls ein erhöhtes Scheidungsrisiko infolge von gesundheitlichen Beeinträchtigungen.[11] In der Untersuchung von Waldron et al. (1996) trifft dies jedoch nur für Frauen zu, die nicht Vollzeit erwerbstätig sind. Nur eine Studie berücksichtigt die Gesundheit von beiden Partnern und die Gesundheitskonstellation, d. h. die gemeinsame Verteilung der Gesundheit bei beiden Partnern (Wilson und Waddoups 2002). Sowohl für Ehen, bei denen einer der beiden Ehepartner, als auch bei Ehen, bei denen beide Ehepartner gesundheitlich beeinträchtigt sind, berichtet diese Studie ein – jedoch nicht signifikant – erhöhtes Trennungsrisiko gegenüber Ehen, bei denen beide Ehepartner bei guter Gesundheit sind.[12]

---

[10] Gesundheitliche Beeinträchtigungen werden in der Studie von Joung et al. (1998) über die allgemeine subjektive Gesundheitseinschätzung, über gesundheitliche Beschwerden sowie über (mindestens zwei) chronische Erkrankungen operationalisiert.

[11] In der Studie von Waldron et al. (1996) werden gesundheitliche Beeinträchtigungen operationalisiert über einen Summenscore, in den körperliche Funktionseinschränkungen und psychosomatische Symptome einfließen. In der Studie von Bulanda (2006) werden gesundheitliche Beeinträchtigungen über die allgemeine subjektive Gesundheitseinschätzung sowie über ärztlich diagnostizierte Vorerkrankungen operationalisiert.

[12] Wilson und Waddoups (2002) operationalisieren gesundheitliche Beeinträchtigungen über die allgemeine subjektive Gesundheitseinschätzung. Die Autoren schätzen außerdem getrennte Modelle für Ehen mit hoher Ehezufriedenheit und für Ehen ohne hohe Ehezufriedenheit, und kommen zu dem Ergebnis, dass gesundheitliche Beeinträchtigungen das Trennungsrisiko nur bei denjenigen Ehen signifikant erhöhen, bei denen die Ehezufriedenheit hoch ist und bei denen nur einer der beiden Partner gesundheitlich beeinträchtigt ist. Dieser Befund ist aber schwierig einzuschätzen, vor allem deshalb, weil den Ergebnissen insgesamt nur 139 Trennungen zugrunde liegen.

Die wenigen internationalen Studien weisen insgesamt darauf hin, dass gesundheitliche Beeinträchtigungen das Trennungs- und Scheidungsrisiko erhöhen. Die Übertragbarkeit auf deutsche Verhältnisse ist aber unklar. Zudem ist die Aussagekraft der vorliegenden Ergebnisse durch geringe Fallzahlen eingeschränkt. Und schließlich konzentrieren sich die vorliegenden Studien auf jüngere und mittlere Altersbereiche, in denen gesundheitliche Beeinträchtigungen vergleichsweise selten sind und in denen der Gesundheitszustand möglicherweise einen anderen Einfluss auf das Trennungsrisiko hat als in späteren Lebens- und Partnerschaftsphasen.[13]

(1) Auf Grundlage von austauschtheoretischen und familienökonomischen Erklärungsmodellen ehelicher Stabilität ist ein Einfluss von Gesundheit und Krankheit auf das Trennungsrisiko erstens aufgrund der mit Krankheit einhergehenden Belastungen zu erwarten, weil diese die Ehequalität bzw. den Gewinn aus der Ehe vermindern. Booth und Johnson (1994) weisen nach, dass mit einer Gesundheitsverschlechterung einhergehende finanzielle Schwierigkeiten, Veränderungen bezüglich der Aufteilung der Hausarbeit, verminderte gemeinsame Aktivitäten und Verhaltensauffälligkeiten des gesundheitlich beeinträchtigten Partners die Ehequalität signifikant reduzieren. Auf dieser Basis lassen gesundheitliche Beeinträchtigungen ein erhöhtes Trennungsrisiko erwarten.

(2) Dem familienökonomischen Erklärungsmodell ehelicher Stabilität liegt die Vorstellung zugrunde, dass potentielle Partner auf dem Partnermarkt zwar nicht perfekt (aufgrund von unvollständigen Informationen und Suchkosten), aber doch tendenziell in der Weise zusammenfinden, dass sich keiner der beiden Partner besser stellen kann, indem er die Ehe auflöst (Becker 1973, 1974). Auf dieser Grundlage lassen unerwartete Ereignisse und speziell gesundheitliche Veränderungen einen destabilisierenden Effekt auf die Ehe erwarten (Becker et al. 1977: 1161, 1183). Denn Erkrankungen können die Attraktivität des gesundheitlich beeinträchtigten Partners für den gesun-

---

[13] Die Studie von Joung et al. (1998) bezieht sich auf Personen im Alter von 25 bis 64 Jahren, die über einen Zeitraum von viereinhalb Jahren beobachtet werden. Waldron et al. (1996) betrachten Frauen im Alter von 24 bis 34 Jahren, die zehn Jahre lang beobachtet werden. Die Studien von Wilson und Waddoups (2002) sowie von Bulanda (2006) beziehen sich auf 51- bis 61-jährige Männer und Frauen, die über einen Zeitraum von sechs Jahren (Wilson und Waddoups 2002) bzw. über einen Zeitraum von zwölf Jahren beobachtet werden (Bulanda 2006).

den Partner und somit das Partnermatch reduzieren, indem sie eine Situation herbeiführen, in der sich der gesunde Partner durch eine Trennung besser stellen kann. Auf dieser Basis lassen gesundheitliche Beeinträchtigungen ebenfalls ein erhöhtes Trennungsrisiko erwarten.

(3) Neben der Ehequalität und dem Ehegewinn können sich Infolge von Krankheit auch die Barrieren ändern, die einer Trennung im Wege stehen. Aufgrund von sozialen Erwartungen fühlt sich der gesunde Partner dem kranken Partner möglicherweise besonders verpflichtet (Bulanda 2006: 103; Syse und Kravdal 2007: 475) und das Umfeld übt soziale Kontrolle aus, die Ehe aufrechtzuerhalten. Auf dieser Grundlage lassen Erkrankungen ein reduziertes Trennungsrisiko erwarten.

(4) Stärker noch als für den gesunden Partner erhöhen sich die Trennungskosten vermutlich für den kranken Partner. Dabei erhöht sich die Abhängigkeit des betroffenen Partners umso stärker, je mehr er auf Unterstützung durch seinen Partner angewiesen ist. Substanzielle Beeinträchtigungen der Gesundheit lassen folglich auch (und in besonderem Maße) für den gesundheitlich beeinträchtigten Partner einen Anstieg der Trennungskosten und auch aus diesem Grund einen Rückgang des Trennungsrisikos erwarten.

(5) Ein fünfter Erklärungsansatz bezieht sich auf die Alternativen zur bestehenden Paarbeziehung. Dabei liegt eine Verschlechterung der Alternativen für den gesundheitlich beeinträchtigten Partner auf der Hand: Zum einen reduziert sich dessen Attraktivität für alternative Partner und zum anderen sinkt für ihn, sofern Erkrankungen seine Mobilität und seine sozialen Kontakte einschränken, die Wahrscheinlichkeit, alternativen Kandidaten zu begegnen. Aber auch für den gesunden Partner können sich die Partnermarktgelegenheiten verschlechtern, wenn die Versorgung des kranken Partners viel Zeit in Anspruch nimmt. Auf dieser Basis lassen gesundheitliche Beeinträchtigungen ebenfalls ein reduziertes Trennungsrisikos erwarten.

(6) Zu guter Letzt ist in Betracht zu ziehen, dass gesundheitliche Beeinträchtigungen und Trennungen in denselben Ursachen begründet sind, zum Beispiel in einer mit Konflikten belasteten Paarbeziehung oder in anderen Partnerschafts- oder Partnermerkmalen. Verschiedene Studien zeigen, dass gesundheitsabträgliche Verhaltensweisen wie übermäßiger Alkoholkonsum, Rauchen und der Konsum von illegalen Drogen mit einem erhöhten Scheidungsrisiko einhergehen (Collins et al. 2007; Fu und Goldman 2002; Kaestner 1997). In zahlreichen Studien gut dokumentiert ist zudem ein ungünstiger

Einfluss von Stress auf die Gesundheit (Siegrist und Theorell 2008), während Stress gleichzeitig die Beziehungsstabilität reduziert (Bodenmann 1995). Gesundheitliche Beeinträchtigungen gehen nach diesem Erklärungsansatz mit einem erhöhten Trennungsrisiko einher, ohne dass die schlechte Gesundheit ursächlich für das höhere Trennungsrisiko ist.

Abbildung 4: Hypothesen zum Einfluss von Krankheit auf das Trennungsrisiko im Überblick

Erklärungsansatz	Effekt von Krankheit auf das Trennungsrisiko		
	nur ein Ehepartner ist krank	beide Ehepartner sind krank	Effekt sinkt/bleibt gleich mit zunehmender Ehedauer
1. Belastungen	risikosteigernd	risikosteigernd	sinkt
2. reduziertes Partnermatch	risikosteigernd	kein Effekt	sinkt
3. soziale Erwartungen	risikoreduzierend	kein Effekt	bleibt gleich
4. erhöhte Abhängigkeit	risikoreduzierend	kein Effekt	bleibt gleich
5. Reduktion der Alternativen	risikoreduzierend	risikoreduzierend	bleibt gleich
6. Scheinkorrelation	risikosteigernd	risikosteigernd	sinkt

Quelle: eigene Zusammenstellung.

Abbildung 4 gibt einen Überblick über die sechs Erklärungsansätze. Dabei bezieht sich Spalte eins auf die Situation, in der nur einer der beiden Partner krank und der andere Partner gesund ist. Wie beschrieben lassen in diesem Fall die mit Krankheit einhergehenden Belastungen sowie die reduzierte Attraktivität des kranken Partners für den gesunden Partner und ein damit einhergehendes schlechteres Partnermatch ein erhöhtes Trennungsrisiko erwarten. Dasselbe gilt, sofern Krankheit und Trennungen in denselben Ursachen begründet sind. In umgekehrter Richtung lassen soziale Erwartungen an den gesunden Partner, die erhöhte Abhängigkeit des kranken Partners und die schlechteren Alternativen ein niedrigeres Trennungsrisiko erwarten.

Die Erklärungsansätze implizieren auch Hypothesen darüber, wie sich eine gleichzeitige Krankheit von beiden Partnern auf die Ehestabilität auswirkt. Was die mit Krankheit einhergehenden Belastungen betrifft, ist für diesen Fall ebenfalls ein erhöhtes Trennungsrisiko zu erwarten im Vergleich zu Paaren, bei denen beide Partner gesund sind (Erklärung 1). Mit Blick auf manche, zum Beispiel finanzielle Belastungen (die in einem reduzierten Haushaltseinkommen und in einem erhöhten Bedarf begründet sein können), könnte die Erhöhung des Trennungsrisikos sogar besonders stark ausfallen. Demgegenüber führt die mit Krankheit unter Umständen einhergehende Reduktion der Attraktivität (Erklärung 2) nicht zu einem schlechteren Partnermatch, wenn die Attraktivität von beiden Partnern aufgrund von Krankheit reduziert ist. Was die Bedeutung sozialer Erwartungen anbelangt (Erklärung 3), ist ebenfalls anzunehmen, dass diese keine oder nur eine geringere Rolle für das Trennungsrisiko spielen, wenn beide Partner gesundheitlich beeinträchtigt sind. Schließlich kann in diesem Fall keiner der beiden Partner mehr Lasten übernehmen als der andere, so dass keinem der beiden eine besondere Verantwortung zugeschrieben werden könnte. Weil die gleichzeitige Krankheit von beiden Partnern keine ausgeprägte, auf die Unterstützung des kranken Partners zugeschnittene Rollenteilung zulässt, können Erkrankungen in diesem Fall auch nicht oder nur in geringem Maße mit einer gesteigerten Abhängigkeit einhergehen (Erklärung 4). In Bezug auf die Reduktion der Alternativen zur bestehenden Paarbeziehung (Erklärung 5) könnte eine Erkrankung von beiden Partnern das Trennungsrisiko hingegen besonders stark reduzieren, weil sich die Partnermarktchancen von beiden Partnern verschlechtern. Schließlich ist für den Fall, dass Erkrankungen und Trennungen in denselben Ursachen begründet sind (Erklärung 6), auch dann ein erhöhtes Trennungsrisiko im Vergleich zu Ehen, bei denen beide Ehepartner gesund sind, zu erwarten, wenn beide Ehepartner krank sind.

Einige Erklärungsansätze legen nahe, dass der Einfluss von gesundheitlichen Beeinträchtigungen auf das Trennungsrisiko in mittleren und späteren Ehephasen anders ausfallen könnte als in einer frühen Ehephase. Was die mit Krankheit einhergehenden Belastungen betrifft (Erklärung 1), sind in den ersten Ehejahren gemeinsame Zukunftspläne eher infrage gestellt. Zudem ist der Effekt von Erkrankungen auf die finanzielle Situation ist in jüngeren Erwachsenenjahren nachhaltiger. Die mit Krankheit einhergehenden Belastungen sollten demnach in früheren Eheabschnitten eine größere Rolle für das Trennungsrisiko spielen als in späteren Ehephasen. Dasselbe gilt für die reduzierte Attraktivität des kranken Partners für den gesunden Partner und die damit einhergehende Reduktion des Partnermatchs (Erklärung 2). Denn in frühen Ehephasen führen Erkrankungen, weil sie in jungen Jahren unwahrscheinlicher sind, eher zu einem dauerhaft verschlechterten Partner-match. In späteren Ehephasen, die mit einem höheren Alter einhergehen, antizipiert der gesunde Partner hingegen möglicherweise bereits eigene Er-krankungen. Was die Barrieren gegenüber einer Trennung und die Alterna-tiven zur bestehenden Ehebeziehung betrifft, ist hingegen davon auszuge-hen, dass gesundheitliche Beeinträchtigungen sowohl in frühen als auch in späten Ehephasen mit einer gesteigerten Verantwortung des gesunden Part-ners für den kranken Partner einhergeht (Erklärung 3), eine erhöhte Abhän-gigkeit des kranken Partners vom gesunden Partner bedingt (Erklärung 4) und die Partnermarktchancen reduziert (Erklärung 5). Die hieran geknüpften Effekte von Krankheit auf das Trennungsrisiko sollten deshalb (auch wenn sich die Barrieren gegenüber einer Trennung und die Alternativen zur beste-henden Paarbeziehung insgesamt mit zunehmender Ehedauer verändern) weitgehend unabhängig von der Ehedauer sein. Schließlich verliert der sechste Erklärungsansatz, der sich auf die Möglichkeit einer Scheinkorrelati-on zwischen Krankheit und Trennungsrisiko bezieht, in späteren Eheab-schnitten an Bedeutung, weil Erkrankungen häufiger werden und deshalb immer weniger auf ungünstige Hintergrundmerkmale hinweisen (können), die sowohl die Gesundheit als auch die Ehestabilität negativ beeinflussen.

Mit zunehmender Ehedauer verlieren folglich vor allem diejenigen Er-klärungsansätze an Bedeutung, die ungünstige Effekte von Krankheit auf die Ehestabilität postulieren. Erklärungsansätze zugunsten einer stabilisierenden Wirkung von Krankheit kommen hingegen auch in späteren Ehephasen zum Tragen. Dies impliziert, dass sich der Einfluss von Krankheit auf das Tren-nungsrisiko mit steigender Ehedauer möglicherweise verändert und unter Umständen sogar umkehren könnte, indem gesundheitliche Beeinträchti-gungen in früheren Ehephasen mit einem erhöhten und in späteren Ehepha-sen mit einem reduzierten Trennungsrisiko einhergehen.

2.2.3 Determinanten der Ehestabilität, die möglicherweise in späteren Ehephasen eine andere Bedeutung für die Ehestabilität haben als in frühen Ehephasen

Außer für gesundheitliche Beeinträchtigungen ist für weitere Determinanten ehelicher Stabilität in Betracht zu ziehen, dass sie in späteren Lebens- Part-nerschaftsphasen eine andere Bedeutung für die Ehestabilität haben als in jungen Jahren. Die vorliegende Studie untersucht, ob sich die Einflüsse des Bildungsniveaus und der Bildungs- und Altershomogamie der Partner auf die Ehestabilität ändern, wenn Ehen älter werden.

2.2.3.1 Der Einfluss des Bildungsniveaus auf das Trennungsrisiko in späteren Ehephasen

Vorliegende Untersuchungen zum Einfluss der Bildung auf das Trennungs-risiko, die allerdings nur für kurze bis mittellange Ehedauern aussagekräftig sind, zeigen für Deutschland zumeist einen stabilisierenden Effekt einer hö-heren Bildung des Mannes (Wagner und Weiß 2003). Für Frauen sind die Ergebnisse uneinheitlich, wobei sowohl signifikant stabilisierende (z. B. Brüderl et al. 1997) als auch signifikant destabilisierende Effekte für eine höhere Bildung der Frau berichtet werden (z. B. Diekmann und Klein 1991). Diese uneinheitliche Befundlage zum Einfluss der Bildung der Frau auf das Trennungsrisiko steht zwar in gewisser Hinsicht im Einklang mit den dies-bezüglichen theoretischen Überlegungen, die ebenfalls uneinheitlich sind (siehe unten). Die vorliegenden Ergebnisse könnten aber auch deshalb un-einheitlich sein, weil der Bildungseinfluss einem Wandel unterliegt.[14]

Ob dem Bildungsniveau in mittleren und späteren Ehephasen mögli-cherweise eine andere Bedeutung für das Trennungsrisiko zukommt als in einer frühen Phase der Ehe, wurde für Deutschland bislang nicht unter-

---

[14] In diesem Fall könnten unterschiedliche Ergebnisse zum Bildungseinfluss auf das Tren-nungsrisiko auf der Grundlage von unterschiedlichen Surveys dadurch zustande kommen, dass die Stichproben unterschiedliche Partnerschafts- und Lebensphasen und/oder unter-schiedliche Heiratskohorten abbilden, während der Einfluss der Bildung auf die Ehe-stabilität gleichzeitig je nach Partnerschafts- und Lebensphase oder je nach Heiratskohorte unterschiedlich ausfällt. In der Tat repräsentieren die verschiedenen Surveys, die bislang für Deutschland für Trennungs- und Scheidungsanalysen herangezogen wurden, zum Teil unterschiedliche Ehedauern und Heiratskohorten. So analysieren zum Beispiel Brüderl et al. (1997) den Familiensurvey von 1988, der die Ehebiografien der 18- bis 55-Jährigen des Jahres 1988 beinhaltet, wohingegen Diekmann und Klein (1991) das SOEP von 1985 analysieren, welches die Ehebiografien der Erwachsenen des Jahres 1985 beinhaltet und damit auch spätere Ehephasen und ältere Heiratskohorten enthält als der Familiensurvey von 1988.

sucht.[15] Auf eine Veränderung von Bildungseffekten in der Kohortenabfolge weisen hingegen Ergebnisse von Klein (1995b) sowie von Wagner (1993b: 384 ff.) hin. Klein beobachtet mit den Daten des Familiensurvey von 1988 einen risikoerhöhenden Effekt einer höheren Bildung der Frau, der in jüngeren Heiratskohorten weniger ausgeprägt ist als in älteren Heiratskohorten. Wagner kommt auf Grundlage des kumulierten ALLBUS 1980-1988 zu dem Ergebnis, dass eine höhere Bildung der Frau die Ehestabilität nur bei den vor 1955 geschlossenen Ehen signifikant reduziert. Demgegenüber liegt bei den jüngeren Heiratskohorten kein signifikanter (und ein tendenziell stabilisierender) Bildungseffekt vor.[16] Für Männer zeigen sich in der Untersuchung von Wagner weder bei den jüngeren noch bei den älteren Heiratskohorten signifikante Bildungseffekte. Da es sich bei den in jüngerer Zeit geschlossenen Ehen um Ehen mit noch kürzerer Dauer handelt, bleibt allerdings unklar, inwieweit die für Frauen beobachteten Unterschiede in einer Veränderung von Bildungseffekten in der Kohortenabfolge oder (auch) in einer Veränderung des Bildungseinflusses im Eheverlauf begründet sind. Für das Bildungsniveau der Frau finden sich aus internationalen Studien in der Tat Hinweise auf eine Veränderung von Bildungseffekten im Eheverlauf. So zeigen Untersuchungen für die Vereinigten Staaten und für Finnland, dass sich ein anfänglich ehestabilisierender Effekt des Bildungsniveaus der Frau im weiteren Eheverlauf reduziert (Morgan und Rindfuss 1985; South 2001) oder sogar umkehrt (Jalovaara 2002; South und Spitze 1986).

---

[15] Nur in einer einzigen für Deutschland vorliegenden Untersuchung von Diekmann (1987) wird untersucht, ob der Bildungseffekt mit der Ehedauer interagiert. Bemerkenswerterweise handelt es sich um die erste Untersuchung überhaupt, die für Deutschland Bildungsunterschiede des Scheidungsrisikos mit Verlaufsdaten analysiert. Sie betrachtet allerdings nur Veränderungen des Bildungseffekts in den ersten fünf Ehejahren und kommt zu dem Ergebnis, dass der destabilisierende Effekt der Hochschulreife auf die Ehe (im Vergleich zur Referenzkategorie Hauptschulabschluss) in den ersten fünf Ehejahren stärker wird.

[16] Ähnliche Ergebnisse berichtet Hoem (1997) für Schweden. Auch dort dreht sich der Effekt der Bildung der Frau auf das Scheidungsrisiko, indem eine höhere Bildung der Frau erst in jüngerer Zeit mit einer höheren Ehestabilität einhergeht. Indirekte Evidenz für eine Veränderung von Bildungseffekten auf die Ehestabilität in der Kohortenabfolge finden außerdem Blossfeld et al. (1995). Die Autoren zeigen, dass eine höhere Bildung der Frau (in älteren Geburtskohorten von 1934 bis 1958) die Ehestabilität in Westdeutschland weniger stark reduziert als in Italien, aber stärker als in Schweden, und führen diese Unterschiede auf unterschiedlich weit vorangeschrittene Transformationsprozesse zurück.

Drei Faktorenbündel wurden in der bisherigen Trennungs- und Scheidungsforschung zur Hauptsache für Bildungsunterschiede der Ehestabilität verantwortlich gemacht. Auf Grundlage von austauschtheoretischen und familienökonomischen Erklärungsmodellen ehelicher Stabilität erscheint eine unterschiedliche Ausstattung mit Ressourcen als ausschlaggebend für unterschiedliche Trennungs- und Scheidungsraten zwischen den Bildungsgruppen. Demnach erhöhen die an eine höhere Bildung geknüpften zusätzlichen Ressourcen den Ehegewinn bzw. die Ehequalität und somit die Ehestabilität (Becker 1993; Lewis und Spanier 1979). Soweit die Ressourcen auf besseren Erwerbs- und Einkommenschancen beruhen, werden einer höheren Bildung der Frau jedoch auch destabilisierende Effekte zugeschrieben, weil sie die Unabhängigkeit der Frau erhöht (Ross und Sawhill 1975) und, bei traditioneller Rollenaufteilung, einer als effizient erachteten Arbeitsteilung von Erwerbs- und Familienarbeit im Wege steht (Becker 1993: 30 ff.).

Einer anderen Erklärungstradition folgend werden bildungsbezogene Unterschiede der Ehestabilität auf unterschiedliche Werte und Einstellungen zur Ehe zurückgeführt (Scheller 1992: 64 ff). Angenommen wird, dass sich höhere Bildungsgruppen eher an postmaterialistischen Werten (Inglehart 1997: 72 ff.) bzw. an Selbstentfaltungswerten (Klages 1984: 41 f.) orientieren, und in diesem Zuge auch liberalere Einstellungen gegenüber Scheidungen aufweisen.

Von manchen Autoren werden außerdem bildungsspezifisch ungleich verteilte soziale Kompetenzen und Persönlichkeitsmerkmale für Bildungsunterschiede der Ehestabilität verantwortlich gemacht. Unter anderem wird unterstellt, dass höher gebildete Ehepartner wirksamer kommunizieren und deshalb Eheprobleme eher lösen könnten (Amato 1996: 639), dass höher gebildete Ehepartner besser auf die Ehe vorbereitet sind (South und Spitze 1986: 584), oder dass bestimmte Persönlichkeitsmerkmale, wie ein Mangel an Beständigkeit, sowohl den Bildungserfolg als auch die Ehestabilität negativ beeinflussen (Glenn und Supancic 1984: 570).

Verschiedene Argumente legen nahe, dass sich die Bedeutung dieser Faktoren ändert, wenn Ehen älter werden. In Bezug auf die an das Bildungsniveau geknüpften erwerbsbezogenen Ressourcen sowie mit Blick auf bildungsspezifisch ungleich verteilte soziale Fähigkeiten und Kompetenzen ist anzunehmen, dass diese Faktoren in späteren Ehe- und Partnerschaftsphasen an Bedeutung für die Ehestabilität verlieren. Hierzu trägt möglicherweise bei, dass in späteren Partnerschaftsphasen ehespezifische Investitionen im Vergleich zu den individuellen Ressourcen der Partner an Bedeutung gewinnen (vgl. Jalovaara 2002: 541; Morgan und Rindfuss 1985: 1071).[17] Außerdem ist davon auszugehen, dass Bildungsunterschiede in den sozialen Fähigkeiten und Kompetenzen oder im Vorbereitetsein auf die Ehe in späteren Partnerschaftsphasen, aufgrund von Lernprozessen in der Beziehung, kaum noch eine Rolle spielen (vgl. South und Spitze 1986: 584).

Speziell für die Bildung der Frau ist jedoch auch in Betracht zu ziehen, dass der an die besseren Erwerbs- und Einkommenschancen von höher qualifizierten Frauen geknüpfte Unabhängigkeitseffekt in späteren Ehephasen an Bedeutung gewinnt, wenn Kinder älter und selbständiger werden (vgl. South und Spitze 1986: 585), oder weil im Verlauf der Ehe die Unzufriedenheit über die Doppelbelastung in Beruf und Familie zunimmt (South 2001: 231).

Schließlich könnte das Bildungsniveau, das auch der Partnerwahl zugrunde liegt, auch deshalb im späteren Partnerschafts- und Eheverlauf an Bedeutung für das Trennungsrisiko verlieren, weil zunehmend weiche Faktoren des Partnermatchs sichtbar werden. Hinzu kommt, dass sich der Prognosewert der Bildung für den Sozialstatus reduziert, wenn sich die realisierten Berufsbiografien abzeichnen. Letzteres könnte vor allem zu einem in mittleren und späteren Beziehungsphasen nachlassenden stabilisierenden Effekt einer höheren Bildung des Mannes beitragen.

Von der Frage, ob sich der Einfluss der Bildung auf die Ehestabilität im Verlauf der Ehe ändert, ist die Frage zu trennen, ob Bildungseinflüsse auf die Ehestabilität bei den heute bestehenden älteren Ehen anders ausfallen als bei den heutigen jüngeren Ehen. Da in dieser Querschnittperspektive eine längere Ehedauer mit einem älteren Heiratsjahr einhergeht, können unterschiedliche Bildungseffekte auf das Trennungsrisiko in älteren und in jüngeren Ehen nicht nur darin begründet sein, dass sich der Bildungseffekt mit zunehmender Ehedauer verändert, sondern auch darin, dass sich Bildungseffekte in der Kohortenabfolge verändert haben. Für die Frage nach den Ursachen ehelicher Stabilität in späteren Lebens- und Partnerschaftsphasen ist

---

[17] Dies setzt voraus, dass Investitionen in ehespezifisches Kapital nicht sehr eng mit der Bildung in Zusammenhang stehen. Abgesehen von wenigen Ausnahmen, wie gemeinsames Wohneigentum, ist dies der Fall.

daher auch von Interesse, ob sich der Einfluss der Bildung auf die Ehestabilität in der Kohortenabfolge verändert hat.[18]

Zu einem Wandel des Bildungseinflusses in der Kohortenabfolge könnte die Bildungsexpansion beigetragen haben. Im Zuge der zunehmenden Höherqualifizierung der nachwachsenden Generationen zählen Personen mit niedriger Bildung in zunehmender Weise zu den Benachteiligten. Ihre Ehen sind aus diesem Grund vermutlich zunehmenden Belastungen ausgesetzt und besonders anfällig für Trennung und Scheidung (Hoem 1997: 25; Wagner 1993b: 390). Dies ist mit Blick auf die Verknüpfung von Bildung und Einkommenschancen zu erwarten, und auch für den Fall, dass untere Bildungsschichten eine in Bezug auf geringere soziale Kompetenzen und für die Ehestabilität ungünstige Persönlichkeitsmerkmale negativ-selektierte Gruppe darstellen. Ein niedriges Bildungsniveau könnte deshalb, sowohl für Männer als auch für Frauen, bei den jüngeren Eheschließungskohorten zunehmend mit einem erhöhten Trennungsrisiko einhergehen.

Bildungsspezifisch ungleich verteilte Werte und Einstellungen zur Ehe könnten hingegen an Bedeutung für die Erklärung von Bildungsunterschieden der Ehestabilität verloren haben, wenn man davon ausgeht, dass höhere Bildungsgruppen zunächst eine Vorreiterrolle im Prozess des Wertewandels einnehmen, bis sich ihr „Vorsprung" wieder reduziert, wenn andere Gruppen nachziehen (vgl. Klages 1984: 126 f.). Für höher gebildete Frauen könnte eine stärkere Orientierung an Selbstentfaltungswerten auch deshalb an Bedeutung für die Ehestabilität verloren haben, weil für Frauen die Selbstentfaltungsmöglichkeiten in der Ehe (z. B. was die Möglichkeit zur Erwerbstätigkeit anbelangt) in jüngerer Zeit weniger stark eingeschränkt sind.

Speziell für die Bildung der Frau ist schließlich zu vermuten, dass sich deren Einfluss auf die Ehestabilität auch deshalb verändert hat, weil sich die

---

[18] Die Frage, ob sich Bildungseinflüsse auf die Ehestabilität in der Kohortenabfolge verändert haben, ist zudem unter methodischen Gesichtspunkten von Bedeutung, wenn es in den nachfolgenden Analysen darum geht, die Veränderung von Bildungseinflüssen auf die Ehestabilität korrekt zu bestimmen. Denn bei den im Folgenden analysierten Längsschnittdaten handelt es sich, weil die Daten die Ehebiografien von Personen unterschiedlichen Alters abbilden, bei den länger andauernden Ehen tendenziell um Ehen aus älteren Heiratskohorten. Es ist deshalb notwendig, Interaktionseffekte zwischen dem Bildungsniveau und dem Heiratsjahr zu kontrollieren. Ansonsten könnten Interaktionseffekte zwischen dem Bildungsniveau und der Ehedauer auch in einer Veränderung des Bildungseinflusses in der Kohortenabfolge begründet sein.

Bedeutung der Einkommenschancen der Frau für die Ehestabilität verändert hat. Was die größere finanzielle Unabhängigkeit von höher gebildeten Frauen betrifft, sollte diese auf längere Sicht an Bedeutung für die Ehestabilität verloren haben. Im Zuge des (auf lange Sicht) gestiegenen Wohlstandsniveaus können sich zunehmend auch Frauen mit niedriger Bildung eine Scheidung materiell leisten, ohne zumindest von absoluter Verarmung betroffen zu sein (Wagner 1993a: 390). Auch die Ausweitung sozialstaatlicher Leistungen seit Gründung der Bundesrepublik könnte hierzu beigetragen haben. Unter Bezugnahme auf familienökonomische Überlegungen lässt sich ergänzen, dass Haushaltsarbeitszeiten zunehmend günstiger durch Marktgüter substituierbar sind, etwa durch die Verwendung technischer Geräte oder durch vorgefertigte Speisen. Eine spezialisierte Arbeitsteilung, bei der sich ein Partner auf Erwerbsarbeit und der andere Partner auf Haushaltsarbeit spezialisiert, ist daher heute kaum noch effizient (Kraft und Neimann 2009b: 7; Ott 1998: 70). Man kann deshalb davon ausgehen, dass die (bei traditioneller Arbeitsteilung) im Falle einer höheren Bildung der Frau geringer ausfallenden Spezialisierungsvorteile zunehmend bedeutungslos geworden sind. In dem Maße, wie Unabhängigkeitseffekte und (fehlende) Spezialisierungsvorteile an Bedeutung verloren haben, sollte ein an die besseren Einkommenschancen von höher gebildeten Frauen geknüpfter stabilisierender Einkommenseffekt zunehmend an Bedeutung für die Ehestabilität gewonnen haben bzw. mittlerweile den Ausschlag geben.

Die genannten Argumente legen nahe, dass sich Bildungseffekte auf die Ehestabilität sowohl im Eheverlauf als auch in der Kohortenfolge verändern bzw. verändert haben. Einerseits legen manche Argumente nahe, dass stabilisierende Faktoren, die an eine höhere Bildung geknüpft sind, im späteren Eheverlauf an Bedeutung verlieren. Was speziell den an eine höhere Bildung der Frau geknüpften destabilisierenden Unabhängigkeitseffekt betrifft, könnte dieser in späteren Ehephasen allerdings auch wieder wichtiger werden. Vor diesem Hintergrund ist für Männer in späteren Abschnitten der Ehe ein schwächerer stabilisierender Bildungseinfluss zu erwarten. Für Frauen lassen sich keine eindeutigen Vorhersagen treffen, wie sich der Bildungseinfluss im Eheverlauf verändert, weil bereits die Erwartungen an den Bildungs-„Haupteffekt" uneinheitlich sind. In Betracht zu ziehen ist, dass der Bildungseinfluss für Frauen im Eheverlauf umkehren könnte, indem eine höhere Bildung der Frau das Trennungsrisiko in frühen Ehejahren reduziert und in einer späteren Ehephase erhöht, weil stabilisierende Aspekte einer höheren Bildung der Frau stärker in früheren und destabilisierende Aspekte stärker in späteren Ehephasen zum Tragen kommen. Was andererseits mögliche Kohortenunterschiede des Bildungseinflusses anbelangt, sollte eine höhere Bildung der Frau vor allem in älteren Heiratskohorten (und damit auch bei den heutigen älteren Ehen) mit einem erhöhten Trennungsrisiko einhergehen. Bei den in jüngerer Zeit geschlossenen Ehen könnte hingegen, sowohl für Männer als auch für Frauen, zunehmend eine niedrigere Bildung die Ehestabilität reduzieren.

2.2.3.2 Der Einfluss der Bildungs- und Altershomogamie der Partner auf das Trennungsrisiko in späteren Ehephasen

In der vorstehenden Diskussion von Bildungseffekten und von Alterseffekten auf das Trennungsrisiko ist unberücksichtigt geblieben, dass die Ehestabilität vermutlich auch durch die Bildungs- und Alterskonstellation der Partnerschaft beeinflusst wird. Üblicherweise wird davon ausgegangen, dass Paare mit ähnlicher Bildung und ähnlichem Alter die stabileren Verbindungen darstellen (Becker et al. 1977: 1145 f.; Lewis und Spanier 1979: 275), weil die Übereinstimmung von Werten, Interessen und Fähigkeiten für gemeinsame Aktivitäten wahrscheinlicher ist (Bumpass und Sweet 1972: 760; Diekmann und Schmidheiny 2001: 242; Tzeng 1992: 613), weil Homogamie bei der Partnerwahl als Norm fungiert (Kalmijn 1998; Lewis und Spanier 1979: 276), oder weil es diesen Paaren eher gelingt, „sich ihre eigene private Welt, in der sie leben werden, selbst zu schaffen" (Berger und Kellner 1965: 225). In familienökonomischer Perspektive trifft dies jedoch für das Bildungsniveau nicht uneingeschränkt zu, sondern nur insoweit, wie dieses nicht mit den Einkommenschancen verknüpft ist. Denn es wird angenommen, dass sich durch Spezialisierung des einen Partners auf Erwerbs- und des anderen Partners auf Hausarbeit Spezialisierungsgewinne erzielen lassen, umso mehr, je unterschiedlicher die Einkommenschancen sind (Becker 1993: 115). Schließlich ist unter dem Aspekt des Wettbewerbs auf dem Partnermarkt eine höhere Stabilität von homogamen Ehen sogar für den Fall zu erwarten, wenn Personen nicht ähnliche, sondern möglichst attraktive Partner präferieren (vgl. Klein 2000: 231 f.). In diesem Fall sind, bei ausgeglichener Geschlechterrelation und gleichen Merkmalsverteilungen bei Männern und Frauen, Trennungen nur solange zu erwarten, bis auf dem Partnermarkt nach einiger Zeit ein Gleichgewicht entstanden ist, wenn nur noch Partner mit (annähernd) gleicher Attraktivität zusammen sind.[19]

Für Deutschland vorliegende Untersuchungen zum Einfluss der Bildungshomogamie auf das Trennungs- und Scheidungsrisiko berichten häufig eine höhere Ehestabilität von bildungshomogamen Ehen (Babka von Gostomski 1999; Babka von Gostomski et al. 1999; Hartmann 1999; Hartmann und Beck 1999; Wagner 1993b) oder finden keine signifikanten Unterschiede (Brüderl et al. 1997; Esser 2002; Hall 1997; Rapp 2008). Kalter (1999), Müller (2003) sowie Engelhardt, Trappe und Dronkers (2002) differenzieren die Gruppe der bildungsheterogamen Paare zusätzlich danach, ob der Mann oder die Frau höher gebildet ist. Die Untersuchung von Kalter (1999) findet nur für Paare, bei denen die Frau ein höheres Bildungsniveau aufweist, ein erhöhtes Scheidungsrisiko im Vergleich zu bildungshomogamen Paaren. Demgegenüber beobachten Müller (2003) sowie Engelhardt, Trappe und Dronkers (2002) weder für Ehen, bei denen der Mann höher gebildet ist, noch für solche, bei denen die Frau höher gebildet ist, eine signifikante Risikosteigerung im Vergleich zu bildungshomogamen Ehen. Schließlich finden Kraft und Neimann (2009a) sowie Wagner (1997), die zwischen insgesamt sieben bzw. insgesamt neun Bildungskonstellationen unterscheiden, inkonsistente Zusammenhänge zwischen Bildungsunterschieden und dem Trennungs- bzw. Scheidungsrisiko.[20]

---

[19] Aufgrund von Trennungskosten sind in diesem Fall bereits dann keine Trennungen mehr zu erwarten, wenn nur noch (je nach Höhe der Trennungskosten mehr oder weniger) annähernd homogame Partnerschaften bestehen.

[20] In der Untersuchung von Kraft und Neimann (2009a) ist das Trennungsrisiko am höchsten bei bildungshomogamen Paaren mit niedriger Bildung und am niedrigsten bei bildungshomogamen Paaren mit mittlerer Bildung. Demgegenüber beobachtet Wagner (1997) tendenziell für bildungshomogame Paare mit niedriger Bildung das geringste Scheidungsrisiko und für bildungshomogame Paare mit höherer Bildung eines der höchsten Scheidungsrisiken im Vergleich der neun Bildungskonstellationen. Neben unterschiedlichen Operationalisierungen könnten die unterschiedlichen Ergebnisse von Kraft und Neimann (2009a) und Wagner (1997) auch damit in Zusammenhang stehen, dass Bildungseffekte auf die Ehestabilität einem Wandel unterliegen. So analysieren Kraft und Neimann (2009a) Daten des Sozio-oekonomischen Panel und berücksichtigen nur Ehen, die im Verlauf des Panel (d. h. seit 1984) geschlossen wurden. Die Stichprobe repräsentiert somit ausschließlich

Zusammengefasst lässt sich die Befundlage zum Einfluss von Bildungsunterschieden auf das Trennungsrisiko dahingehend interpretieren, dass Bildungshomogamie die Ehestabilität möglicherweise erhöht, wobei aber Bildungsunterschiede nicht sehr eng mit dem Trennungsrisiko verknüpft zu sein scheinen. Es wurde bislang jedoch nicht untersucht, ob sich der Einfluss von Bildungsunterschieden auf das Trennungsrisiko im Verlauf der Ehe ändert.

Der Einfluss von Altersunterschieden zwischen den Partnern auf die Ehestabilität wurde bislang, auch für andere Länder als Deutschland, vergleichsweise selten untersucht. Internationale Studien aus verschiedenen Ländern kommen zu uneinheitlichen Ergebnissen. Während manche Studien keinen signifikanten Effekt von Altersunterschieden auf das Trennungsrisiko finden, weisen andere Studien insgesamt darauf hin, dass Altershomogamie mit einem reduzierten Trennungsrisiko einhergeht, insbesondere im Vergleich zu Paaren, bei denen die Frau älter ist als der Mann (zum Überblick Arránz Becker 2008: 67 f.). Die Vergleichbarkeit der Ergebnisse aus verschiedenen Ländern bzw. deren Übertragbarkeit auf deutsche Verhältnisse ist jedoch, aufgrund der jeweiligen kulturellen und institutionellen Besonderheiten, in Frage gestellt. Für Deutschland finden Kraft und Neimann (2009a) einen signifikanten Anstieg des Trennungsrisikos bei zunehmender Altersdifferenz. Koch (1993) berichtet für Ehen, bei denen der Mann mindestens zehn Jahre älter ist als die Ehefrau, ein signifikant erhöhtes Scheidungsrisiko im Vergleich zu Ehen, bei denen dies nicht der Fall ist. Sie verweist zudem auf nicht wiedergegebene Analyseergebnisse, wonach ein höheres Alter der Frau im Vergleich zu ihrem Mann das Scheidungsrisiko ebenfalls signifikant erhöht. Hingegen findet Hullen (1998) keinen risikosteigernden Effekt für ein höheres Alter der Frau im Vergleich zu ihrem Mann. Schließlich zeigen Ergebnisse von Wagner (1997), der Effekte des Altersunterschiedes nach Heiratskohorten differenziert ausweist, keine konsistenten Zusammenhänge zwischen dem Altersabstand und dem Scheidungsrisiko.

---

jüngere Heiratskohorten und frühe Ehephasen, wohingegen die Stichprobe von Wagner, der Daten der Lebensverlaufsstudie analysiert, zur Hauptsache wesentlich ältere Heiratskohorten umfasst. Die Unterschiede in den Ergebnissen von Kraft und Neimann sowie von Wagner stehen somit mit den im vorstehenden Kapitel diskutierten Überlegungen im Einklang, wonach eine niedrige Bildung das Trennungsrisiko vermutlich erst bei jüngeren Heiratskohorten und/oder vor allem in frühen Ehephasen erhöht (vgl. *Kapitel 2.2.3.1*).

Die Befundlage zum Einfluss der Altersdifferenz auf die Ehestabilität legt insgesamt nahe, dass vor allem größere Altersunterschiede zwischen den Ehepartnern die Ehestabilität reduzieren könnten. Unklar bleibt allerdings, ob sich Altersunterschiede unterschiedlich auswirken, je nachdem, ob der Mann oder die Frau älter ist. Diesbezügliche Unterschiede könnten damit in Zusammenhang stehen, dass Ehemänner durchschnittlich etwa drei Jahre älter sind als ihre Frau (Klein 1996). Und schließlich stellt sich die Frage nach der Übertragbarkeit der Befunde auf spätere Lebens- und Partnerschaftsphasen.

Verschiedene Argumente legen nahe, dass sich die Zusammenhänge zwischen Alters- und Bildungsunterschieden und dem Trennungs- und Scheidungsrisiko ändern, wenn Ehen älter werden.

Weil im Verlauf der Ehe zunehmend weiche Faktoren der Passung sichtbar werden, zum Beispiel bezüglich der Übereinstimmung von Interessen und Lebensgewohnheiten, könnte der Einfluss von Bildungs- und Altersunterschieden auf das Trennungsrisiko abnehmen. Je weiter dieser Abbau von Unsicherheit vorangeschritten ist, der sich in familienökonomischer Perspektive auch als Zeit der „intensiven Suche" interpretieren lässt (Becker et al. 1977: 1149 f.), die an die extensive Suche auf dem Partnermarkt anschließt, umso weniger orientiert sich das Trennungsverhalten vermutlich an leicht zugänglichen Merkmalen wie Bildung oder Alter, die in früheren Partnerschaftsphasen, mangels besserer Informationen, als Indikator für den Grad der Passung herangezogen werden.

Mit zunehmender Partnerschafts- und Ehedauer lernen sich die Partner nicht nur besser kennen, sondern es findet auch eine Anpassung der Partner aneinander statt. Sofern Alters- und Bildungsunterschiede der Partner zunächst mit einer geringen Übereinstimmung der Lebensgewohnheiten einhergehen, verschwinden diesbezügliche Unterschiede zwischen den Partnern, wenn durch langjähriges Zusammenleben eine Anpassung stattgefunden hat. Auf dieser Grundlage ist in späteren Ehephasen ebenfalls ein nachlassender Einfluss von Bildungs- und Altersunterschieden auf das Trennungsrisiko zu erwarten.

Speziell der Einfluss von Altersunterschieden auf die Ehestabilität könnte sich auch deshalb ändern, weil ein und derselbe Altersunterschied je nach Alter und Ehedauer mit unterschiedlichen Implikationen verknüpft ist. Ein Altersunterschied von zum Beispiel zehn Jahren geht in jüngeren Jahren, wenn einer der beiden Partner noch in Ausbildung ist und der andere Partner bereits erwerbstätig ist, mit sehr unterschiedlichen Lebensumständen einher. Derselbe Altersabṣtand geht hingegen im mittleren Erwachsenenalter, wenn die Ausbildung lange beendet und der Ruhestand noch weit ist, mit vergleichsweise ähnlichen Lebensumständen einher – was sich jedoch erneut ändern kann, wenn der ältere Partner in den Ruhestand eintritt (siehe unten).

Schließlich könnte auch unbeobachtete Heterogenität dazu beitragen, dass die Effekte von Alters- und von Bildungsunterschieden auf die Ehestabilität mit zunehmender Ehedauer schwächer werden. Sofern Alters- und Bildungsunterschiede zwischen den Partnern das Trennungsrisiko erhöhen, bleiben nach einiger Zeit nur noch wenige Ehen mit größeren Alters- und Bildungsunterschieden übrig und man muss davon ausgehen, dass es sich bei den noch verbleibenden Ehen um eine zunehmend selektivere Gruppe von Ehen handelt, die aus verschiedenen und teils im Verborgenen liegenden Gründen besonders stabil sind.[21]

Die genannten Argumente legen nahe, dass Bildungs- und Altersunterschiede zwischen den Partnern das Trennungsrisiko vor allem in früheren Partnerschafts- und Ehephasen erhöhen und mit zunehmender Ehedauer an Bedeutung für die Ehestabilität verlieren. Insbesondere der Altersabstand zwischen den Partnern könnte in späteren Lebens- und Partnerschaftsphasen allerdings auch wieder wichtiger für das Trennungsrisiko werden. Sofern beide Partner erwerbstätig sind, entwickeln sich die Lebensumstände von altersheterogamen Paaren wieder auseinander, wenn der ältere Partner in den Ruhestand eintritt.[22] Hinzu kommt, dass eine fehlende Passung nach dem Auszug der Kinder nicht mehr durch Kindererziehung und Familienleben überdeckt werden kann.

---

[21] Nach diesem Erklärungsansatz ändert sich der Effekt von Alters- und Bildungsunterschieden auf das Trennungsrisiko, im Gegensatz zu den vorstehenden Erklärungsansätzen, nur im Durchschnitt der jeweils bis zu einer bestimmten Ehedauer noch bestehenden Ehen. Für einzelne Ehen bleibt der Einfluss von Alters- und Bildungsunterschieden auf das Trennungsrisiko unverändert.

[22] Einer Untersuchung von Allmendinger (1990: 281 ff.) zufolge verbleiben Männer mit einer wesentlich jüngeren Frau länger im Arbeitsmarkt als andere Männer. Dies könnte darauf hinweisen, dass Ehepartner einen möglichst zeitgleichen Ruhestandseintritt anstreben (vgl. auch Wagner 1991), was jedoch bei steigender Altersdifferenz schwieriger wird.

3 Daten und Methode

Grundlage der vorliegenden Studie ist eine aufwändige Kumulation bereits vorliegender Umfragedaten, um erstmals mit einer hinreichenden Fallzahl die Determinanten der Ehestabilität im mittleren und höheren Erwachsenenalter analysieren zu können.

Die zur Kumulation herangezogenen Datensätze und deren Auswahl werden in *Kapitel 3.1* beschrieben. Daran an schließt für alle berücksichtigten Variablen eine Dokumentation der Verfügbarkeit und der Operationalisierung dieser Variablen in den Einzeldatensätzen und der vorgenommenen Variablen-Harmonisierung im kumulierten Datensatz (*Kapitel 3.2*). Es folgen eine Beschreibung der kumulierten Stichprobe (*Kapitel 3.3*) und eine Erläuterung der angewandten Analyseverfahren (*Kapitel 3.4*).

3.1 Auswahl und Beschreibung der zur Kumulation herangezogenen Datensätze

Für den Zweck der vorliegenden Untersuchung ist es einerseits günstig, möglichst viele Surveys zu kumulieren, um auf diese Weise ausreichend große Fallzahlen für mittlere und spätere Lebens- und Partnerschaftsphasen zu gewinnen. Andererseits müssen die für eine Kumulation in Frage kommenden Surveys bestimmte Mindestanforderungen erfüllen. Hierzu zählt die Verfügbarkeit von Informationen über Ehen im Längsschnitt. Weitere Voraussetzungen sind eine hinreichende Entsprechung der Stichproben, insbesondere in Bezug auf Grundgesamtheit und Auswahlverfahren, sowie eine hinreichende Entsprechung erklärender Variablen hinsichtlich deren Verfügbarkeit und Operationalisierung in den Einzeldatensätzen.

In einem ersten Schritt wurden sämtliche für Deutschland vorliegende Surveys mit Informationen über Ehen im Längsschnitt gesichtet. In die Sichtung wurden alle Datensätze einbezogen, die für Trennungs- und Scheidungsstudien mit Längsschnittdaten für Deutschland bereits herangezogen wurden (vgl. Wagner und Weiß 2003). Es handelt sich hierbei um die Allgemeine Bevölkerungsumfrage der Sozialwissenschaften (ALLBUS), den Familiensurvey (FS), den Family and Fertility Survey für Deutschland (FFS), die Lebensverlaufsstudie (LV), die Mannheimer Scheidungsstudie (MS), die Kölner Gymnasiastenstudie (KG) und das Sozio-oekonomische Panel (SOEP). Darüber hinaus wurden weitere für das Vorhaben potentiell relevante Datensätze gesichtet, wobei mit dem Generations and Gender Survey für Deutschland (GGS) eine weitere Umfrage identifiziert wurde, die vollständige Informationen über die Ehebiografie liefert.[23]

In einem zweiten Schritt wurden diese acht Surveys im Hinblick auf ihre Kumulierbarkeit überprüft. Was die Entsprechung der Stichproben anbelangt, wurden die acht identifizierten Umfragedatensätze im Hinblick auf (1) Grundgesamtheit, (2) Auswahlverfahren, (3) Erhebungszeiten und (4) Erhebungsmethode geprüft.

---

[23] Für die vorliegende Untersuchung nicht geeignet sind die drei Erhebungen des Altersurvey von 1996, 2002 und 2008, da in diesen die Ehebiografie nur bruchstückhaft erfasst ist. Ebenfalls ungeeignet ist das Mikrozensus-Panel 1996-1999, mit dem erstmalig seit Ende 2006 der Mikrozensus für Verlaufsuntersuchungen zur Verfügung steht (Statistisches Bundesamt 2006). Denn das Mikrozensus-Panel ist für die Analyse des Trennungsverhaltens nicht sehr aussagekräftig: Dies ergibt sich in erster Linie aus der Anlage des Mikrozensus als Wohnungsstichprobe, in Verbindung damit, dass räumlich mobile Personen oder Haushalte nicht weiter befragt werden, wobei aber ein enger Zusammenhang zwischen Trennung und Wohnungswechsel besteht: Trennungen zwischen den Befragungen werden deshalb weit überproportional nicht erfasst, weil die Betreffenden in der Zwischenzeit oft auch umgezogen sind. Die Untererfassung von Trennungen und Scheidungen durch räumliche Mobilität beider Partner im Mikrozensus-Panel lässt sich auf 34 bis 37 % beziffern (Stauder 2003: 9 f.). Ein weiteres Problem des Mikrozensus-Panel besteht darin, dass zentrale erklärende Variablen nicht enthalten sind. Schließlich sind die Fallzahlen des Mikrozensus-Panel bei genauer Betrachtung keineswegs so beeindruckend, wie dies zunächst, mit Blick auf den Charakter des Mikrozensus als 1 %-„Volkszählung", erscheinen mag. Das Mikrozensus-Panel 1996-1999 ist kleiner als der Mikrozensus, umfasst aber (unter rund 120.000 Personen bzw. 55.000 Haushalten) noch immer deutlich mehr Ehen als alle großen sozialwissenschaftlichen Einzelumfragen. Die Begrenzung des Beobachtungszeitraums auf drei Jahre hat aber zur Folge, dass die Zahl der beobachteten Trennungsereignisse im Mikrozensus-Panel (mit 583 Scheidungen für alle Altersgruppen, Landesamt Für Datenverarbeitung und Statistik Nordrhein-Westfalen 2007) sogar geringer ausfällt als zum Beispiel im SOEP oder im ALLBUS, wo die betreffenden Ereignisse für wesentlich längere Zeiträume erfasst werden.

Tabelle 1: Beschreibung der für Deutschland vorliegenden Datensätze mit Informationen über die Ehebiografie im Längsschnitt

Datensatz	Grundgesamtheit	Auswahlverfahren	Erhebungszeiten	Erhebungsmethode	Zur Kumulation geeignet
ALLBUS	In Privathaushalten in Deutschland lebende volljährige Deutsche. In den Erhebungen von 1991 und 2000 inklusive Nicht-Deutscher.	Flächenbasierte Zufallsauswahl mit random route (ADM-Design). In der 2000er Erhebung Zufallsstichprobe aus Einwohnermelderegistern.	1980, 1982, 1984, 1986, 1988, 1991, 2000	1980-1991 PAPI. In der 2000er Erhebung CAPI bei 80 % und PAPI bei 20 % der Interviews.	Ja
Generations and Gender Survey	In Privathaushalten in Deutschland lebende deutschsprachige Personen im Alter zwischen 18 und 79 Jahren.	Flächenbasierte Zufallsauswahl mit random route (ADM-Design).	2005	CAPI	Ja
Lebensverlaufsstudie	In Privathaushalten in Deutschland lebende Deutsche der Jahrgänge 1919-21, 1929-31, 1939-41, 1949-51.	Flächenbasierte Zufallsauswahl mit random route (ADM-Design) bei der schriftlichen Befragung. Zufallsauswahl aus Telefonlisten bei der telefonischen Befragung.	1981-82 (LV 1), 1985-88 (LV 2)	PAPI (LV 1); CATI (LV 2, telefonische Befragung); PAPI (LV 2, schriftliche Befragung);	Ja
Mannheimer Scheidungsstudie	In Privathaushalten in Deutschland lebende volljährige Personen, die verheiratet sind oder waren.	Disproportional (nach verheiratet und bereits geschieden) geschichtete Zufallsauswahl aus Telefonlisten.	1996	CATI	Ja
Soziooekonomisches Panel	In Privathaushalten in Deutschland lebende Personen ab 16 Jahren.	Flächenbasierte Zufallsauswahl mit random route (ADM-Design).	Jährliche Wiederholungsbefragung seit 1984	PAPI, seit 1998 auch CAPI	Ja
Familiensurvey	In Privathaushalten in Deutschland lebende Deutsche im Alter von 18 bis 55 Jahren (In den Erhebungen aus den Jahren 1988 und 1994). In der Erhebung aus dem Jahr 2000 inklusive Nicht-Deutscher.	Zufallsauswahl aus Einwohnermelderegistern sowie flächenbasierte Zufallsauswahl mit random route (1988), flächenbasierte Zufallsauswahl mit random route (1994), flächenbasierte Auswahl mit „random route plus", bei dem der Interviewer nach vorgegebenen Altersquoten selbst auswählt (2000).			Nein
Family and Fertility Survey	In Privathaushalten in Deutschland lebende Deutsche im Alter von 20 bis 39 Jahren.				Nein
Kölner Gymnasiastenstudie	Kölner Gymnasiasten, die bei Erstbefragung (1969-70) 15 Jahre alt und bei der letzen Wiederholungsbefragung (1997) etwa 43 Jahre alt waren.				Nein

(1) Voraussetzung dafür, dass ein Survey für die Kumulation in Frage kommt, ist zunächst, dass die Daten die deutsche oder westdeutsche Bevölkerung repräsentieren und mittlere und höhere Altersbereiche abdecken. Sechs der acht Datensätze erfüllen beide Bedingungen (siehe Tabelle 1). Nicht geeignet für eine Kumulation zum Zweck der Verstärkung der Datenbasis für mittlere und spätere Lebens- und Partnerschaftsphasen sind hingegen der FFS und die Kölner Gymnasiastenstudie, da diese beiden Surveys ausschließlich jüngere Altersbereiche (bis zum Alter von maximal 39 bzw. 43 Jahren) abdecken. Was die Lebensverlaufsstudie betrifft, eignen sich für den Zweck der vorliegenden Untersuchung nur die beiden Teilstichproben LV1 und LV2, welche die Geburtsjahrgänge 1919-21 (LV2) bzw. 1929-31, 1939-41 und 1949-51 (LV1) repräsentieren, und im Gegensatz zu den anderen Teilstichproben der Lebensverlaufsstudie auch mittlere und höhere Altersbereiche abdecken.

(2) Voraussetzung für die Geeignetheit eines Surveys zur Kumulation ist weiterhin, dass es sich um eine echte Zufallsstichprobe (Random-Route oder Adress-Stichprobe aus Einwohnermelderegistern) handelt, da nur Zufallsstichproben garantieren, dass die Stichprobe nicht verzerrt ist. Dieses Kriterium legen auch Dinkel und Milenovic (1992) bei der Kumulation verschiedener Datensätze zum Zweck der Untersuchung der Kohortenfertilität von Männern und Frauen zugrunde. Von den bis zu diesem Schritt verbliebenen sechs Datensätzen erfüllen fünf diese Bedingung vollständig. Bei der Erhebung des Familiensurvey von 2000 handelt es sich hingegen um keine echte Zufallsstichprobe (siehe Tabelle 1), weshalb der Familiensurvey von 2000 nicht zur Kumulation herangezogen wird. Da der Familiensurvey nur Personen bis zu einem Alter von maximal 55 Jahren berücksichtigt und damit nur einen jüngeren Altersbereich abdeckt, für den auch ohne den Familiensurvey ausreichende Fallzahlen zur Verfügung stehen, wird auf eine Aufnahme des Familiensurvey von 1988 und des Familiensurvey von 1994 in den kumulierten Datensatz ebenfalls verzichtet.

(3) Die Erhebungszeiten des ALLBUS, des GGS, der Lebensverlaufsstudie und der Mannheimer Scheidungsstudie erstrecken sich über den Zeitraum von 1980 (dem Jahr der ersten von sieben ALLBUS-Erhebungen, in denen die Ehebiografie erfasst wurde) bis zum Jahr 2005 (dem Erhebungsjahr

des GGS).[24] Für den Zweck der vorliegenden Untersuchung ist diese Zeitspanne von 25 Jahren, über die sich diese vier Erhebungen erstrecken, ausgesprochen günstig. Denn zum einen ist dadurch gewährleistet, dass sich die Längsschnittdaten der in diesen vier Surveys jeweils retrospektiv erfragten Ehebiografien zu einem großen Teil überlappen, so dass das vordringliche Ziel der Kumulation – die Verstärkung der Datenbasis für einen begrenzten Zeitraum bzw. für eine begrenzte Zahl von Kohorten – erreicht wird. Zum anderen entsteht dadurch die Möglichkeit, Veränderungen über einen längeren Zeitraum bzw. über eine längere Abfolge von Kohorten zu analysieren, als dies bei einem einzigen Erhebungszeitpunkt möglich wäre.[25] Zu einer weiteren Verstärkung der Datenbasis für den Zeitraum ab 1984 tragen die mittels jährlich wiederkehrender Befragung gesammelten Daten aus dem Sozio-oekonomischen Panel bei, die bis zum Jahr 2009 berücksichtigt werden.

(4) Erhebungsmethode bei allen fünf verbleibenden Surveys ist die standardisierte Befragung. Unterschiede bestehen hinsichtlich der Befragungsart, wobei drei verschiedene Befragungsarten eingesetzt wurden: PAPI (Paper and Pencil Personal-Interviewing), CATI (Computer-Assisted Telephone-Interviewing) und CAPI (Computer-Assisted Personal-Interviewing). In manchen Erhebungen wurde auch mehr als eine Befragungsart eingesetzt (z. B. PAPI und CAPI im ALLBUS von 2000, PAPI und CATI in LV2). Bereits vorliegende Untersuchungen zum Einfluss der Befragungsart, die auf Grundlage dieser Erhebungen, in denen mehr als eine Befragungsart zum Einsatz kam, durchgeführt wurden, zeigen eine hohe Robustheit der Ergebnisse gegenüber der Art der Befragung als PAPI, CATI oder CAPI.[26]

---

[24] Seit Kurzem liegt mit dem ALLBUS 2010 eine achte ALLBUS-Erhebung vor, in der die Ehebiografie erfasst wurde.

[25] Allerdings ist für manche Teilfragestellungen, bei denen (ergänzend) eine Analyse von Kohortenunterschieden spannend wäre (z. B. zum „empty nest"-Effekt auf das Trennungsrisiko oder zum Ruhestands-Effekt auf das Trennungsrisiko) eine kohortendifferenzierte Betrachtung selbst mit dem kumulierten Datensatz aus Fallzahlgründen nicht möglich.

[26] Auswertungen mit dem ALLBUS von 2000 zeigen „nur geringe Unterschiede in der Ausschöpfungsquote und praktisch keine Unterschiede in der demographischen Struktur der Befragten in CAPI und PAPI" (Koch et al. 2001: 42). Berechnungen für die Lebensverlaufsstudie zeigen nur geringfügige Unterschiede hinsichtlich der Verteilung demographischer Merkmale in der mit CATI anstelle von PAPI erhobenen Stichprobe (Brückner 1993: 170).

Für eine Kumulation zum Zweck der Verstärkung der Fallzahlen für mittlere und spätere Lebens- und Partnerschaftsphasen sind somit fünf Surveys prinzipiell geeignet, die sich im Hinblick auf Grundgesamtheit, Auswahlverfahren, Erhebungszeiten und Erhebungsmethode hinreichend entsprechen: die Allgemeine Bevölkerungsumfrage der Sozialwissenschaften (ALLBUS), der Generations and Gender Survey für Deutschland (GGS), die Teilstichproben LV1 und LV2 der Lebensverlaufsstudie, die Mannheimer Scheidungsstudie (MS) und das Sozio-oekonomische Panel (SOEP).

3.2 Harmonisierung und Kumulation des ALLBUS, des Generations and Gender Survey, der Lebensverlaufsstudie, der Mannheimer Scheidungsstudie und des Sozio-oekonomischen Panel

Neben einer hinreichenden Entsprechung der Stichproben setzt eine Harmonisierung und Kumulation der fünf identifizierten Umfragedatensätze zum Zweck der vorliegenden Untersuchung eine hinreichende Entsprechung der Variablen voraus, die für die Untersuchung benötigt werden. Dies betrifft die Verfügbarkeit und die Operationalisierung der Variablen in den Einzeldatensätzen.

Alle fünf Datensätze enthalten Informationen zum Beginn und zum Ende der erfassten Ehen. Dabei handelt es sich im Generations and Gender Survey und in der Lebensverlaufsstudie um alle (von ggf. mehreren, inklusive allen zum Befragungszeitpunkt bereits beendeten) Ehen der Befragungsperson. Im ALLBUS wurden für jede Person bis zu vier Ehen erfragt. Die Mannheimer Scheidungsstudie beinhaltet nur erste Ehen der Befragungsperson. In diesen vier Surveys beruhen die Informationen zum Beginn und Ende der Ehen auf Retrospektivangaben. Im Unterschied dazu ist die Ehebiografie im SOEP sowohl retrospektiv (für die Zeit vor Aufnahme in das Panel) als auch prospektiv (im Panelzeitraum) erfasst. Für die Daten-Kumulation werden nur diejenigen Ehen aus dem SOEP berücksichtigt, die im Panelzeitraum andauerten oder begonnen wurden, da nur in diesem Fall Informationen für beide Ehepartner vorliegen.[27] Die Informationen zum Ende der Ehen aus dem

---

[27] Mit anderen Worten werden Ehen, die im SOEP ausschließlich retrospektiv erfasst wurden und die zum Zeitpunkt der Erstbefragung bereits beendet waren (genauer: bei denen

SOEP beruhen somit allesamt auf prospektiv erhobenen Daten. Bei den Angaben zum Beginn der Ehe handelt es sich entweder um retrospektiv oder um prospektiv erhobene Daten, je nachdem, ob die Ehe vor oder während des Panelzeitraums geschlossen wurde. Im Allgemeinen ist zwar von einer höheren Validität von prospektiv gegenüber retrospektiv erhobenen Daten auszugehen, da Retrospektivangaben durch Erinnerungsfehler verzerrt sein können. Es ist aber anzunehmen, dass einschneidende demografische Ereignisse, wie das Jahr der Heirat und das Jahr der Trennung, gut erinnerbar sind. Die Analyse von retrospektiv erhobenen Daten zum Beginn und Ende von Ehen ist daher unproblematisch, ebenso wie die Kombination von prospektiv und retrospektiv erhobenen Daten zur Ehebiografie.

Was die Verfügbarkeit zentraler unabhängiger Variablen anbelangt, enthalten alle fünf Datensätze Informationen zu erklärenden Variablen aus allen drei Themenbereichen, die für die vorliegende Untersuchung von Interesse sind. Dabei handelt es sich um Einflussfaktoren auf die Ehestabilität, die sich im mittleren und höheren Lebensalter systematisch verändern (*Kapitel 3.2.1*), um Faktoren, die nur für das mittlere und höhere Erwachsenenalter Bedeutung haben (*Kapitel 3.2.2*) sowie um Determinanten der Ehestabilität, die möglicherweise in mittleren und späteren Ehephasen eine andere Bedeutung für das Trennungs- und Scheidungsrisiko haben als in einer früheren Phase der Ehe (*Kapitel 3.2.3*).

Es werden nur solche Variablen in die Daten-Kumulation einbezogen, die sich im Hinblick auf ihre Operationalisierung in den Einzeldatensätzen hinreichend entsprechen und bei denen eine Vereinheitlichung der Variablen und Ausprägungen unproblematisch ist. Die folgenden Seiten dokumentieren für alle berücksichtigten Variablen die Verfügbarkeit und die Operationalisierung dieser Variablen in den Einzeldatensätzen und die Harmonisierung im kumulierten Datensatz.

Die anschließende Dokumentation offenbart, dass die Operationalisierungen der berücksichtigten Variablen in den Einzeldatensätzen praktisch nie identisch sind. Sie zeigt aber auch, dass sich die Operationalisierungen bei allen in die Datenkumulation einbezogenen Variablen zu einem großen Teil entsprechen. Und es ist insbesondere nicht davon auszugehen, dass be-

---

die Ehepartner bei Aufnahme in das Panel nicht mehr in einem gemeinsamen Haushalt zusammenlebten), nicht berücksichtigt.

stehende Unterschiede, die vor allem die exakte Frageformulierung betreffen, zu substanziell unterschiedlichen Ergebnissen führen. Denn zum einen sind die bestehenden Unterschiede nur gering. Und zum anderen handelt es sich bei allen harmonisierten Variablen um vergleichsweise „harte" sozio-demographische Informationen, die – anders als zum Beispiel Informationen zu Einstellungen und anderen „weichen" Faktoren – robust gegenüber der exakten Frageformulierung sind. Was die Variablen-Codierungen in den Einzeldatensätzen betrifft, zeigt die Dokumentation, dass sich die Ausprägungen der berücksichtigten Variablen hinreichend entsprechen, so dass eine Harmonisierung für den kumulierten Datensatz bei allen berücksichtigten Variablen möglich ist.

3.2.1   Determinanten der Ehestabilität, die sich im mittleren und höheren Erwachsenenalter systematisch verändern

3.2.1.1   Operationalisierung der Ehedauer in den Einzeldatensätzen und Harmonisierung im kumulierten Datensatz

In allen fünf Datensätzen sind Angaben zum Beginn und zum Ende aller erfassten Ehen verfügbar, aus denen sich die Ehedauer berechnen lässt. In die Berechnung der Ehedauer fließen erstens Informationen zum Zeitpunkt der Eheschließung bzw. zum Heiratsjahr ein, das in allen fünf Surveys erhoben wurde. Abbildung 5 informiert über die Operationalisierung des Heiratsjahres in den verschiedenen Surveys.

Abbildung 5:   Operationalisierung des Heiratsjahres in den Einzeldaten-
                 sätzen und Harmonisierung im kumulierten Datensatz

| | Ausgangsdatensatz | | | | | Harmoni-sierung |
	ALLBUS	GGS	LV	MS	SOEP	
Frage-text	„(Falls Be-fragter verheiratet ist) Nennen Sie mir das Jahr Ihrer Eheschlie-ßung" für zum Befra-gungszeit-punkt an-dauernde Ehen bzw. „(Falls Be-fragter verwitwet oder geschie-den ist) Nennen Sie mir das Jahr Ihrer Ehe-schließung" für beendete Ehen.	„Wann haben Sie geheiratet bzw. haben Sie diese Partnerschaft eintragen lassen? Nen-nen Sie mir bitte Monat und Jahr" für zum Befra-gungszeit-punkt an-dauernde Partnerschaf-ten bzw. „Wann haben Sie geheiratet? Nennen Sie bitte Monat und Jahr" für beendete Partnerschaf-ten	„Wann hatten Sie geheiratet?" für aktuelle Ehen in LV1 bzw. „War/Ist das Ihre erste Ehe oder waren Sie vorher schon einmal verheiratet? Würden Sie mir bitte sagen, wann das war?" für beendete Ehen. „Nennen Sie mir bitte das Datum Ihrer Eheschließung. Falls Sie mehre-re Male verhei-ratet waren, beginnen Sie mit ihrer ersten Ehe" in LV2.	„Wann wurden Sie stan-desamt-lich ge-traut? Nennen Sie uns bitte den Monat und das Jahr"	Das Heiratsjahr wurde den generierten Spell-Informa-tionen zum Familienstand entnommen. Dort sind jeweils bereits Informationen aus mehreren Fragen (insbe-sondere zu familiären Ereignissen zwischen den Befragungen und Retrospek-tiv-Fragen für die Zeit vor der ersten Befra-gung) zusam-mengeführt.	
Skalie-rung	Metrisch	Metrisch	Metrisch	Metrisch	Metrisch	Metrisch, jahres-genau
Verfüg-barkeit	Immer	Immer	Immer	Immer	Immer	ALLBUS, GGS, LV, MS, SOEP

Kleinere Unterschiede zwischen den Surveys beschränken sich im Wesentli-chen darauf, dass im GGS mit ein und derselben Frage sowohl der Beginn von Ehen als auch von eingetragenen Partnerschaften erfasst wurde (die nicht in die folgenden Analysen einbezogen werden) und dass einzig in der Mannheimer Scheidungsstudie explizit nach der standesamtlichen Trauung gefragt wurde. Es ist aber anzunehmen, dass die nicht näher spezifizierten Fragen dasselbe messen (zum Beispiel auch dann, wenn sich einzelne Befrag-te auf die kirchliche Trauung beziehen, da standesamtliche und kirchliche

Trauung zumeist nah beieinander liegen). Im SOEP erschließen sich die Informationen zum Jahr der Eheschließung, im Unterschied zu den anderen Surveys, aus den Angaben von beiden Ehepartnern. Da es sich beim SOEP um eine haushaltsbezogene Erhebung handelt, sind in der Regel beide Ehepartner in der Stichprobe enthalten. Auf die Angaben des zweiten Ehepartners wird immer dann zurückgegriffen, wenn für den zuerst betrachteten Ehepartner keine Angaben zum Heiratsjahr vorliegen.[28] Von diesen geringfügigen Unterschieden unbetroffen entsprechen sich die Operationalisierungen des Heiratsjahres in den Einzeldatensätzen hinreichend, so dass eine Harmonisierung unproblematisch ist. Nicht berücksichtigt werden Informationen zum Heiratsmonat, da Angaben hierzu nicht in allen Fällen verfügbar sind.

In die Berechnung der Ehedauer fließen zweitens Informationen zum Endzeitpunkt der Ehe ein. Die Ehe kann entweder mit dem Tod von einem Ehepartner oder durch Trennung und Scheidung beendet werden. Wann immer möglich, wird bei der Berechnung der Ehedauer nicht auf den juristisch-bürokratischen Akt der Scheidung, sondern auf die Trennung und damit auf die faktische Auflösung der Paarbeziehung Bezug genommen. Wie aus Abbildung 6 hervorgeht, wurde das Trennungsjahr im GGS, in der Teilstichprobe LV2 der Lebensverlaufsstudie und im SOEP für alle der ggf. mehreren Ehen einer Person erfragt. Dies gilt auch für die Mannheimer Scheidungsstudie, die nur Erstehen enthält.

---

[28] Durch diese Vorgehensweise wird das Heiratsjahr auch dann aus den Angaben des ersten Ehepartners (genauer: desjenigen Ehepartners mit der niedrigeren Identifikationsnummer) erschlossen, wenn die Angaben von beiden Partnern zum Heiratsjahr nicht exakt übereinstimmen. Diese Vorgehensweise wird gewählt, da einerseits nicht entscheidbar ist, welche Angabe im Zweifel korrekt ist, und andererseits ein Ausschluss der betreffenden Ehen (aufgrund der damit einhergehenden Stichprobenselektion) als problematischer erscheint als die Inkaufnahme einer möglichen Ungenauigkeit zum Heiratsjahr und damit zur exakten Ehedauer. Außerdem beruhen die Informationen zum Heiratsjahr auch bei den anderen vier Surveys auf den Angaben von nur einem Ehepartner.

Abbildung 6: Operationalisierung des Trennungsjahres in den Einzeldatensätzen und Harmonisierung im kumulierten Datensatz

	Ausgangsdatensatz					Harmoni-sierung
	ALLBUS	GGS	LV	MS	SOEP	
Frage-text	–	„Wann war [Tren-nung]? Nennen Sie bitte Monat und Jahr."	in LV2: Interviewe-ranweisung: „Für alle Ehen genau erfragen, wann geheiratet, geschie-den, verwitwet oder getrennt lebend im Schema untereinander eintragen. [...] Bei Scheidungen nachfragen ob und wie lange getrennt gelebt."	„Wann erfolgte wegen ehelicher Schwie-rigkeiten der endgülti-ge Aus-zug aus der gemein-samen Woh-nung?"	„Hat sich an Ihrer familiären Situation seit / nach dem ... [immer bezogen auf letztes und aktuelles Kalenderjahr] etwas verändert? Geben Sie bitte an, ob einer der folgenden Punkte [u.a. „Habe mich von Ehepartner/ Lebens-partner getrennt"] zutrifft, und wenn ja, wann das war" als jährlich wiederkeh-rende Frage.	
Skalie-rung	–	Metrisch	Metrisch	Metrisch	Metrisch	Metrisch, jahres-genau
Ver-füg-barkeit	Immer[1]	Immer	Immer[2] (immer in LV2, nicht verwertbar in LV1, da nur für andauernde Ehen und für letzte beendete Ehe ohne Folgebeziehung erfragt)	Immer	Immer	ALLBUS GGS, LV, MS, SOEP
An-mer-kun-gen	[1] Anstelle des Trennungsjahres wurde im ALLBUS das Scheidungsjahr (minus 1) herange-zogen, das wie folgt erfragt wurde: „Bitte sagen Sie mir für Ihre frühere(n) Ehe(n), in wel-chem Jahr Sie geschieden bzw. verwitwet wurden." [2] Anstelle des Trennungsjahres wurde in der Teilstichprobe LV1 der Lebensverlaufsstudie das Scheidungsjahr (minus 1) herangezogen, das wie folgt erfragt wurde: „Und wann ist die Scheidung gewesen" für letzte Ehen bzw. „War/Ist das Ihre erste Ehe oder waren Sie vorher schon einmal verheiratet? Würden Sie mir bitte sagen, wann das war?" für frühere Ehen.					

Nur in der Mannheimer Scheidungsstudie wurde im Fragetext expliziert, was genau unter einer Trennung zu fassen ist, nämlich der endgültige Aus-zug aus der gemeinsamen Wohnung. Man kann aber davon ausgehen, dass die nicht näher spezifizierten Fragen zum Zeitpunkt der Trennung in den

anderen Surveys dasselbe messen, so dass eine Harmonisierung und Kumulation unproblematisch ist. Im SOEP erschließt sich das Jahr der Trennung,
im Unterschied zu den anderen Surveys, aus jährlich wiederkehrenden Fragen.[29] Informationen zum Trennungsmonat sind nicht in allen Datensätzen
verfügbar, in denen das Trennungsjahr enthalten ist und werden – ebenso
wie Monatsangaben zum Zeitpunkt der Heirat und zu allen anderen Ereignissen, die im Folgenden berücksichtigt werden – nicht in die Datenharmoni-
sierung und -kumulation mit einbezogen.

Jedoch sind nicht in allen Datensätzen Informationen zum Jahr der
Trennung enthalten. Im ALLBUS ist das Trennungsjahr generell nicht erfasst,
in der Teilstichprobe LV1 der Lebensverlaufsstudie nur in bestimmten, selek-
tiven Fällen (siehe Abbildung 6). Für die Ehen aus dem ALLBUS und aus
LV1 wird das Ende der Ehe deshalb aus dem Scheidungsjahr erschlossen. Da
Scheidungen in der Regel um ein Jahr verzögert auf Trennungen folgen – seit
der Neuregelung des Scheidungsrechts im Jahr 1977 ist, bei nur wenigen
Ausnahmen, eine einjährige Wartezeit verbindlich (Höhn 1980: 345f.) – wird
auf das der Scheidung vorangehende Kalenderjahr Bezug genommen.[30] Diese
Vorgehensweise ist mit einer gewissen Ungenauigkeit verbunden. Da manche Ehen auch mehrere Jahre nach einer Trennung noch nicht geschieden
sind (Brüderl und Engelhardt 1997), ist im Durchschnitt von einer geringfügigen Überschätzung der Ehedauer bis zur Trennung und damit von einer
geringfügigen Unterschätzung des Trennungsrisikos bei den Ehen aus dem

---

[29] Trennungen, die zwischen zwei aufeinanderfolgenden Befragungswellen stattfinden,
werden dem Kalenderjahr zugeschrieben, in dem die Ehe letztmals Bestand hatte. Da die
jährlich wiederkehrenden Befragungen in der Regel in den ersten Monaten des Jahres
durchgeführt werden, wird das Jahr der Trennung auf diese Weise in den meisten Fällen
korrekt und nur in wenigen Fällen um ein Jahr zu früh angesetzt. Es liegen im SOEP zwar
auch Informationen darüber vor, ob die Trennung erst in dem Kalenderjahr stattfand, in der
die Trennung der Ehe berichtet wurde. Die kleine Ungenauigkeit, die mit dem Verzicht auf
diese Information einhergeht, ist aber vernachlässigbar. Sie wird in Kauf genommen, um
sicherzustellen, dass die Messungen der mittels jährlich wiederkehrender Fragen erfassten
zeitveränderlichen erklärenden Variablen der Trennung in jedem Fall vorangehen, die
Messungen aber auch nicht zu weit zurückliegen.
[30] In wenigen Fällen, in denen Heiratsjahr und Scheidungsjahr zusammenfallen, wird nicht
auf das der Scheidung vorangehende Kalenderjahr Bezug genommen, sondern auf das
Kalenderjahr der Scheidung.

ALLBUS und aus LV1 auszugehen.[31] Es ist aber kaum anzunehmen, dass Strukturunterschiede (d. h. Unterschiede zwischen Gruppen) hiervon betroffen sind. Diese Einschätzung stützt sich auch auf Ergebnisse von Brüderl und Engelhardt (1997) mit dem Familiensurvey von 1988, wonach die Effekte erklärender Variablen auf die Ehestabilität weitestgehend unabhängig davon sind, ob Trennung oder Scheidung als Auflösungsereignis herangezogen wird.

Das Jahr der Verwitwung ist für Ehen aus dem ALLBUS, aus der Lebensverlaufsstudie, aus der Mannheimer Scheidungsstudie und aus dem SOEP bekannt (siehe Abbildung 7). Da im SOEP beide Ehepartner in der Stichprobe enthalten sind, erschließt sich hier das Jahr der Verwitwung nicht nur aus den Angaben des überlebenden Partners, sondern auch aus den Daten für den verstorbenen Ehepartner, da im SOEP auch Todesfälle und deren Datum erfasst sind. Im GGS ist hingegen bei allen durch Verwitwung beendeten Ehen, aufgrund eines Fehlers in der Filterführung, der Zeitpunkt der Verwitwung nicht erfasst. Dies ist deshalb problematisch, weil für alle Ehen aus dem GGS, die durch Verwitwung beendet wurden, folglich die Ehedauer bis zur Verwitwung unbekannt ist. Alle durch Verwitwung beendeten Ehen aus dem GGS können deshalb nicht in die nachfolgenden Analysen einbezogen werden. Durch den Ausschluss dieser (bis zur Verwitwung) stabilen Ehen wird das Trennungsrisiko unterschätzt. Die Unterschätzung kann aber nur gering sein, da die Zahl der durch Verwitwung beendeten Ehen im GGS vergleichsweise klein ist (mit 404 von 7079 Ehen, siehe Tabelle 2 in *Kapitel 3.3.1*). Im Vergleich zu anderen Ausfällen, die zum Beispiel durch unvollständige Ausschöpfung der Stichprobe zustande kommen, sind diese Ausfälle marginal. Und es ist insbesondere nicht davon auszugehen, dass dadurch auch die Zusammenhänge zwischen erklärenden Variablen und dem Trennungsrisiko beeinflusst werden.

---

[31] Brüderl und Engelhardt (1997) kommen auf der Grundlage des Familiensurvey 1988 zu dem Ergebnis, dass zwei Jahre nach der Trennung etwa 20 % der Ehen und fünf Jahre nach der Trennung etwa 10 % der Ehen noch nicht geschieden wurden.

Abbildung 7: Operationalisierung des Verwitwungsjahres in den Einzeldatensätzen und Harmonisierung im kumulierten Datensatz

| | Ausgangsdatensatz | | | | | Harmo- |
	ALLBUS	GGS	LV	MS	SOEP	nisierung
Frage-text	„Bitte sagen Sie mir für Ihre frühe-re(n) Ehe(n), in wel-chem Jahr Sie geschie-den bzw. verwit-wet wur-den."	–	„Seit wann sind Sie verwitwet?" für letzte Ehen bzw. „War/Ist das Ihre erste Ehe oder waren Sie vorher schon einmal verhei-ratet? Würden Sie mir bitte sagen, wann das war?" für voran-gegangene Ehen. „Für alle Ehen genau erfragen, wann geheiratet, geschie-den, verwitwet oder getrennt lebend im Schema untereinan-der eintragen." als Intervieweranwei-sung in LV2.	„Wann ist (ihr Ehe-partner) gestor-ben?"	„Hat sich an Ihrer familiären Situation seit / nach dem … [immer bezogen auf letztes und aktuelles Kalenderjahr] etwas verändert? Geben Sie bitte an, ob einer der folgenden Punkte [u.a. „Ehepartner/ Lebens-partner ist verstorben] zutrifft, und wenn ja, wann das war" als jährlich wiederkeh-rende Frage. Außer-dem liegen für ver-storbene Personen Informationen zum Sterbedatum vor.	
Skalie-rung	Metrisch	–	Metrisch	Met-risch	Metrisch	Metrisch, jahresge-nau
Vefüg-barkeit	Immer	Nie	Immer	Immer	Immer	ALLBUS, LV, MS, SOEP

Die Ehedauer steht somit im kumulierten Datensatz, berechnet aus den An-gaben zum Heiratsjahr, zum Trennungsjahr, zum Jahr der Verwitwung oder zum Jahr, in dem die Beobachtung endet (siehe *Kapitel 3.4*), jahresgenau zur Verfügung. Dabei ergibt sich die Ehedauer bei Ehen, die zum Befragungs-zeitpunkt (ALLBUS, GGS, LV und MS) bzw. zum letzten Beobachtungszeit-punkt (SOEP) andauern, aus dem Befragungszeitpunkt bzw. dem letzten Beobachtungszeitpunkt und dem Heiratsjahr. Für Ehen, die durch Trennung oder Verwitwung beendet wurden, entspricht die Ehedauer der Differenz zwischen Heiratsjahr und Jahr der Trennung respektive Jahr der Verwit-wung.

Kleinere Limitationen bei der Bestimmung der Ehedauer betreffen die Ehen aus dem ALLBUS und aus der Teilstichprobe LV1 (für die das Trennungsjahr aus dem Scheidungsjahr erschlossen wurde) sowie die Ehen aus dem GGS (für die das Jahr der Verwitwung generell unbekannt ist). Wie beschrieben, ist in diesen Fällen von einer geringfügigen Unterschätzung des Trennungsrisikos bzw. von einer Überschätzung der Ehestabilität auszugehen, nicht aber davon, dass auch die Zusammenhänge zwischen erklärenden Variablen und der Ehestabilität betroffen sind.

3.2.1.2 Operationalisierung des Lebensalters in den Einzeldatensätzen und Harmonisierung im kumulierten Datensatz

Das aktuelle Alter der beiden Ehepartner während der Ehe ergibt sich aus den oben dokumentierten Informationen zum Heiratsjahr und zur momentanen Ehedauer sowie aus den Informationen zum Geburtsjahr, das in allen Einzeldatensätzen verfügbar ist (siehe Abbildung 8).

Abbildung 8: Operationalisierung des Geburtsjahres der Befragungsperson in den Einzeldatensätzen und Harmonisierung im kumulierten Datensatz

	Ausgangsdatensatz					Harmonisierung
	ALLBUS	GGS	LV	MS	SOEP	
Fragetext	„Sagen Sie mir bitte, in welchem Monat und in welchem Jahr Sie geboren sind."	„Wann sind Sie geboren? Nennen Sie mir bitte Monat und Jahr."	„Bevor ich Ihnen als erstes einige Fragen zu der Familie stelle, in der Sie aufgewachsen sind, bitte ich Sie, mir Ihr Geburtsdatum zu sagen."	"Sagen Sie mir bitte auch noch, wann Sie geboren wurden."	„In welchem Jahr sind Sie geboren?" z. B. als Fragetext im Jahr 1984, jährlich erneut erfragt mit zum Teil wechselndem Fragetext.[1]	
Skalierung	Metrisch	Metrisch	Metrisch	Metrisch	Metrisch	Metrisch, jahresgenau
Verfügbarkeit	Immer	Immer	Immer	Immer	Immer	ALLBUS, GGS, LV, MS, SOEP
Anmerkung	[1] Verwendet wurde die bereits generierte, längsschnittlich validierte Variable zum Geburtsjahr aus dem SOEP.					

Das Alter desjenigen Ehepartners, bei dem es sich um die Befragungsperson handelt, ist somit für die Ehen aus allen fünf Surveys bekannt. Im Unterschied zum Geburtsjahr der Befragungsperson liegen Informationen zum Geburtsjahr des Ehepartners nur im GGS, in der Mannheimer Scheidungsstudie, im SOEP und in der Teilstichprobe LV2 der Lebensverlaufsstudie immer (d. h. auch für alle aufgelösten Ehen) vor (siehe Abbildung 9). Dabei handelt es sich im Falle des SOEP, im Unterschied zu allen anderen Surveys, bei den Informationen zum Geburtsjahr des Partners ebenfalls um Selbstangaben.

In der Teilstichprobe LV1 der Lebensverlaufsstudie und im ALLBUS liegen Informationen zum Geburtsjahr des Ehepartners hingegen nur für die zum Befragungszeitpunkt andauernden Ehen sowie für letzte beendete Ehen ohne Nachfolgeehe vor. Mit anderen Worten liegen fehlende Werte zum Geburtsjahr und folglich auch zum Alter des jeweiligen Partners immer dann vor, wenn die Ehe durch Scheidung oder Verwitwung endete und die Befragungsperson nach dieser Ehe erneut heiratete. Fehlende Werte zum Geburtsjahr bzw. Alter des Ehepartners treten somit nicht zufällig auf, sondern sie stehen mit Faktoren in Zusammenhang, die das (Wieder-) Heirats- und Scheidungsverhalten beeinflussen. Aus diesem Grund werden die Informationen zum Alter des Ehepartners aus dem ALLBUS und aus der Teilstichprobe LV1 der Lebensverlaufsstudie generell nicht berücksichtigt.

Informationen zum jeweils aktuellen Alter während der Ehe für beide Partner – und damit sowohl für das Alter des Mannes als auch für das Alter der Frau – liegen im kumulierten Datensatz folglich für die Ehen aus dem GGS, aus der Teilstichprobe LV2 der Lebensverlaufsstudie, aus der Mannheimer Scheidungsstudie und aus dem SOEP vor. Für die Ehen aus der Teilstichprobe LV1 der Lebensverlaufsstudie und aus dem ALLBUS ist hingegen entweder nur das aktuelle Alter der Frau während der Ehe bekannt (wenn die Befragungsperson weiblich ist), oder nur das aktuelle Alter des Mannes während der Ehe (wenn die Befragungsperson männlich ist).

Abbildung 9: Operationalisierung des Geburtsjahres des Partners in den Einzeldatensätzen und Harmonisierung im kumulierten Datensatz

	Ausgangsdatensatz					Harmo-
	ALLBUS	GGS	LV	MS	SOEP	nisierung
Frage-text	„Sagen Sie mir bitte, in welchem Monat und in welchem Jahr ihr Ehepartner geboren wurde" bei Verheirateten bzw. bei Verwitweten oder Geschiedenen: „Sagen Sie mir bitte, in welchem Monat und in welchem Jahr ihr (letzter) Ehepartner geboren wurde"	„Wann wurde (Person) geboren? Nennen Sie mir bitte Monat und Jahr" wenn die (eheliche) Lebensgemein-schaft andauert bzw. sonst: „Wann ist Ihr(e) Partner/in geboren? Nennen Sie bitte Monat und Jahr"	„In welchem Jahr wurde Ihre (frühere) Frau / Ihr (früherer) Mann geboren?" in LV2 bzw. „In welchem Jahr wurde Ihre Frau / Ihr Mann geboren?" oder „Wann ist Ihre (jetzige) Frau / Ihr (jetziger) Mann geboren?" in LV1	„Wann wurde (ihr erster Ehe-part-ner) gebo-ren?"	siehe Abbil-dung 8 zum Ge-burts-jahr der Befra-gungs-person[1]	
Skalie-rung	Metrisch	Metrisch	Metrisch	Met-risch	Met-risch	Metrisch, jahres-genau
Verfüg-barkeit	Nicht verwertbar (Nur `86, `88, `91 und 2000 sowie nur für andauernde Ehen und für letzte beendete Ehen sofern keine Fol-geehe)	Immer	Teilweise (immer in LV2, nicht verwertbar in LV1, da nur für andauernde Ehen und für letzte beendete Ehen sofern keine Folgebeziehung)	Immer	Immer	GGS, LV2, MS, SOEP
Anmer-kung	[1] Im SOEP liegen für beide Partner Selbstangaben vor.					

3.2.1.3 Operationalisierung des Heiratsalters in den Einzeldatensätzen und Harmonisierung im kumulierten Datensatz

Was schließlich das Heiratsalter der beiden Ehepartner betrifft, ergibt sich dieses aus den oben dokumentierten Informationen zum Geburtsjahr des jeweiligen Partners und zum Heiratsjahr. Das Heiratsalter der Befragungs-person lässt sich in allen fünf Datensätzen für alle Ehen berechnen, da neben

dem Heiratsjahr auch das Geburtsjahr der Befragungsperson immer verfügbar ist (siehe Abbildung 8). Für den Ehepartner liegen Informationen über
dessen Heiratsalter nur dann vor, wenn neben dem Heiratsjahr auch dessen
Geburtsjahr bekannt ist. Mit Ausnahme des ALLBUS und von LV1 ist dies
der Fall (siehe Abbildung 9).

Folglich liegen Informationen zum Heiratsalter von beiden Partnern,
d. h. sowohl zum Heiratsalter der Frau als auch zum Heiratsalter des Mannes, im kumulierten Datensatz für den Teil der Ehen vor, der aus dem GGS,
aus der Teilstichprobe LV2 der Lebensverlaufsstudie, aus der Mannheimer
Scheidungsstudie und aus dem SOEP entstammt. Es handelt sich dabei um
dieselbe Teilmenge, für die auch das aktuelle Alter der Frau und des Mannes
während der Ehe bekannt ist (da die Ehedauer immer bekannt ist, und weil
sich aus dem Heiratsalter und der momentanen Ehedauer das aktuelle Alter
ergibt). Ehen aus dem ALLBUS und aus LV1 können hingegen nur entweder
für Analysen zum Einfluss des Heiratsalter des Mannes auf das Trennungsrisiko oder für Analysen zum Einfluss des Heiratsalter der Frau auf das
Trennungsrisiko herangezogen werden, je nach Geschlecht der Befragungsperson. In die Analysen wird das Heiratsalter zumeist als kontinuierliche
Variable einbezogen oder, für einzelne Analysen, über ein Set von Dummy-
Variablen (siehe Tabelle 3 in *Kapitel 3.3.2*).[32]

3.2.2   *Spezielle Einflussfaktoren für das mittlere und höhere Erwachsenenalter*

3.2.2.1   Operationalisierung des Auszugs der Kinder aus dem Elternhaus in den Einzeldatensätzen und Harmonisierung im kumulierten Datensatz

Für die Analysen zum Einfluss des Übergangs in die „empty nest"-Phase auf
die Stabilität der elterlichen Paarbeziehung werden Ehen aus dem GGS, aus
der Lebensverlaufsstudie und aus der Mannheimer Scheidungsstudie berücksichtigt. Für Ehen aus dem SOEP ließe sich der Eintrittszeitpunkt ins
„leere Nest" zwar prinzipiell mit den im SOEP enthaltenen Informationen

---

[32] Dummy-Variablen sind bei Vorliegen der genannten Ausprägung mit 1, ansonsten mit 0
codiert.

rekonstruieren, hierauf wird aber verzichtet, weil die Harmonisierbarkeit mit den anderen Datensätzen in Frage gestellt ist.[33] Im ALLBUS ist der Zeitpunkt des Auszugs von Kindern aus dem Elternhaus generell nicht erfasst und der Eintrittszeitpunkt ins „leere Nest" folglich unbekannt.

Die Stichprobe wird für die Analysen zum „empty nest"-Einfluss auf die Ehestabilität auf Paare mit ausschließlich gemeinsamen leiblichen Kindern sowie auf kinderlose Paare begrenzt. Stieffamilien und Ehen mit Adoptiv- oder Pflegekindern werden ausgeschlossen, da anzunehmen ist, dass sich der Zusammenhang zwischen Kindern bzw. deren Auszug aus dem Elternhaus und dem Trennungsrisiko der Eltern je nach Art der Elternschaft unterscheidet. Differenzierte Analysen sind wegen der geringen Fallzahlen und wegen der teils unvollständigen Identifizierbarkeit von Stief-, Adoptiv- und Pflegefamilien nicht möglich.[34] Um die Stichprobe für die kinderbezogenen Analysen auf Paare mit ausschließlich gemeinsamen leiblichen Kindern sowie auf kinderlose Paare zu begrenzen, werden alle Ehen ausgeschlossen, für die bekannt ist, dass die beiden Ehepartner zumindest zeitweise mit Stief-, Adoptiv- oder Pflegekindern zusammenlebten. Zudem werden, mangels vollständiger Identifizierbarkeit von Stieffamilien, für die kinderbezogenen Analysen alle Ehen ausgeschlossen, in denen einer der beiden Partner zum Zeitpunkt des Zusammenzugs bereits Kinder hatte, die nicht auch leibliche Kinder des Ehepartners sind. Schließlich entfallen all jene Ehen für die kinderbezogenen Analysen, bei denen fehlende Angaben zum Geburtsjahr, zum

---

[33] Zum Beispiel ergibt sich im Zuge der Retrospektiverfassung von Kindern und von deren Auszug aus dem Elternhaus im GGS, in der Lebensverlaufsstudie und in der Mannheimer Scheidungsstudie für jedes Kind genau ein Auszugszeitpunkt. Demgegenüber sind für das SOEP im Zuge der jährlich wiederkehrenden Befragung auch Fälle möglich, in denen Kinder wieder zu ihren Eltern zurückkehren oder zum wiederholten Male ausziehen. Der Auszug von Kindern misst somit im SOEP nicht unbedingt dasselbe wie in den anderen Datensätzen, in denen explizit ein einziger (und im Zweifel wohl der aus der Sicht der Eltern entscheidende) Auszugszeitpunkt erfragt wurde. Eine weitere Problematik im SOEP gründet darauf, dass zwar in jeder Befragungswelle alle Haushaltsmitglieder erfasst werden, jedoch nicht alle Beziehungen der Haushaltsmitglieder untereinander, sondern nur die zum Haushaltsvorstand. Dies macht insbesondere die Identifikation von erwachsenen Kindern, die (noch) bei ihren Eltern leben, unsicherer.

[34] Zum Beispiel ist im GGS ist für beendete Ehen unklar, ob die Befragungsperson in diesen mit Stiefkindern zusammenlebte. In der Mannheimer Scheidungsstudie ist für nicht leibliche Kinder unklar, seit wann diese im Haushalt der Eltern leben.

Elternschaftsstatus oder zum Auszugsjahr von einem oder von mehreren
Kindern vorliegen, sowie Ehen, in denen ein Kind oder mehrere Kinder ver-
storben sind.[35] In allen drei Surveys stehen aber trotz dieser notwendigen
Begrenzungen der Stichprobe jeweils mehr als vier Fünftel der Ehen für die
Analysen zum „empty nest"-Einfluss auf die Ehestabilität zur Verfügung
(siehe Tabelle 3 *in Kapitel 3.3.2*).

Einen Überblick darüber, wie der Auszug von Kindern aus dem Haushalt der Eltern in den verschiedenen Surveys operationalisiert wurde, gibt
Abbildung 10. Sowohl im GGS als auch in der Lebensverlaufsstudie und in
der Mannheimer Scheidungsstudie wurde für alle Kinder erfragt, ob und in
welchem Jahr das Kind aus dem Haushalt der Eltern ausgezogen ist. In der
Mannheimer Scheidungsstudie wurden maximal sechs Kinder erfasst. Mehr
als sechs Kinder sind aber äußerst selten (dies zeigen auch die anderen Surveys, in denen mehr als sechs Kinder erfasst wurden), sodass die Begrenzung
auf maximal sechs Kinder in der Mannheimer Scheidungsstudie unproblematisch ist. Monatsangaben zum Auszug der Kinder liegen nur für den GGS
vor und werden nicht in die Datenkumulation einbezogen. In allen Surveys
ist jeweils nur die Angabe eines Auszugszeitpunktes möglich, zum Beispiel
auch dann, wenn ein Kind mehr als einmal aus dem Haushalt der Eltern
ausgezogen ist. Für das genannte Beispiel, das sicherlich eine Ausnahme
darstellt, kann man davon ausgehen, dass sich der erfasste Zeitpunkt im
Zweifel auf den aus der Sicht der Eltern entscheidenden Auszug bezieht.

---

[35] Liegen fehlende Angaben zum Geburtsjahr eines Kindes vor, werden im GGS und in der
Lebensverlaufsstudie, in denen im Unterschied zur Mannheimer Scheidungsstudie ggf.
mehrere Ehen der Befragungsperson erfasst worden sind, alle der ggf. mehreren Ehen der
Befragungsperson ausgeschlossen, da in diesem Fall eine Zuordnung dieses Kindes zu einer
bestimmten Ehe nicht möglich ist. Liegen fehlende Angaben zu mindestens einem Elternschaftsstatus oder zu mindestens einem Auszugsjahr vor (d. h. wenn unbekannt ist, ob oder
in welchem Jahr ein Kind ausgezogen ist) wird nur diejenige der ggf. mehreren Ehen einer
Befragungsperson ausgeschlossen, der das Kind im Zuge einer Verknüpfung von Kinder-
und Ehebiografie der Befragungsperson zugeordnet wurde. Ehen, in denen ein Kind oder
mehrere Kinder verstorben sind, werden ausgeschlossen, weil im Falle des GGS das Auszugsjahr dieses Kindes generell nicht erfasst wurde.

Abbildung 10: Operationalisierung der Auszugsjahre der Kinder in den Einzeldatensätzen und Harmonisierung im kumulierten Datensatz

	Ausgangsdatensatz					Harmoni-sierung
	ALLBUS	GGS	LV	MS	SOEP	
Frage-text	–	"Nennen sie mir doch bitte zunächst die Namen aller Kinder, die nicht mehr bei Ihnen im Haushalt wohnen", und weiter: "Seit welchem Monat und Jahr wohnen Sie und [Name des Kindes] nicht mehr zusammen in einem Haushalt?". Kinder und "weitere Haushaltsmitglieder, die normalerweise hier wohnen, aber im Augenblick unterwegs sind, z. B. auf Dienstreise, in der Schule, im Internat, an der Universität, im Krankenhaus oder ähnliches" werden als im Haushalt der Auskunftsperson wohnend erfasst.	„Nun möchte ich Ihnen einige Fragen zu Ihren Kindern stellen. Sagen Sie mir bitte der Einfachheit halber zunächst die Vornamen …" und weiter „Wohnt [Name des Kindes] mit ihnen zusammen, bzw. seit wann ist das nicht mehr der Fall?"	„Haben oder hatten Sie oder [Name des Partners] Kinder?", „Damit ich nichts verwechsle, sagen Sie mir der Einfachheit halber den Vornamen", und weiter, sofern Kind ausgezogen ist, „seit wann lebte [Name des Kindes] nicht mehr in ihrem gemeinsamen Haushalt mit [Name des Partners]?"[1]	–	
Skalie-rung	–	Metrisch	Metrisch	Metrisch	–	Metrisch, jahres-genau
Verfüg-barkeit	Nie	Immer	Immer	Immer	Nie	GGS, LV, MS
Anmer-kung	[1] In der Mannheimer Scheidungsstudie wurden nur bis zu sechs Kinder erfragt.					

Wie aus Abbildung 10 hervorgeht, wurden Kinder und der Auszug von Kindern im GGS, in der Lebensverlaufsstudie und in der Mannheimer Scheidungsstudie zwar nicht in identischer, aber in ähnlicher Art und Weise abgefragt. Im GGS besteht eine Besonderheit im Unterschied zu den anderen Surveys darin, dass explizit gemacht wurde, dass Kinder, die „normalerweise hier wohnen, aber im Augenblick unterwegs sind, z. B. auf Dienstreise, in der Schule, im Internat, an der Universität, im Krankenhaus oder ähnliches" nicht als Auszüge gewertet werden sollen. Man kann aber davon ausgehen, dass die genannten Fälle auch von den Befragten in den anderen Surveys nicht als Auszüge gewertet werden, und obendrein selten sind. Eine Harmonisierung und Kumulation der Informationen zum Auszug von Kindern aus dem Elternhaus für die Ehen aus dem GGS, aus der Lebensverlaufsstudie und aus der Mannheimer Scheidungsstudie ist daher unproblematisch.

Die harmonisierten Informationen zu Kindern und zu deren Auszug werden im kumulierten Datensatz in drei Kategorien bzw. in drei zeitabhängige Dummy-Variablen (die bei Vorliegen der genannten Ausprägung mit 1, ansonsten mit 0 codiert sind) überführt. Unterschieden werden kinderlose Paare, Paare, die mit gemeinsamen leiblichen Kindern zusammenleben (Ehepaare mit nicht-leiblichen Kindern werden nicht berücksichtigt, siehe oben) sowie Paare im „leeren Nest". Bei den kinderlosen Paaren handelt es sich um Paare, die noch keine Kinder haben oder niemals Kinder hatten. Das „leere Nest" kennzeichnet die Phase, in der das letzte Kind ausgezogen ist. Der Zustand „empty nest" wird erstmalig im auf den Auszug des zuletzt ausziehenden Kindes folgenden Kalenderjahr zugewiesen. Fälle, in denen der Auszug der Kinder im selben Jahr erfolgt wie die Trennung der Eltern (und in denen das Kind möglicherweise mit dem Ex-Partner zusammen auszieht) werden somit nicht als „empty nest"-Eintritte gewertet.

Für differenziertere Analysen zum „empty-nest"-Effekt auf das Trennungsrisiko werden, um zwischen konkurrierenden Erklärungsansätzen diskriminieren zu können, weitere Variablen zu Kindern und zu deren Auszug berücksichtigt. Zu diesem Zweck wird eine zusätzliche Dummy-Variable berücksichtigt, die kennzeichnet, ob der Eintritt ins „leere Nest" maximal zwei Jahre zurückliegt. Diese Variable wird zudem nach dem Auszugsalter des zuletzt ausziehenden Kindes unterteilt, das sich aus dem Geburtsjahr dieses Kindes und aus dessen Auszugsjahr ergibt. Außerdem werden die beiden Kategorien „Kinder im Haushalt" sowie „empty nest" nach der Kinderzahl und nach der Anzahl der Kinder, die bereits ausgezogen sind, differenziert.

3.2.2.2 Operationalisierung des Übergangs in den Ruhestand in den Einzeldatensätzen und Harmonisierung im kumulierten Datensatz

Informationen zum Zeitpunkt des Übergangs in den Ruhestand liegen für alle fünf Surveys vor bzw. lassen sich aus den dort enthaltenen Informationen rekonstruieren. Allerdings gelingt dies nur für Männer mit einer zufriedenstellenden Genauigkeit. Denn für die Bestimmung des Ruhestandseintrittszeitpunkts sind zum Teil Annahmen notwendig, die nur für Männer akzeptabel sind. Hierzu zählt die im Falle des ALLBUS notwendige Annahme, dass für Personen, die sich zum Zeitpunkt der Befragung im Ruhestand befinden, das Ende der Erwerbstätigkeit identisch ist mit dem Beginn der Ruhestandsphase. Für Männer kann man dies mit einiger Sicherheit annehmen, zumal in den betreffenden Kohorten, die das Ruhestandsalter bereits erreicht haben, traditionelle Geschlechterrollen dominieren. Dagegen beenden in den betreffenden Kohorten viele Frauen ihre Erwerbstätigkeit lange vor Erreichen des Ruhestandsalters zugunsten einer Tätigkeit als Hausfrau. Über die Identifizierbarkeit des Ruhestandseintrittsjahres in den verschiedenen Surveys informiert Abbildung 11. Informationen zum Eintrittsmonat liegen nicht für alle Surveys vor und werden generell nicht berücksichtigt.

In der Mehrzahl der Surveys (im ALLBUS, im GGS und in der Mannheimer Scheidungsstudie) wurde das Ruhestandseintrittsjahr mittels zweier aufeinander aufbauender Fragen erfasst. Zuerst wurde erfragt, ob sich die Befragungsperson aktuell (d. h. zum Befragungszeitpunkt) im Ruhestand befindet. Ist dies der Fall, wurde das Ruhestandseintrittsjahr erfasst. Im Unterschied zum GGS und zur Mannheimer Scheidungsstudie wurde im ALLBUS nicht der Beginn des Ruhestands, sondern das Ende der hauptberuflichen Erwerbstätigkeit erfasst. Da man für Männer (im Unterschied zu Frauen, siehe oben) mit einiger Sicherheit annehmen kann, dass das Ende der hauptberuflichen Erwerbstätigkeit mit dem Ruhestandseintritt identisch ist, lässt sich auf diese Weise für Männer das Ruhestandseintrittsjahr zuverlässig identifizieren. Im ALLBUS ist der Ruhestandseintritt zudem nur in vier von sieben Erhebungen, in denen auch die Ehebiografie erfasst wurde, identifizierbar. Es handelt sich dabei um die Erhebungen aus den Jahren 1982, 1984, 1991 und 2000. Für die Ehen aus der Lebensverlaufsstudie werden je nach Teilstichprobe unterschiedliche und jeweils mehrere Variablen zur Identifikation des Ruhestandseintrittsjahres herangezogen, insbesondere Informationen zur Erwerbsbiografie und zum Bezug von Altersrente (siehe Abbildung 11). Für die Ehen aus dem SOEP erschließt sich das Ruhestandseintrittsjahr, im Unterschied zu den Ehen aus den anderen Surveys, nicht aus Retrospektivangaben, sondern aus jährlich wiederkehrenden Fragen, insbesondere zum Erwerbsstatus und zum Bezug von Altersrente.

Die Informationen zum Eintritt in den Ruhestand wurden somit zum Teil in unterschiedlicher Weise erhoben bzw. werden auf verschiedene Weise rekonstruiert. Wesentliche Unterschiede beziehen sich einerseits auf die retrospektive vs. prospektive Erhebung. In Bezug auf das Jahr des Ruhestandseintritts, das ein einschneidendes Ereignis darstellt und obendrein selten lange zurückliegt und deshalb gut erinnerbar ist, dürften retrospektiv erhobene Daten ebenso valide sein wie prospektiv erhobene Daten. Die Berücksichtigung von retrospektiv erhobenen Daten sowie die Kombination von retrospektiv und prospektiv erhobenen Daten zum Ruhestandseintritt erscheinen daher als unproblematisch. Andererseits beziehen sich bedeutsame Unterschiede zwischen den Surveys darauf, dass teils die Frage nach der aktuellen Aktivität und Beschäftigung und teils der Bezug von Altersrente oder Beides zur Identifikation des Ruhestandseintritts herangezogen wird. Man kann aber davon ausgehen, dass das Ruhestandseintrittsjahr des Mannes in allen diesen Fällen mit einer hinreichenden Genauigkeit gemessen wird, so dass eine Harmonisierung und Kumulation der Informationen zum Ruhestandseintrittsjahr des Mannes unproblematisch ist.

Da nur der Ruhestandseintritt des Mannes in allen Surveys zuverlässig identifizierbar ist, können für die Analysen zum Einfluss des Übergangs in den Ruhestand auf das Trennungsrisiko nur Ehen berücksichtigt werden, bei denen keine fehlenden Informationen zum Ruhestandseintritt des Mannes vorliegen. Beim ALLBUS, beim GGS und bei der Lebensverlaufsstudie handelt es sich hierbei um den Teil der Ehen, bei denen die Auskunft gebende Person männlich ist. Ist die Befragungsperson weiblich, ist der Ruhestandseintrittszeitpunkt des Mannes unbekannt, da der Ruhestandseintritt des Partners nicht oder nur für bestehende Ehen erfragt wurde. Von den Ehen aus der Mannheimer Scheidungsstudie sowie aus dem SOEP können hingegen (abgesehen von Ehen mit fehlenden Angaben) alle Ehen für Analysen zum Einfluss des Ruhestandseintritts des Mannes auf das Trennungsrisiko berücksichtigt werden. In diesen Fällen wurde der Übergang in den Ruhestand von beiden Partnern erfasst (siehe Abbildung 11). Das Ruhestandseintrittsjahr des Mannes liegt also auch dann vor, wenn die Befragungsperson weiblich ist.

Abbildung 11: Operationalisierung des Ruhestandseintrittsjahres in den Einzeldatensätzen und Harmonisierung im kumulierten Datensatz

	Ausgangsdatensatz					Harmoni-
	ALLBUS	GGS	LV	MS	SOEP	sierung
Frage-text	„Was von dieser Liste trifft auf Sie zu?" mit der möglichen Antwort-vorgabe „Rentner / Pensionär". Und weiter, wenn es sich um einen Rentner oder Pensionär handelt: „(Falls Befragter derzeit nicht hauptberuf-lich erwerbs-tätig ist) Bis zu welchem Jahr waren Sie hauptbe-ruflich erwerbstä-tig"?	„Jetzt möchte ich Ihnen einige Fragen zu ihrer aktu-ellen Beschäfti-gung und täglichen Aktivitäten stellen. Welche der Aussagen zur Beschäf-tigung auf der Karte trifft am ehesten auf Sie zu?" und weiter, sofern „Rentner, Pensionär": „Seit wann sind Sie in Rente oder in Pension? Nennen Sie mir bitte Monat und Jahr."	In LV1: Sofern der Befragte im Zuge der Erfassung der Er-werbsbiografie für die Zeit nach seiner letzten Erwerbstätigkeit „Rentner, Pensionär, Frührent-ner" angibt: „Von wann bis wann waren diese Unterbre-chungen?", wobei der Beginn den Ruhestandseintritt kenn-zeichnet. In LV2: In der schriftlichen Befragung zumeist über die Frage: „Wie alt waren Sie genau, als Sie ihren Ruhestand antra-ten?". Liegen zu dieser Frage fehlende Werte vor, wurde der Ruhestandseintritt aus der Erwerbsbiografie rekonstruiert. In der telefonischen Befragung zumeist über die Frage: „Wür-den Sie mir bitte deshalb noch sagen, seit welchem Jahr Sie ihre Alterseinkommen beziehen?", vorausgesetzt, es handelt sich bei dem Alterseinkommen um eine Altersrente (z. B. gesetzli-che Rente, Beamtenpension). Liegen zu dieser Frage fehlende Werte vor, wurde der Ruhe-standseintritt aus der Erwerbs-biografie rekonstruiert.	„Sind Sie bereits in Rente oder Pension bzw. haben Sie sich schon zur Ruhe gesetzt?" bzw. „Waren Sie bereits vor dem Tod von [Name des Part-ners] / vor Ihrer Schei-dung in Rente oder Pension bzw. hatten Sie sich schon zur Ruhe gesetzt?" und weiter, sofern zutreffend: „Wann war das?"[1]	Das Ruhe-standsein-trittsjahr wurde aus den gene-rierten In-formationen zur berufli-chen Stellung entnommen, die unter anderem den Status „Rentner" kennzeich-net. Die Variable fasst Infor-mationen aus mehre-ren jährlich wiederkeh-renden Fra-gen zusam-men, u. a. zum Er-werbsstatus und zum Bezug von Altersrente.[2]	
Skalie-rung	Metrisch	Metrisch	Metrisch	Metrisch	Metrisch	Metrisch, jahres-genau
Verfüg-barkeit	In den Er-hebungen '82, '84, '91, 2000	Immer	Immer	Immer	Immer	ALLBUS, GGS, LV, MS, SOEP
Anmer-kung	[1] In der Mannheimer Scheidungsstudie wurde auch das Ruhestandseintrittsjahr des Partners in identischer Weise erfragt. [2] Im SOEP liegen für beide Partner Selbstangaben zum Ruhestandseintritt vor.					

Die harmonisierten Informationen zum Ruhestandseintritt des Mannes werden für die Analysen in eine zeitabhängige Variable überführt, die kennzeichnet, ob der Ehemann bereits in den Ruhestand eingetreten ist oder nicht. Bei den vier Surveys mit retrospektivem Erhebungsdesign (ALLBUS, GGS, Lebensverlaufsstudie und Mannheimer Scheidungsstudie) ergeben sich fehlende Werte für diese Variable (die zum Ausschluss aus den Analysen zum Einfluss des Ruhestandseintritts des Mannes auf das Trennungsrisiko führen) nicht nur für den Fall, dass unklar ist, ob der Mann zum Befragungszeitpunkt im Ruhestand ist. Fehlende Werte ergeben sich auch dann, wenn sich der Mann zum Befragungszeitpunkt im Ruhestand befindet und das Eintrittsjahr unbekannt ist. Es liegen aber nur wenige fehlende Werte vor, die auf fehlenden Angaben beruhen. Im Zuge der prospektiven Erhebung im SOEP besteht die Möglichkeit, dass Personen aus dem Ruhestand zurück in Beschäftigung wechseln. Es handelt sich dabei aber nur um wenige Fälle. Da unsicher ist, wie diese zu behandeln sind, wird kein Ruhestandseintrittsjahr zugewiesen und die betreffenden Fälle werden aus den Analysen zum Einfluss des Ruhestandseintritts des Mannes auf das Trennungsrisiko ausgeschlossen. Ebenfalls ausgeschlossen werden jene Ehen aus dem SOEP, bei denen der Mann zum Zeitpunkt der Erstbefragung bereits in den Ruhestand eingetreten ist.

Für differenziertere Analysen zum Ruhestands-Effekt auf das Trennungsrisiko werden, um zwischen konkurrierenden Erklärungsansätzen diskriminieren zu können, weitere (jeweils zeitabhängige) Variablen zum Ruhestand des Mannes berücksichtigt. Eine zusätzliche Dummy-Variable kennzeichnet, ob der Ruhestandseintritt des Mannes maximal zwei Jahre zurückliegt. Diese Variable wird zudem nach dem Ruhestandseintrittsalter des Mannes differenziert. Zu dessen Bestimmung wird neben dem Ruhestandseintrittsjahr des Mannes dessen Geburtsjahr herangezogen, das immer verfügbar ist, wenn auch das Ruhestandseintrittsjahr des Mannes vorliegt. Schließlich wird die Dummy-Variable, die kennzeichnet, ob der Ehemann bereits in den Ruhestand eingetreten ist, zusätzlich nach dem Heiratsalter des Mannes aufgeschlüsselt. Den diesbezüglichen Dummy-Variablen wird nur dann ein Wert zugewiesen, wenn der Mann zum Zeitpunkt der Heirat nicht bereits in den Ruhestand eingetreten ist.

3.2.2.3 Operationalisierung der Gesundheit im Sozio-oekonomischen Panel und im kumulierten Datensatz

Für die Analysen zum Einfluss der Gesundheit auf das Trennungsrisiko können ausschließlich Ehen aus dem Sozio-oekonomischen Panel berücksichtigt werden. Im ALLBUS, im GGS, in der Lebensverlaufsstudie und in der Mannheimer Scheidungsstudie sind entweder keine oder nur wenige Informationen über die Gesundheit im Längsschnitt verfügbar. Die spärlichen verfügbaren Längsschnittinformationen über die Gesundheit in diesen vier Datensätzen sind zudem mit einiger Unsicherheit behaftet. Denn anders als für einschneidende demographische Ereignisse, wie der Beginn und das Ende von Ehen, der Auszug von Kindern aus dem Elternhaus oder der Eintritt in den Ruhestand, ist für die Gesundheit und für gesundheitliche Veränderungen fraglich, ob diese zuverlässig erinnerbar sind. Für das SOEP stellt sich dieses Problem nicht, da der Gesundheitszustand, im Unterschied zu den anderen Surveys, prospektiv bzw. mittels jährlich wiederkehrender Fragen erfasst wurde.[36]

Als zentrale unabhängige Variable zur Kennzeichnung von gesundheitlichen Beeinträchtigungen wird auf den allgemeinen subjektiven Gesundheitszustand Bezug genommen. Einerseits haben frühere Studien gezeigt, dass die subjektive Gesundheitseinschätzung eng mit objektiven Gesundheitsindikatoren (z. B. ärztliche Diagnosedaten) korreliert (z. B. Miilunpalo et al. 1997; Thorslund und Norström 1993). Andererseits ist die subjektive Gesundheit weniger ausschnitthaft als viele objektive Gesundheitsindikatoren und fokussiert, weil es sich um eine subjektive Einschätzung handelt, stärker auf für den Einzelnen tatsächlich relevante Beeinträchtigungen. Für die Erklärung des Trennungsverhaltens ist sie daher gut geeignet. Der allgemeine

---

[36] Indem für Analysen zum Einfluss der Gesundheit auf das Trennungsrisiko nur Ehen aus dem SOEP zur Verfügung stehen, kann diese Teilfragestellung, im Unterschied zu allen anderen Teilfragestellungen, nicht von einer Verstärkung der Datenbasis durch die Kumulation mehrerer bereits vorliegender Umfragedatensätze profitieren. Es lassen sich aber auch für diese Teilfragestellung aussagekräftige Ergebnisse erzielen (siehe unten). Hierzu trägt bei, dass das Problem der in Einzelstudien für mittlere und v. a. für höhere Altersbereiche sehr begrenzten Fallzahlen für die Analyse von Gesundheitseffekten auf das Trennungsrisiko weniger schwer wiegt, als sie zum Beispiel für die Analyse von Ruhestandseffekten auf das Trennungsrisiko wiegen würde, da gesundheitliche Beeinträchtigungen weniger stark auf ein höheres Lebensalter begrenzt sind.

subjektive Gesundheitszustand wird im SOEP über die Frage „Wie würden Sie Ihren gegenwärtigen Gesundheitszustand beschreiben?" und mit einer fünfstufigen Skala erfasst. Die fünf möglichen Ausprägungen werden auf zwei Kategorien reduziert, wobei einerseits die Gesundheitszustände „sehr gut", „gut" und „zufriedenstellend" und andererseits die Gesundheitszustände „weniger gut" und „schlecht" zusammengefasst werden (und nachfolgend aus Platzgründen zum Teil verkürzt als „gesund" bzw. „krank" bezeichnet werden).

Die Frage nach dem allgemeinen Gesundheitszustand wird im SOEP seit dem Jahr 1992, mit Ausnahme des darauffolgenden Jahres, jährlich wiederkehrend gestellt. Folglich können nur Ehephasen ab dem Jahr 1992 für die Analysen zum Einfluss von gesundheitlichen Beeinträchtigungen auf das Trennungsrisiko herangezogen werden. Es muss zudem angenommen werden, dass der Gesundheitszustand ab dem Zeitpunkt der Befragung für die Dauer von einem Jahr unverändert bleibt.[37] Die oben beschriebene Reduktion von ursprünglich fünf auf zwei Gesundheitskategorien kommt dieser Annahme zugute. Eine geringfügige Unschärfe bleibt freilich bestehen, wobei diese Unschärfe eher zu einer Unter- als zu einer Überschätzung der nachfolgend berichteten Zusammenhänge zwischen der Gesundheit und dem Trennungsrisiko beitragen könnte.

Die Informationen zum allgemeinen Gesundheitszustand, die für beide Partner vorliegen, werden für die Analysen in ein Set von Dummy-Variablen überführt. Dieses kennzeichnet, ob beide Partner einen sehr guten, guten oder zufriedenstellenden Gesundheitszustand aufweisen („beide Partner sind gesund"), ob nur ein Partner einen weniger guten oder schlechten Gesundheitszustand aufweist („nur ein Partner ist krank"), oder ob beide Partner einen weniger guten oder schlechten Gesundheitszustand aufweisen („beide Partner sind krank").

Für vertiefende Analysen zum Einfluss der Gesundheit auf das Trennungsrisiko werden außerdem zwei Variablen berücksichtigt, welche die Zufriedenheit mit dem Haushaltseinkommen und die Freizeit-Zufriedenheit

---

[37] Da der Gesundheitszustand im Jahr 1993 nicht erfragt wurde, wird für den Gesundheitszustand aus dem Jahr 1992 angenommen, dass dieser für die Dauer von zwei Jahren unverändert bleibt. In allen Jahren außer 1993 sind fehlende Werte zum Gesundheitszustand vermutlich nicht zufällig bzw. nicht „nicht-informativ" und werden deshalb beibehalten.

kennzeichnen. Beiden Variablen liegt eine 11-stufige Skala zugrunde, die vom Wert 0="ganz und gar unzufrieden" bis zum Wert 10="ganz und gar zufrieden" reicht. Während die Zufriedenheit mit dem Haushaltseinkommen in allen Jahren erfragt wurde, in denen auch der Gesundheitszustand bekannt ist, wurde die Freizeit-Zufriedenheit in allen Jahren außer 1995 erfasst. Beide Variablen werden als metrische Variable in die Analysen einbezogen. Es werden jeweils die Angaben von beiden Partnern berücksichtigt, indem der Durchschnittswert aus den betreffenden Bewertungen von beiden Partnern berechnet wird. Die Dummy-Variable „nur ein Partner ist krank" wird außerdem nach dem Geschlecht des gesundheitlich beeinträchtigten Partners differenziert.

3.2.3   *Determinanten der Ehestabilität, die möglicherweise in späteren Ehephasen eine andere Bedeutung für die Ehestabilität haben als in frühen Ehephasen*

3.2.3.1   Operationalisierung des Bildungsniveaus in den Einzeldatensätzen und Harmonisierung im kumulierten Datensatz

Für die Analysen zum Einfluss des Bildungsniveaus auf das Trennungsrisiko werden Angaben zur schulischen und zur beruflichen Ausbildung der Ehefrau und des Ehemannes berücksichtigt. Während Einkommenschancen vor allem durch die berufliche Ausbildung repräsentiert werden, sind Werte und Einstellungen zur Ehe möglicherweise stärker an die Schulbildung geknüpft. Über die Verfügbarkeit und Operationalisierung der Schulbildung der Befragungsperson in den Einzeldatensätzen und über die Vereinheitlichung dieser Informationen im kumulierten Datensatz informiert Abbildung 12.

Abbildung 12: Operationalisierung der Schulbildung der Befragungsperson in den Einzeldatensätzen und Harmonisierung im kumulierten Datensatz

	Ausgangsdatensatz					Harmoni-
	ALLBUS[1]	GGS[1]	LV[1]	MS[2]	SOEP[3]	sierung
Frage-text	„Welchen allgemein-bildenden Schulab-schluss haben Sie?"	„Haben Sie den Abschluss einer allge-meinbilden-den Schule?" und, falls ja, weiter: „Welchen höchsten Bildungsab-schluss haben Sie erreicht?"	„Und welchen Abschluss hatten Sie zu dieser Zeit erreicht?" in LV1 bzw. „Welchen Abschluss hatten Sie nach Beendigung Ihrer Schulzeit erreicht? Sagen Sie mir bitte, wie sich dieser Abschluss nannte" in LV2.	„Welchen höchsten Schulabschluss hatten Sie zu Beginn ihrer festen Bezie-hung? Wenn sie damals noch zur Schule gingen, nennen Sie uns bitte den Abschluss nach Beendi-gung dieser Schule. Hatten Sie einen ..."	„Welchen Schulabschluss haben Sie? Falls Sie mehrere Abschlüsse haben, nennen Sie nur den höchsten." z. B. als Fragetext 1984. Neuer-worbene Abschlüsse wurden jährlich wiederkehrend erfragt.	
Katego-risie-rung	„Keinen dieser Abschlüsse" [bis 1984] „Schule beendet ohne Ab-schluss" [ab 1986] „noch Schüler" „Volks-/ Haupt-schulab-schluss/ Polytechni-sche Ober-schule mit Abschluss 8./9. Klasse"	„Schule ohne Abschluss beendet" [aus der vorge-schalteten Filtervariable] „noch Schü-ler" [aus der vorgeschalte-ten Filterva-riable] „Haupt-/ Volksschulab-schluss bzw. Polytechni-sche Ober-schule mit Abschluss der 8. oder 9. Klasse"	„Volks-/Haupt-schule ohne Abschluss" „Kein Ab-schluss" „Sonderschul-abschluss" „Volks-/Haupt-schule mit Abschluss"	„von der Schule abgegangen ohne Ab-schluss" „Volks-/ Hauptschulab-schluss"	„Noch kein Abschluss" „Ohne Ab-schluss verlas-sen" „Hauptschul-abschluss"	maximal Volks- oder Haupt-schulab-schluss *(Bildungs-jahre: mit Abschluss 9, sonst 8)*
	„Mittlere Reife/ Polytechni-sche Ober-schule mit Abschluss 10. Klasse"	„Mittlere Reife, Real-schulab-schluss bzw. Polytech-nische Ober-schule mit Abschluss der 10. Klasse"	„Mittlere Reife"	„Mittlere Reife/ Realschulab-schluss/ Fach-schulreife" „Polytechnische Oberschule mit 10. Klasse Abschluss"	„Realschulab-schluss"	Mittlere Reife *(10 Bil-dungs-jahre)*

Fortsetzung Abbildung 12: Operationalisierung der Schulbildung der
Befragungsperson in den Einzeldatensätzen und
Harmonisierung im kumulierten Datensatz

	„Fachhoch-schulreife/ Fachabitur" „Hochschul-reife"	„Fachhoch-schulreife" „Allgemeine oder fachge-bundene Hochschulrei-fe (Abitur)"	„Fachhoch-schulreife" „Abitur"	„Fachhoch-schulreife/ Fachgebundene Hochschulreife/ Abschluss Fachober-schule" „Abitur/ Allgemeine Hochschulreife/ Erweiterte Oberschule (EOS)"	„Fachhoch-schule" „Abitur"	Fachhoch-schulreife oder Abitur *(Bildungs-jahre: mit Fachhoch-schulreife 12, mit Abitur 13)*
	„Anderer Schulab-schluss" [ab 1986]	„Anderer Schulab-schluss"		„Anderer Schulabschluss"	„Anderer Abschluss"	keine Zuord-nung
Verfüg-barkeit	Immer	Immer	Immer	Immer	Immer	ALLBUS, GGS, LV, MS, SOEP
Anmer-kung	[1] In ALLBUS, GGS und LV bezogen auf den höchsten erreichten Schulabschluss. [2] In der Mannheimer Scheidungsstudie bezogen auf den erreichten oder angestrebten Schul-abschluss bei Beziehungsbeginn. Erfasste Informationen zu später erreichten Abschlüssen wurden nicht berücksichtigt. Gesonderte Kategorien für Personen, die im Ausland zur Schule gingen, wurden nicht zugeordnet. [3] Im SOEP zeitabhängige Berücksichtigung. Verwendet wurde die bereits generierte Variable zur Schulbildung, die Informationen aus mehreren Fragen zusammenführt (siehe z. B. obigen Frage-text) und auch ostdeutsche Abschlüsse integriert.					

In allen fünf Einzeldatensätzen stehen Informationen zur Schulbildung der
Befragungsperson zur Verfügung. Unterschiede zwischen den Datensätzen
beruhen im Wesentlichen darauf, dass sich die Informationen je nach Datensatz zum Teil auf verschiedene Zeitpunkte beziehen. Das schulische Bildungsniveau bezieht sich zum Teil auf den Befragungszeitpunkt, teils auf
den Beziehungsbeginn (genauer: auf den erreichten oder angestrebten Schul-
abschluss bei Beziehungsbeginn), oder steht als zeitveränderliche Variable
bereit (siehe Abbildung 12). Dies stellt für die folgenden Analysen zum
Trennungsverhalten aber kein gravierendes Problem dar, da sich das erreichte schulische Bildungsniveau im Erwachsenenalter in der Regel nicht mehr
verändert. Man kann deshalb davon ausgehen, dass das schulische Bildungs-

niveau zum Befragungszeitpunkt auch demjenigen zu Beginn und während der Ehe entspricht. Aus Abbildung 12 geht weiterhin hervor, dass sich die Ausprägungen in den Einzeldatensätzen in weiten, aber nicht in allen Teilen entsprechen. Zum Beispiel ist die Kategorie „Schüler" nur in manchen Datensätzen vorhanden. Die Kategorisierungen in den Einzeldatensätzen entsprechen sich aber hinreichend, um eine Vereinheitlichung der Schulbildung auf wenige, aussagekräftige Kategorien vornehmen zu können. Dabei handelt es sich um die drei Kategorien „maximal Volks- oder Hauptschulabschluss", „Mittlere Reife" sowie „Fachholschulreife oder Abitur". Darüber hinaus werden die in den Einzeldatensätzen erfragten Schulbildungsabschlüsse in die Variable „Bildungsjahre" überführt, in die auch die erzielten beruflichen Bildungsabschlüsse mit einbezogen werden (siehe dazu die untenstehende Erläuterung). Bei beiden Harmonisierungen handelt es sich um Operationalisierungen, die in empirischen Trennungs- und Scheidungsstudien üblich sind.

Über die Verfügbarkeit und Operationalisierung der beruflichen Ausbildung der Befragungsperson in den Einzeldatensätzen und über die Harmonisierung im kumulierten Datensatz informiert Abbildung 13. Wie bereits bei der Schulbildung beziehen sich Unterschiede in Bezug auf die Erfassung der beruflichen Ausbildung der Befragungsperson vor allem darauf, dass sich die berufliche Ausbildung je nach Datensatz zum Teil auf unterschiedliche Zeitpunkte bezieht. Bei den Ehen aus dem SOEP geht die berufliche Ausbildung als zeitabhängige Variable in den kumulierten Datensatz ein. Bei den Ehen aus allen anderen Datensätzen beziehen sich die harmonisierten Informationen zur Berufsausbildung auf den höchsten erreichten beruflichen Ausbildungsabschluss zum Befragungszeitpunkt. Damit ist eine gewisse Ungenauigkeit verknüpft, weil der höchste erreichte Berufsabschluss zum Befragungszeitpunkt nicht notwendigerweise demjenigen zu Beginn oder während der Ehe entsprechen muss. Diese Ungenauigkeit ist aber vertretbar und sie ist dem Informationsverlust vorzuziehen, der mit dem Verzicht auf die Informationen zur beruflichen Bildung einherginge.

Abbildung 13: Operationalisierung der Berufsausbildung der Befragungsperson in den Einzeldatensätzen und Harmonisierung im kumulierten Datensatz

	Ausgangsdatensatz					Harmonisierung
	ALLBUS[1]	GGS[1]	LV[1,2]	MS[1,3]	SOEP[4]	
Fragetext	„Welchen beruflichen Ausbildungsabschluss haben Sie?". In den Jahren `91 und 2000 mittels Einzelabfragung der verschiedenen Ausbildungstypen erfasst.	„Welchen beruflichen Ausbildungsabschluss haben Sie? Bitte geben Sie den höchsten beruflichen Ausbildungsabschluss an."	„Haben Sie bei dieser Ausbildung einen Abschluß gemacht? Wenn ja, wie hieß dieser Abschluß genau?"	„Haben Sie einen Hochschul- oder Fachholschulabschluss", „Haben Sie einen Fachschulabschluß?", „Haben Sie eine abgeschlossene Berufsausbildung?"	„Haben Sie eine abgeschlossene Berufsausbildung oder Hochschulausbildung? Wenn ja: Welche?" z. B. als Fragetext 1984. Neuerworbene Abschlüsse wurden jährlich wiederkehrend erfragt.	
Kategorisierung	„Keinen beruflichen Abschluss" „Berufliches Praktikum" „Volontariat" [ab 1986]	„kein beruflicher Ausbildungsabschluss" „noch in Ausbildung" „Abschluss einer Anlernausbildung" „Berufliches Praktikum"	„kein beruflicher Abschluss" [Auspr. 62, 63] „noch in Ausbildung" [A. 52, 70, 71] „Anlernausbildung" [A. 34-36]	*Sofern in Variable „abgeschlossene Berufsausbildung": „nein"*	*Sofern in Variable „kein Berufsabschluss": „kein Berufsabschluss"*	ohne formalen beruflichen Abschluss *(ohne Abschluss= 0 Bildungsjahre; Rest=1 Bildungsjahr)*
	„Berufsschulabschluss mit gewerblicher oder landwirtschaftlicher Lehre" „Berufsschulabschluss mit kaufmännischer oder sonstiger Lehre" „Berufsfachschulabschluss" „Meister-/ Techniker- oder gleichwertiger Fachschulabschluss"	„Abschluss einer Lehre oder gleichwertiger Berufsfachschulabschluss" „Meister/Techniker- oder gleichwertiger Fachschulabschluss" „Anderer beruflicher Ausbildungsabschluss"	„Abschluss einer Lehre oder Berufsfachschule" [A. 20-22, 29-33, 39-46] „Meister/ Techniker oder Fachschulabschluss" [A. 20-22, 29-33, 39-46]	*Sofern in Variable „abgeschlossene Berufsausbildung": „ja"* *Sofern in Variable „Fachschulabschluß": „ja"*	*Sofern in Variable „beruflicher Bildungsabschluss":* „Lehre" „Berufsfachschule" „Schule des Gesundheitswesens" „Fachschule (z. B. Meister-, Technikerschule)" „Beamtenausbildung" „Sonstige Ausbildung" *Sofern in Variable „kein Berufsabschluss":„Lehre"*	mit formalem Berufsausbildungsabschluss *(Meister/ Techniker=4 Bildungsjahre; Rest=3 Bildungsjahre)*

Fortsetzung Abbildung 13:   Operationalisierung der Berufsausbildung der Befragungsperson in den Einzeldatensätzen und Harmonisierung im kumulierten Datensatz

„Fachhochschulabschluss (auch Ingenieurschulabschluss)" „Hochschulabschluss"	„Fachhochschulabschluss" „Hochschulabschluss ohne Promotion" „Hochschulabschluss mit Promotion"	„Fachhochschulabschluss" [A. 23, 24] „Hochschulabschluss" [A. 25-28, 47]	*Sofern in Variable Hochschuloder Fachhochschulabschluss: „ja"*	*Sofern in Variable „Hochschulabschluss":* „Fachhochschule" „Universität, Technische Hochschule" „Hochschule im Ausland" „Ingenieur-, Fachschule (Ost)" „Hochschule (Ost)" „Promotion, Habilitation" *Sofern in Variable „kein Berufsabschluss":* „Studium"	Fachhochschul- oder Hochschulabschluss *(5 Bildungsjahre)*
„Anderer Abschluss" [ab 1986]		„Anderer beruflicher Abschluss" [A. 61, 65]		*Sofern in Variable „beruflicher Bildungsabschluss":* „sonstige Ausbildung"	keine Zuordnung
Verfügbarkeit	Immer	Immer	Immer	Immer	Immer	ALLBUS, GGS, LV, MS, SOEP
Anmerkungen	[1] In ALLBUS, GGS, LV und MS bezogen auf den höchsten erreichten Abschluss. [2] Leicht zusammenfassbare Ausprägungen sind in der Übersicht zur Lebensverlaufsstudie bereits zusammengefasst. [3] In der Mannheimer Scheidungsstudie ebenfalls erfasste Informationen zum Zeitpunkt wurden nicht berücksichtigt. [4] Im SOEP zeitabhängige Berücksichtigung. Verwendet wurden die bereits generierten Variablen „beruflicher Bildungsabschluss, „Hochschulabschluss" und „kein Berufsabschluss"					

Weitere Unterschiede zwischen den Einzeldatensätzen bezüglich der Erfassung der berufsbezogenen Ausbildung beziehen sich darauf, dass die berufliche Bildung zum Teil unterschiedlich detailliert erfasst wurde. Wie bereits in Bezug auf die Schulbildung entsprechen sich die Kategorisierungen in den Einzeldatensätzen jedoch hinreichend, um sie auf wenige, aussagekräftige Kategorien reduzieren zu können. Es handelt sich dabei um die Kategorien „ohne formalen beruflichen Abschluss", „mit formalem Berufsbildungsabschluss" sowie „Fachhochschul- oder Hochschulabschluss". Außerdem werden den beruflichen Bildungsabschlüssen, ebenso wie den schulischen Bildungsabschlüssen, Bildungsjahre zugeordnet. Die zugewiesenen Dauern kennzeichnen die zum Erreichen der Abschlüsse üblicherweise erforderlichen Mindestdauern und sind in Abbildung 12 und Abbildung 13 ausgewiesen. Diese Informationen werden in eine Variable überführt, welche die schulische und berufliche Ausbildung gemeinsam repräsentiert. Beispielsweise werden einer Person mit Hauptschulabschluss und beruflicher Lehre zwölf Bildungsjahre zugeordnet, einer Person mit mittlerer Reife ohne beruflichen Abschluss zehn Bildungsjahre.

Die Schulbildung des Ehepartners ist, im Unterschied zur Schulbildung der Befragungsperson, nicht in allen Datensätzen erfasst (siehe Abbildung 14). Im GGS ist die Schulbildung des Ehepartners niemals für beendete Ehen erfasst und steht damit nicht für Trennungsanalysen zur Verfügung. Im ALLBUS ist die Schulbildung des Ehepartners für beendete Ehen nur in einzelnen Erhebungen erfasst und auch nur dann, wenn die Befragungsperson nicht erneut heiratete. Letzteres trifft auch für die Teilstichprobe LV1 der Lebensverlaufsstudie zu. Fehlende Werte stehen somit mit Faktoren in Zusammenhang, die das Heirats- und Scheidungsrisiko beeinflussen. Die Informationen zur Schulbildung des Ehepartners aus diesen Datensätzen sind daher nicht für Trennungsanalysen verwertbar. Informationen zur Schulbildung des Partners liegen im kumulierten Datensatz folglich nur für den Teil der Ehen vor, die aus der Teilstichprobe LV2 der Lebensverlaufsstudie, aus der Mannheimer Scheidungsstudie oder aus dem SOEP entstammen. In diesen Fällen entsprechen sich die Operationalisierungen hinreichend, so dass eine Harmonisierung der Schulbildung des Partners im kumulierten Datensatz unproblematisch ist. Diese erfolgt in gleicher Weise wie die Harmonisierung der Schulbildung der Befragungsperson (vgl. Abbildung 12 und Abbildung 14).

Abbildung 14: Operationalisierung der Schulbildung des Partners in den Einzeldatensätzen und Harmonisierung im kumulierten Datensatz

	Ausgangsdatensatz					Harmoni-sierung
	ALLBUS	GGS	LV	MS[1]	SOEP[2]	
Frage-text	–	–	In LV2: „Welchen Schulab-schluss hatte er / ihre Frau?"	„Welchen höchsten Schulabschluß hatte [...] zu Beginn Ihrer festen Beziehung? Wenn [...] damals noch zur Schule ging, nennen Sie uns bitte den Abschluß nach Beendigung dieser Schule. Hatte [...] einen..."	Siehe Abbil-dung 12.	
Kate-gorisie-rung	–	–	„Volks-/ Hauptschule ohne Ab-schluss" „Kein Ab-schluss" „Sonderschul-abschluss" „Volks-/ Hauptschule mit Ab-schluss"	„von der Schule abgegangen ohne Abschluss" „Volks-/ Haupt-schulabschluss"	„Noch kein Abschluss" „Ohne Abschluss verlassen" „Hauptschul-abschluss"	maximal Volks- oder Hauptschul-abschluss *(Bildungsjah-re: mit Abschluss 9, sonst 8)*
	–	–	„Mittlere Reife"	„Mittlere Reife/ Realschulabschluss/ Fachschulreife" „Polytechnische Oberschule mit 10. Klasse Abschluss"	„Realschulab-schluss"	Mittlere Reife *(10 Bildungs-jahre)*
	–	–	„Fachhoch-schulreife" „Abitur"	„Fachhochschulrei-fe/ Fachgebundene Hochschulreife/ Abschluss Fach-oberschule" „Abitur/ Allgemeine Hochschulreife/ Erweiterte Ober-schule (EOS)"	„Fachhoch-schule" „Abitur"	Fachhoch-schulreife oder Abitur *(Bildungsjah-re: mit Fach-hochschulrei-fe 12, mit Abitur 13)*
	–	–		„Anderer Schulab-schluss"	„Anderer Abschluss"	keine Zuord-nung

Fortsetzung Abbildung 14:   Operationalisierung der Schulbildung des
Partners in den Einzeldatensätzen und
Harmonisierung im kumulierten Datensatz

Verfüg-barkeit	Nicht verwertbar (nur für andauernde Ehen und für letzte beendete Ehen sofern keine Folgebeziehung. Zudem für gegenwärtigen Ehepartner `86 und für letzten Ehepartner `86, `91 und 2000 nicht erhoben)	Nie für beendete Ehen	Teilweise (immer in LV2, nicht verwertbar in LV1, da nur für andauernde Ehen und für letzte beendete Ehen sofern keine Folgebeziehung)	Immer	Immer	LV2, MS, SOEP
Anmerkungen	[1] Zur Mannheimer Scheidungsstudie: siehe Anmerkungen zur Operationalisierung der Schulbildung der Befragungsperson in Abbildung 12. [2] Zum SOEP: siehe Anmerkungen zur Operationalisierung der Schulbildung der Befragungsperson in Abbildung 12. Für beide Partner liegen Selbstangaben vor.					

Schließlich informiert Abbildung 15 über die Verfügbarkeit und Operationalisierung der berufsbezogenen Ausbildung des Ehepartners in den Einzeldatensätzen und über deren Harmonisierung im kumulierten Datensatz. Ebenso wie in Bezug auf die Schulbildung des Ehepartners stehen auch zur berufsbezogenen Ausbildung des Ehepartners Informationen für alle Ehen (d. h. insbesondere auch für alle beendeten Ehen) nur für diejenigen Ehen aus der Teilstichprobe LV2 der Lebensverlaufsstudie, aus der Mannheimer Scheidungsstudie und aus dem SOEP zur Verfügung. In diesen Fällen ist eine Harmonisierung der berufsbezogenen Ausbildung unproblematisch und erfolgt in gleicher Weise wie die Harmonisierung der berufsbezogenen Ausbildung der Befragungsperson (vgl. Abbildung 14 und Abbildung 15).

Abbildung 15: Operationalisierung der Berufsausbildung des Partners in den Einzeldatensätzen und Harmonisierung im kumulierten Datensatz

	Ausgangsdatensatz					Harmonisierung
	ALLBUS	GGS	LV	MS[1]	SOEP[2]	
Frage-text	–	–	In LV2: „Hat er einen Beruf erlernt […] wie heißt dieser Beruf und welche Ausbildung trifft von dieser Karte zu?"	„Hat […] einen Hochschul- oder Fachholschulab-schluss", „Hat […] einen Fach-schulabschluß?", „Hat […] eine abgeschl. Berufs-ausbildung?"	Siehe Abbildung 13	
Kate-gori-sie-rung	–	–	„Berufliches Praktikum /Volontariat" „Keine Berufs-ausbil-dung/kein beruflicher Ausbildungs-abschluß"	*Sofern in Variable „abgeschlossene Berufsausbil-dung": „nein"*	*Sofern in Variable „kein Berufsabschluss": "kein Berufsabschluss"*	Ohne formalen beruflichen Abschluss *(ohne Ab-schluss=0 Bildungs-jahre; Rest = 1 Jahr)*
	–	–	„Gewerbliche Lehre" „Kaufmänni-sche Lehre/ Verwaltungs-lehre" „Haus-/ Land-wirtschafts-lehre" „Berufsfach-schule" „Meister/ Techniker oder gleichwertiger Abschluß"	*Sofern in Variable „abgeschlossene Berufsausbil-dung": „ja"* *Sofern in Variable „Fachschul-abschluß": „ja"*	*Sofern in Variable „beruflicher Bildungsabschluss": „Lehre"* „Berufsfachschule" „Schule des Gesundheitswe-sens" „Fachschule (z. B. Meister-, Technikerschule)" „Beamtenausbildung" „Sonstige Ausbildung" *Sofern in Variable „kein Berufsabschluss": „Lehre"*	Mit forma-lem Beruf-sausbil-dungsab-schluss *(Meister/ Techni-ker=4 Bildungs-jahre; Rest=3 Bildungs-jahre)*
	–	–	„Fachhoch-schule" „Universität/ Hochschule"	*Sofern in Variable Hochschul- oder Fachhochschulab-schluss: „ja"*	*Sofern in Variable „Hochschul-abschluss": „Fachhochschule"* „Universität, Technische Hochschule" „Hochschule im Ausland" „Ingenieur-, Fachschule (Ost)" „Hochschule (Ost)" „Promotion, Habilitation" *Sofern in Variable „kein Berufsabschluss": „Studium"*	Fachhoch-schul- oder Hoch-schulab-schluss *(5 Bil-dungs-jahre)*

Fortsetzung Abbildung 15: Operationalisierung der Berufsausbildung des Partners in den Einzeldatensätzen und Harmonisierung im kumulierten Datensatz

					Sofern in Variable „beruflicher Bildungsabschluss": „sonstige Ausbildung"	keine Zuordnung
	–	–				
Verfügbarkeit	Nicht verwertbar (nur für andauernde Ehen und für letzte beendete Ehe sofern keine Folgebeziehung. Zudem für gegenwärtigen Ehepartner `86 und für letzten Ehepartner `86, `91 und 2000 nicht erhoben)	Nie für beendete Ehen	Teilweise (immer in LV2, nicht verwertbar in LV1, da nur für andauernde Ehen und für letzte beendete Ehe sofern keine Folgebeziehung)	Immer	Immer	LV2, MS, SOEP
Anmerkungen	[1] Zur Mannheimer Scheidungsstudie: siehe Anmerkungen zur Operationalisierung der Berufsausbildung der Befragungsperson in Abbildung 13. [2] Zum SOEP: Siehe Anmerkungen in Abbildung 13. Für beide Partner liegen Selbstangaben vor.					

Im kumulierten Datensatz liegen somit für die Ehen aus der Teilstichprobe LV2 der Lebensverlaufsstudie, aus der Mannheimer Scheidungsstudie und aus dem SOEP jeweils für beide Partner und damit sowohl für die Ehefrau als auch für den Ehemann Informationen zur Schulbildung und zur beruflichen Bildung vor. Für diejenigen Ehen aus dem ALLBUS, dem GGS und aus der Teilstichprobe LV1 der Lebensverlaufsstudie ist hingegen nur entweder die schulische und berufliche Bildung der Frau oder die Bildung des Mannes bekannt, je nachdem, ob die Befragungsperson weiblich oder männlich ist.

3.2.3.2 Operationalisierung der Bildungs- und Altershomogamie der Partner in den Einzeldatensätzen und Harmonisierung im kumulierten Datensatz

Wie im vorstehenden Kapitel beschrieben, liegen Informationen zur Schulbildung und zur beruflichen Ausbildung desjenigen Ehepartners, bei dem es sich um die Befragungsperson handelt, für die Ehen aus allen Datensätzen vor. Informationen zur schulischen und beruflichen Bildung des Ehepartners sind hingegen nur für jene Ehen verfügbar, die aus der Teilstichprobe LV2 der Lebensverlaufsstudie oder aus der Mannheimer Scheidungsstudie entstammen, sowie für alle Ehen aus dem SOEP. Nur für diesen Teil der Ehen ist die Bildungskonstellation der Partner bekannt und nur mit diesem Teil der Ehen lässt sich der Einfluss von Bildungsunterschieden zwischen den Partnern auf das Trennungsrisiko analysieren.

Für die Operationalisierung von Bildungshomogamie werden die schulischen und beruflichen Bildungsabschlüsse von beiden Partnern in einem ersten Schritt in Bildungsjahre übersetzt. Dabei orientiert sich die Zuordnung an den zum Erreichen der Abschlüsse üblicherweise erforderlichen (im vorstehenden Kapitel dokumentierten) Mindestdauern. Eine Zuordnung erfolgt nur, wenn weder für die schulische noch für die berufsbezogene Ausbildung fehlende Angaben vorliegen. In einem zweiten Schritt werden jene Ehen als bildungshomogam klassifiziert, bei denen die beiden Ehepartner dieselbe oder eine um eins verschiedene Zahl an Bildungsjahren aufweisen. Paare mit größerer Differenz als einem Bildungsjahr werden als bildungsheterogam gekennzeichnet. Beispielsweise wird eine Verbindung zwischen einem Mann mit Hauptschulabschluss und beruflicher Lehre (9+3 Bildungsjahre) und einer Frau mit Realschulabschluss und beruflicher Lehre (10+3 Bildungsjahre) als bildungshomogam klassifiziert. Hätte die Frau in diesem Beispiel einen höheren schulischen oder berufsbezogenen Bildungsabschluss, würde das Paar als bildungsheterogam gewertet. In manchen Analysen werden bildungsheterogame Paare zusätzlich danach differenziert, ob die Ehefrau oder ob der Ehemann ein (um mehr als ein Bildungsjahr) höheres Bildungsniveau erreicht hat.

Zum Alter von beiden Ehepartnern liegen Informationen für die Ehen aus dem GGS, aus der Teilstichprobe LV2 der Lebensverlaufsstudie, aus der Mannheimer Scheidungsstudie und aus dem SOEP vor (siehe *Kapitel 3.2.1.2*). Nur für diesen Teil der Ehen ist der Altersabstand zwischen den Ehepartner bekannt und der Einfluss des Altersabstands auf das Trennungsrisiko analysierbar. Für die Ehen aus dem ALLBUS und aus der Teilstichprobe LV1 der Lebensverlaufsstudie ist der Altersabstand unbekannt, da für die betreffenden Ehen keine (bzw. keine für Trennungsanalysen verwertbaren) Informationen zum Alter des Ehepartners vorliegen (siehe *Kapitel 3.2.1.2*).

Da in Betracht zu ziehen ist, dass sich Altersdifferenzen unterschiedlich auf das Trennungsrisiko auswirken, je nachdem, ob der Mann oder die Frau älter ist, und da außerdem unklar ist, ob für das Trennungsrisiko eher Abweichungen vom durchschnittlichen Altersabstand (der ca. drei Jahre zugunsten des Mannes beträgt) oder Abweichungen von einer Altersdifferenz von null Jahren den Ausschlag geben, wird der Altersunterschied für die nachfolgenden Analysen in ein Set von Dummy-Variablen überführt. Unterschieden werden die folgenden sieben Kategorien: „Frau ist mehr als 4 Jahre älter", „Frau ist 2 bis 4 Jahre älter", „Frau ist ein Jahr älter, gleich alt oder ein Jahr jünger" „Mann ist 2 bis 4 Jahre älter", „Mann ist 5 bis 7 Jahre älter", Mann ist 8 bis 10 Jahre älter" sowie „Mann ist mehr als 10 Jahre älter".

3.2.4 Operationalisierung der Kontrollvariablen in den Einzeldatensätzen und Harmonisierung im kumulierten Datensatz

Neben den bis hierhin beschriebenen Variablen, deren Einfluss auf die Ehestabilität im Rahmen der vorliegenden Untersuchung von unmittelbarem inhaltlichen Interesse ist, werden in den Analysen weitere Variablen als Kontrollvariable berücksichtigt. Es handelt sich dabei um Merkmale, von denen einerseits bekannt ist oder für die anzunehmen ist, dass sie das Trennungsrisiko beeinflussen, und für die andererseits zu vermuten ist, dass sie mit den bis hierhin beschriebenen Trennungsdeterminanten in Zusammenhang stehen. Als Kontrollvariablen werden nur Variablen berücksichtigt, die in allen Surveys verfügbar und harmonisierbar sind.

In diesem Zuge wird das Heiratsjahr als Kontrollvariable berücksichtigt. Bekanntermaßen ist das Trennungsrisiko in der Kohortenabfolge angestiegen. Gleichzeitig ist das Heiratsjahr mit zahlreichen Trennungsdeterminanten korreliert, zum Beispiel mit dem Bildungsniveau. Wie bereits beschrieben, ist das Heiratsjahr, das unter anderem zur Bestimmung der Ehedauer herangezogen wird, für alle Ehen bekannt (siehe Abbildung 5 in *Kapitel 3.2.1.1*). Es wird in die Analysen als kontinuierliche Variable einbezogen, oder es werden nach Heiratskohorten gesonderte Analysen durchgeführt.

Eine weitere Kontrollvariable kennzeichnet, ob es sich um eine erste Ehe handelt oder um eine Folgehe. Letzteres kennzeichnet Ehen, bei denen einer der beiden Partner oder beide Partner früher schon einmal verheiratet waren. Ein erhöhtes Trennungsrisiko von Folgeehen (oder Zweitehen) zählt zu den am häufigsten replizierten Ergebnissen der Trennungs- und Scheidungsforschung. Gleichzeitig liegt auf der Hand, dass Folgeehen mit zunehmendem Heiratsalter wahrscheinlicher werden. Informationen darüber, ob es sich um eine Folgeehe handelt, liegen für alle Ehen vor (siehe Abbildung 16).

Abbildung 16: Operationalisierung der Eheerfahrung in den Einzeldatensätzen und Harmonisierung im kumulierten Datensatz

| | Ausgangsdatensatz | | | | | Harmonisierung |
	ALLBUS[1]	GGS[1]	LV[1]	MS[2]	SOEP[3]	
Fragetext	Nicht direkt erfragt, sondern aus den retrospektiv erhobenen Daten zum Beginn und Ende der ggf. mehreren Ehen ersichtlich.	Nicht direkt erfragt, sondern aus den retrospektiv erhobenen Daten zum Beginn und Ende der ggf. mehreren Ehen ersichtlich.	Nicht direkt erfragt, sondern aus den retrospektiv erhobenen Daten zum Beginn und Ende der ggf. mehreren Ehen ersichtlich.	"War (…) vor Ihrer Ehe schon einmal verheiratet?" für den Ehepartner. Für die Befragungsperson enthält die Stichprobe nur erste Ehen.	Nicht direkt erfragt, sondern aus den retrospektiv und prospektiv erhobenen Daten zum Beginn und Ende der ggf. mehreren Ehen ersichtlich.	
Kategorisierung	Sofern es sich um die erste (früheste) Ehe des Auskunft gebenden Ehepartners handelt.	Sofern es sich um die erste (früheste) Ehe des Auskunft gebenden Ehepartners handelt.	Sofern es sich um die erste (früheste) Ehe des Auskunft gebenden Ehepartners handelt.	Sofern der Partner zuvor noch nie verheiratet war.	Sofern es sich um die erste (früheste) Ehe von beiden Ehepartnern handelt.	Erstehe
	Sofern es sich um keine erste Ehe des Auskunft gebenden Ehepartners handelt.	Sofern es sich um keine erste Ehe des Auskunft gebenden Ehepartners handelt.	Sofern es sich um keine erste Ehe des Auskunft gebenden Ehepartners handelt.	Sofern der Partner früher schon einmal verheiratet war.	Sofern es sich bei einem Partner oder bei beiden Partnern um keine erste Ehe handelt.	Folgeehe
Verfügbarkeit	Immer	Immer	Immer	Immer	Immer	Immer
Anmerkungen	[1] In ALLBUS, GGS und LV bezogen auf die Befragungsperson. Ob es sich für den anderen Partner um eine Folgeehe handelt, ist unbekannt. [2] In der Mannheimer Scheidungsstudie bezogen auf den Partner der Befragungsperson. Für die Befragungsperson handelt es sich generell um Erstehen. [3] Im SOEP bezogen auf beide Ehepartner.					

Die Information, ob es sich um eine Erstehe oder um eine Folgeehe handelt, bezieht sich bei den Ehen aus dem ALLBUS, aus dem GGS und aus der Lebensverlaufsstudie nur auf denjenigen Ehepartner, bei dem es sich um die Befragungsperson handelt. Ob es sich um eine Folgeehe handelt, wurde in diesen Fällen nicht direkt erfragt, sondern ist aus den chronologischen Angaben zum Beginn und Ende der ggf. mehreren Ehen einer Person ersichtlich. Für den anderen Ehepartner ist in diesen drei Datensätzen unbekannt, ob dieser früher schon einmal verheiratet war. Bei den Ehen aus der Mannheimer Scheidungsstudie handelt es sich generell um erste Ehen der Befragungsperson. Im Unterschied zu ALLBUS, GGS und Lebensverlaufsstudie wurde in der Mannheimer Scheidungsstudie auch erfragt, ob der Ehepartner der Befragungsperson früher schon einmal verheiratet war. Trifft dies zu, wird die Ehe als Folgeehe gekennzeichnet. Schließlich liegen für die Ehen aus dem Sozio-oekonomischen Panel in der Regel für beide Partner Informationen darüber vor, ob sie früher schon einmal verheiratet waren. Diese Informationen sind den chronologischen Angaben zum Beginn und Ende der ggf. mehreren Ehen von beiden Ehepartnern entnommen (die sowohl auf Retrospektivangaben für die Zeit vor Beginn des Panels als auch auf Prospektivangaben für den Panelzeitraum beruhen). Als Folgeehe gekennzeichnet werden alle Ehen aus dem SOEP, bei denen für einen Ehepartner oder für beide Ehepartner bekannt ist, dass sie vor der betreffenden Ehe schon einmal verheiratet waren.

Somit werden im SOEP und in der Mannheimer Scheidungsstudie Folgeehen immer als solche erkannt. Ehen aus dem ALLBUS, aus dem GGS und aus der Lebensverlaufsstudie werden hingegen in dem Fall nicht als Folgeehe erkannt, wenn nicht die Befragungsperson, sondern wenn nur deren Ehepartner früher schon einmal verheiratet war. Es handelt sich dabei um eine Ungenauigkeit, die dazu führen könnte, dass die Stabilität von Erstehen unterschätzt wird bzw. dass die Stabilität von Folgeehen überschätzt wird. Eine Verwendung der nicht in allen Fällen exakt gemessenen Variable „Folgeehe" ist aber einem Verzicht auf diese Variable vorzuziehen, zumal sie in der vorliegenden Untersuchung nicht von unmittelbarem inhaltlichem Interesse ist, sondern als Kontrollvariable fungiert.

Schließlich wird berücksichtigt, ob die Ehepartner in Westdeutschland oder in Ostdeutschland leben. Diese Information lässt sich in allen fünf Surveys aus dem Wohnort bzw. aus dem Bundesland der Befragungsperson ableiten, das in allen fünf Surveys bekannt ist. Während die beiden Teilstichproben LV1 und LV2 der Lebensverlaufsstudie, die in den 1980er Jahren erhobenen wurden, nur in Westdeutschland lebende Personen beinhalten, umfassen der GGS, die Mannheimer Scheidungsstudie, der ALLBUS und das SOEP sowohl Personen aus den alten als auch aus den neuen Bundesländern. Im Falle des ALLBUS und des SOEP trifft dies allerdings nur für die seit der Wende durchgeführten Erhebungen zu.

Unterschiede zwischen den Surveys beziehen sich zum einen auf die Zuordnung von Ostberlinern. Da im GGS und in der Mannheimer Scheidungsstudie nicht zwischen Ost- und Westberlin unterscheidbar ist, wird beides im Zuge der Variablen-Harmonisierung Westdeutschland zugeordnet. Hingegen kennzeichnet der Wohnort Westdeutschland für die Ehen aus dem ALLBUS und aus dem SOEP das alte Bundesgebiet ohne Ostberlin. Zum anderen beziehen sich Unterschiede zwischen den Surveys darauf, dass der Wohnort in West- oder Ostdeutschland im SOEP als zeitveränderliche Variable vorliegt, indem die Variable den jeweils aktuellen Wohnort zum Zeitpunkt der jährlich wiederkehrenden Befragung kennzeichnet. Bei den Ehen aus den anderen Surveys kennzeichnet die Variable den Wohnort zum Befragungszeitpunkt. In beiden Fällen handelt es sich aber um eine akzeptable Ungenauigkeit. Denn einerseits fällt das vergleichsweise kleine Ostberlin kaum ins Gewicht, und andererseits kann man für den überwiegenden Teil der Ehen davon ausgehen, dass der Wohnort Westdeutschland (respektive Ostdeutschland) zum Befragungszeitpunkt auch dem Wohnort Westdeutschland (respektive Ostdeutschland) während der Ehe entspricht, auch dann, wenn die Ehe bereits längere Zeit zurückliegt. Die beschriebene Klassifizierung der Ehen als westdeutsche oder ostdeutsche Ehe erscheint daher als hinreichend zuverlässig, und eine Berücksichtigung dieser Variable als Kontrollvariable ist daher einem Verzicht auf diese Variable vorzuziehen.

3.3 Beschreibung der kumulierten Stichprobe

Der kumulierte Datensatz enthält harmonisierte Informationen über Ehen aus fünf großen Umfragedatensätzen. Bei den einbezogenen Surveys handelt es sich um sieben Erhebungen des ALLBUS aus den Jahren 1980, 1982, 1984, 1986, 1988, 1991 und 2000, in denen die Ehebiografie erfasst wurde, um den

Generations and Gender Survey von 2005, um die beiden Teilstichproben LV1 und LV2 der Lebensverlaufsstudie, um die Mannheimer Scheidungsstudie und um die Teilstichproben A, C, E, F und H des Sozio-oekonomischen Panel.[38] Von den im SOEP erfassten Ehen werden nur Ehen in den kumulierten Datensatz einbezogen, die im Panelzeitraum andauerten oder begonnen wurden, bei denen beide Ehepartner eindeutig identifizierbar sind und die nicht erstmals im letzten Befragungsjahr (von beiden oder vom länger befragten Partner) bestehen.[39]

3.3.1 Zahl der Ehen in den Einzeldatensätzen und Zahl der Ehen, die im kumulierten Datensatz für Trennungsanalysen zur Verfügung stehen

Über die Zahl der in den einzelnen Surveys enthaltenen Ehen informiert Tabelle 2. Es handelt sich dabei um 18.401 Ehen im ALLBUS, um 7.079 Ehen im GGS, um 3.629 Ehen in der Lebensverlaufsstudie, um 5.020 Ehen in der Mannheimer Scheidungsstudie und um 10.765 Ehen im SOEP. Von diesen Ehen stehen jene Ehen nicht für Trennungsanalysen zur Verfügung, bei denen keine Informationen zum Beginn (d. h. zum Heiratsjahr) oder Ende der Ehe (d. h. zum Trennungs- oder Verwitwungsjahr) vorliegen. Dies betrifft in allen Surveys nur einen kleinen Teil der Ehen. Am häufigsten liegen fehlende Werte zum Start- oder Endzeitpunkt im GGS vor.[40] Aber selbst im Falle des

---

[38] Weitere Teilstichproben der Lebensverlaufsstudie wurden aufgrund des zu niedrigen Alters der Befragten nicht berücksichtigt. Bei den nicht berücksichtigten Teilstichproben aus dem SOEP handelt es sich um die Samples B (ausländische Haushalte, seit 1984), D (Zuwanderer-Privathaushalte, seit 1994/95) und G (Hocheinkommens-Privathaushalte, seit 2002).

[39] Zur Identifikation der Ehen und der zugehörigen Ehepartner werden die beiden generierten Variablen „PARTZ$$" und „PARTNR$$" herangezogen. Die beiden Variablen geben darüber Auskunft, ob eine Person mit einem Ehepartner zusammenlebt und identifizieren den Ehepartner. Dazu führen sie Informationen aus verschiedenen Originalvariablen zum Familienstand, zu dessen Veränderung seit der letzten Befragung im Vorjahr und zur Beziehung zum Haushaltsvorstand zusammen und berücksichtigen dabei auch Informationen zur Familien- und Ehebiografie.

[40] Dafür ausschlaggebend ist, dass im GGS das Jahr der Verwitwung generell nicht erfragt wurde. Wie oben beschrieben ist deshalb von einer geringfügigen Unterschätzung des Trennungsrisikos auszugehen, nicht aber davon, dass Strukturunterschiede betroffen sind (siehe *Kapitel 3.2.1.1*).

GGS beträgt der diesbezügliche Anteil (mit 629 von 7.079 Ehen) nur 8,9 %. Im Vergleich zu anderen Ausfällen, die zum Beispiel durch unvollständige Ausschöpfung der Stichprobe zustande kommen, sind diese Ausfälle marginal. Abzüglich von zwei Ehen, bei denen sich aus den Angaben zum Beginn und Ende der Ehe eine negative Ehedauer ergibt, verbleiben 18.097 Ehen aus dem ALLBUS, 6.449 Ehen aus dem GGS, 3.602 Ehen aus der Lebensverlaufsstudie, 4.891 Ehen aus der Mannheimer Scheidungsstudie und 10.371 Ehen aus dem SOEP. Insgesamt sind somit 43.410 Ehen ohne fehlende oder ungültige Angaben zum Beginn oder Ende der Ehe in den Einzeldatensätzen vorhanden.

Tabelle 2: Anzahl der Ehen und Anzahl der Ehen mit bzw. ohne fehlende Werte zum Beginn und Ende der Ehe in den Einzeldatensätzen

	ALLBUS	GGS	LV	MS	SOEP
alle Ehen[1]	18401	7079	3629	5020	10765
Ehen mit fehlenden Werten zu:					
Heiratsjahr	42	189	5	33	216
unklar ob Ende durch Trennung[2] oder Verwitwung	33	13	20	4	186
Trennungsjahr[2]	21	55	2	97	0
Verwitwungsjahr	208	404	0	3	0
Ehen mit fehlenden Werten zum Beginn und/oder Ende der Ehe insgesamt[3]	304	629	26	129	394
Ehen mit ungültigen Werten zum Beginn und Ende[4]	0	1	1	0	0
Ehen ohne fehlende oder ungültige Werte zum Beginn oder Ende der Ehe	18097	6449	3602	4891	10371

[1] Beim ALLBUS bezogen auf sieben Erhebungen, bei denen die Ehebiografie erfasst wurde, bei der Lebensverlaufsstudie bezogen auf die beiden Teilstichproben LV1 und LV2 und beim Sozio-oekonomischen Panel bezogen auf die Teilstichproben A, C, E, F und H. Von den im SOEP erfassten Ehen sind außerdem nur Ehen berücksichtigt, die im Panelzeitraum andauerten oder begonnen wurden, bei denen beide Ehepartner eindeutig identifizierbar sind und die nicht erstmals im letzten Befragungsjahr bestehen.

[2] Bei ALLBUS und LV1 aus den Informationen zu Scheidungen erschlossen (siehe Kapitel 3.2.1.1).

[3] Für einzelne Ehen können mehr als ein fehlender Wert vorliegen, deshalb fällt die Zahl der Ehen mit fehlenden Werten kleiner aus als die Summe fehlender Werte.

[4] Ehen, bei denen sich aus den Angaben zum Beginn und Ende der Ehe eine negative Ehedauer ergibt.

Quelle: eigene Auszählung.

Während es sich bei den Ehen aus dem SOEP allesamt um Ehen (bzw., sofern die Ehe zum Zeitpunkt der Erstbefragung bereits andauerte, um Ehephasen) handelt, bei denen die beiden Ehepartner in Deutschland lebten, ist dies bei den Ehen aus den anderen vier Surveys mit retrospektivem Erhebungsdesign nicht notwendig der Fall. Um sicherzustellen, dass die Daten das Trennungsgeschehen in Deutschland abbilden, werden deshalb all jene retrospektiv erfassten Ehen ausgeschlossen, bei denen bekannt ist, dass die beiden Ehepartner nicht bereits seit der Eheschließung in Deutschland leben. Von den Ehen ohne fehlende Angaben zum Start- und/oder Endzeitpunkt der Ehe werden aus diesem Grund 258 Ehen aus der Mannheimer Scheidungsstudie nicht berücksichtigt, die im Ausland geschlossen wurden.[41] Außerdem werden 381 Ehen aus dem GGS und 411 Ehen aus dem ALLBUS ausgeschlossen, bei denen der Auskunft gebende Partner nicht bereits seit dem Zeitpunkt der Eheschließung in Deutschland lebt.[42]

Im ALLBUS liegt diese Information jedoch nur für Ehen aus drei der sieben Erhebungen, in denen die Ehebiografie erfasst wurde, vor. Dabei handelt es sich um die Erhebungen aus den Jahren 1982, 1991 und 2000. Für die Ehen aus der Lebensverlaufsstudie liegen keine Informationen darüber vor, ob die Ehepartner bereits seit der Eheschließung in Deutschland leben. Somit können in den kumulierten Datensatz auch Ehen einfließen, die nicht in Deutschland geschlossen und ggf. auch getrennt wurden. Es handelt sich

---

[41] Die genaue Frageformulierung in der Mannheimer Scheidungsstudie lautet: „Wo wurde die Ehe mit [...] geschlossen?" und den Antwortvorgaben „in der Bundesrepublik Deutschland", „in der ehemaligen DDR", „im ehemaligen Reichsgebiet *vor* 1945" sowie „im Ausland".

[42] Die genaue Frageformulierung im GGS lautet: „Sind Sie in Deutschland geboren?" sowie zusätzlich, sofern nicht in Deutschland geboren: „Seit welchem Monat und Jahr haben Sie – oder hatten Sie erstmals Ihren ständigen Wohnsitz in Deutschland?" bzw. im ALLBUS: „Sind Sie im Gebiet des heutigen Deutschland geboren?" sowie „Seit wann leben Sie im Gebiet des heutigen Deutschland?". Im Gegensatz zur Vorgehensweise von Klein und Rapp (2010) werden nur Ehen ausgeschlossen, bei denen sicher ist, dass sie im Ausland begonnen wurden. Ehen, bei denen fehlende Werte dazu vorliegen, ob die Befragungsperson in Deutschland geboren wurde, oder bei denen (sofern die Befragungsperson nicht in Deutschland geboren wurde) fehlende Werte dazu vorliegen, seit welchem Jahr die Befragungsperson in Deutschland lebt, werden – zugunsten einer einheitlichen Vorgehensweise für die Ehen aus allen Datensätzen – nicht ausgeschlossen. Deshalb ist die Zahl der aus diesem Grund aus dem GGS ausgeschlossenen Ehen an dieser Stelle geringfügig kleiner als bei Klein und Rapp 2010.

dabei aber um eine zu vernachlässigende Unschärfe, die auch in vorliegenden Analysen zum Trennungs- und Scheidungsverhalten in Kauf genommen wird. Dass es sich um eine vernachlässigbare Unschärfe handelt, darauf weist die geringe Zahl der nicht in Deutschland geschlossenen Ehen aus jenen Erhebungen hin, bei denen diese Information vorliegt.

In den kumulierten Datensatz fließen somit 17.686 Ehen aus dem ALL-BUS, 6.068 Ehen aus dem GGS, 3.602 Ehen aus der Lebensverlaufsstudie, 4.633 Ehen aus der Mannheimer Scheidungsstudie und 10.371 Ehen aus dem SOEP ein. Damit stehen für die nachfolgend berichteten Analysen zum Trennungsverhalten bis zu 42.360 Ehen im kumulierten Datensatz zur Verfügung.

3.3.2 Zahl der Trennungsereignisse und Verteilungen der erklärenden Variablen im kumulierten Datensatz und differenziert nach Ausgangsdatensatz

Einen Überblick über die Verteilungen der abhängigen Variable (Trennung) und über die Verteilungen der unabhängigen bzw. erklärenden Variablen im kumulierten Datensatz und differenziert nach Ursprungsdatensatz gibt Tabelle 3. Für alle kategorialen unabhängigen Variablen, die in Form von Dummy-Variablen in die Analysen einbezogen werden (z. B. „kinderlos", „Kinder im Haushalt" und „empty nest"), sind jeweils die Anzahl und der Anteil der Ehejahre dokumentiert, die auf die einzelnen Ausprägungen entfallen. Sofern fehlende Werte vorliegen, sind diese ebenfalls ausgewiesen. Für metrische Variablen (z. B. das Heiratsjahr) sind das arithmetische Mittel und die Standardabweichung (in Klammern) dokumentiert, sowie die Anzahl und der Anteil fehlender Werte.

Aus den ersten Zeilen von Tabelle 3 geht hervor, dass der kumulierte Datensatz insgesamt 778.063 Ehejahre und 6.603 Trennungsereignisse umfasst. Der sehr hohe Anteil an Trennungen bei den Ehen aus der Mannheimer Scheidungsstudie beruht darauf, dass es sich bei der Mannheimer Scheidungsstudie um eine disproportional geschichtete Zufallsstichprobe handelt (siehe *Kapitel 3.1*). Für die Ehen aus der Mannheimer Scheidungsstudie wird deshalb eine entsprechende Gewichtung vorgenommen (siehe *Kapitel 3.4*). Der höhere Anteil an Trennungen bei den Ehen aus dem GGS und aus dem SOEP gegenüber den Ehen aus dem ALLBUS und aus der Lebensverlaufsstudie ergibt sich aus den jüngeren Erhebungszeiten beim GGS und beim

SOEP (siehe *Kapitel 3.1*), die mit jüngeren Heiratskohorten korrespondieren, bei denen das Trennungsrisiko höher ist.[43]

Bezüglich der Verteilungen der unabhängigen Variablen beruhen Unterschiede zwischen den Ursprungsdatensätzen ebenfalls zum Teil auf unterschiedlichen Erhebungszeiten und Heiratskohorten sowie ansonsten vor allem auf Besonderheiten in Bezug auf die Erhebung einzelner Variablen in den Einzeldatensätzen (siehe die ausführliche Dokumentation zu allen Variablen in *Kapitel 3.2*). Dies betrifft insbesondere die zum Teil sehr ungleichen Anteile fehlender Werte. Dabei sind fehlende Werte aufgrund von fehlenden Angaben bei allen Variablen in allen Ursprungsdatensätzen selten.[44] Vielmehr beruhen hohe Anteile fehlender Werte zumeist darauf, dass in manchen Datensätzen für personenbezogene Variablen (z. B. das Heiratsalter der Frau oder das Heiratsalter des Mannes) jeweils nur Informationen über die Ehefrau oder nur Informationen über den Ehemann vorliegen, je nachdem, ob die Befragungsperson männlich oder weiblich ist (siehe dazu und für weitere Ursachen von größeren Anteilen fehlender Werte ausführlich *Kapitel 3.2*). Schließlich sind bestimmte Variablen in manchen Ursprungsdatensätzen generell nicht verfügbar. Dies betrifft die Variablen zu Kindern, zur Gesundheit sowie zur Bildungs- und Altersdifferenz (siehe ausführlich *Kapitel 3.2*). Aus den genannten Gründen ergeben sich für manche Variablen relativ hohe Anteile fehlender Werte im kumulierten Datensatz (siehe die letzte Spalte von Tabelle 3). Dies stellt für die Analysen kein Problem dar, da die aus den genannten Gründen resultierenden fehlenden Werte nicht systematisch sind (d. h. nicht mit Merkmalen der Ehen und Ehepartner in Zusammenhang stehen) und die Ergebnisse daher nicht verzerren.

Eine Konsequenz daraus, dass manche erklärenden Variablen nur in einem Teil der Datensätze enthalten sind (und in keinem Datensatz alle erklärenden Variablen enthalten sind) ist allerdings, dass nicht alle erklärenden Variablen in ein gemeinsames Modell einbezogen werden können. Im Folgenden werden deshalb für die verschiedenen Teilfragestellungen (z. B. zum

---

[43] Gleichwohl überlappen sich die Längsschnittdaten der zumeist retrospektiv erfragten Ehebiografien zu einem großen Teil. Davon ausgenommen sind nur die ältesten Heiratskohorten aus den älteren Surveys und die jüngsten Heiratskohorten aus den jüngeren Erhebungen.

[44] In Bezug auf das Heiratsalter werden auch einige wenige Ehen mit unplausiblen Angaben zum Heiratsalter (unter 16 Jahren) als fehlende Werte behandelt.

Einfluss des Auszugs von Kindern aus dem Elternhaus auf das Trennungsrisiko) gesonderte Modelle geschätzt. In diese werden jeweils nur die wichtigsten Kontrollvariablen einbezogen, um zu große Ausfälle aufgrund von fehlenden Werten zu vermeiden. Dass nicht alle Variablen in die Modelle einbezogen werden können, die wünschenswert wären, ist freilich eine generelle Einschränkung von Sekundäranalysen.

Der kumulierte Datensatz umfasst mit 42.360 Ehen, 778.063 Ehejahren und 6.603 Trennungsereignissen wesentlich größere Fall- und Ereigniszahlen, als dies bei jedem einzelnen Datensatz der Fall ist. Die von gut erklärbaren Unterschieden abgesehen hohe Übereinstimmung in den Verteilungen der abhängigen Variable und der unabhängigen Variablen untermauert die Harmonisierbarkeit und Kumulierbarkeit der in die Daten-Kumulation einbezogenen Variablen. Obgleich sich die Fallzahlen für manche Teilfragestellungen reduzieren, weil manche erklärenden Variablen nur in einem Teil der Einzeldatensätze oder nur für einen Teil der Ehen aus manchen Einzeldatensätzen zur Verfügung stehen, steht mit dem kumulierten Datensatz erstmals eine Datengrundlage zur Verfügung, mit der sich auch für das mittlere und höhere Erwachsenenalter und für spätere Ehephasen zuverlässige Aussagen über die Ursachen und die sozialen Unterschiede der Ehestabilität treffen lassen.

Tabelle 3: Trennungsereignisse und Verteilungen der erklärenden Variablen im kumulierten Datensatz und differenziert nach Ursprungsdatensatz

Ehejahre und Anteil in Spaltenprozent	ALLBUS		GGS		LV		MS		SOEP		kum. Datensatz	
	Ehejahre	Anteil	Ehejahre	Anteil	Ehejahre	Anteil	Ehejahre	Anteil	Ehejahre	Anteil	Ehejahre	Anteil
Ende durch Trennung oder Zensierung												
Ende durch Trennung	1928	0,5%	1095	0,8%	394	0,5%	2338	2,9%	848	1,0%	6603	0,8%
Ende durch Rechtszensierung	388509	99,5%	136345	99,2%	81482	99,5%	77257	97,1%	87867	99,0%	771460	99,2%
kategoriale erklärende Variablen												
Ordnungsnummer der Ehe												
Erstehe	371106	95,0%	131637	95,8%	76158	93,0%	75198	94,5%	75323	84,9%	729422	93,7%
Folgeehe	19331	5,0%	5803	4,2%	5718	7,0%	4397	5,5%	13392	15,1%	48641	6,3%
westdeutsche oder ostdeutsche Ehe												
westdeutsche Ehe	334430	85,7%	109589	79,7%	81876	100,0%	62744	78,8%	66197	74,6%	654836	84,2%
ostdeutsche Ehe	56007	14,3%	27851	20,3%	0	0,0%	16851	21,2%	22518	25,4%	123227	15,8%
Heiratsalter der Frau												
16 bis 20 Jahre	46802	12,0%	32483	23,6%	12623	15,4%	22449	28,2%	18783	21,2%	133140	17,1%
21 bis 25 Jahre	103822	26,6%	66603	48,5%	31542	38,5%	41713	52,4%	39960	45,0%	283640	36,5%
26 bis 30 Jahre	40202	10,3%	24033	17,5%	14247	17,4%	11376	14,3%	17332	19,5%	107190	13,8%
31 bis 35 Jahre	11073	2,8%	7458	5,4%	4134	5,0%	2311	2,9%	6158	6,9%	31134	4,0%
36 bis 40 Jahre	3870	1,0%	2923	2,1%	1841	2,2%	682	0,9%	2721	3,1%	12037	1,5%
41 Jahre und älter	3898	1,0%	2435	1,8%	980	1,2%	375	0,5%	3644	4,1%	11332	1,5%
fehlender Wert (inklusive Heiratsalter < 16)	180770	46,3%	1505	1,1%	16509	20,2%	689	0,9%	117	0,1%	199590	25,7%
Heiratsalter des Mannes												
16 bis 20 Jahre	9326	2,4%	9115	6,6%	1126	1,4%	6746	8,5%	3872	4,4%	30185	3,9%
21 bis 25 Jahre	79116	20,3%	60343	43,9%	22939	28,0%	40902	51,4%	37660	42,5%	240960	31,0%
26 bis 30 Jahre	59516	15,2%	42874	31,2%	23094	28,2%	23154	29,1%	26531	29,9%	175169	22,5%
31 bis 35 Jahre	19541	5,0%	14259	10,4%	9109	11,1%	5847	7,3%	10150	11,4%	58906	7,6%
36 bis 40 Jahre	6701	1,7%	5038	3,7%	2783	3,4%	1649	2,1%	4497	5,1%	20668	2,7%
41 Jahre und älter	5293	1,4%	4571	3,3%	3190	3,9%	1023	1,3%	5792	6,5%	19869	2,6%
fehlender Wert (inklusive Heiratsalter < 16)	210944	54,0%	1240	0,9%	19635	24,0%	274	0,3%	213	0,2%	232306	29,9%

Fortsetzung Tabelle 3: Trennungsereignisse und Verteilungen der erklärenden Variablen im kumulierten Datensatz und differenziert nach Ursprungsdatensatz

Ehejahre und Anteil in Spaltenprozent	ALLBUS Ehejahre	Anteil	GGS Ehejahre	Anteil	LV Ehejahre	Anteil	MS Ehejahre	Anteil	SOEP Ehejahre	Anteil	kum. Datensatz Ehejahre	Anteil
Kinder												
kinderlos	–		25846	18,8%	11013	13,5%	16211	20,4%	–		53070	6,8%
Kinder im Haushalt	–		70809	51,5%	50462	61,6%	45037	56,6%	–		166308	21,4%
Kinder im Haushalt und ...												
... 1 Kind, Kind im Haushalt	–		28755	20,9%	18742	22,9%	18392	23,1%	–		65889	8,5%
... 2 Kinder, beide im Haushalt	–		26953	19,6%	16808	20,5%	16945	21,3%	–		60706	7,8%
... 2 Kinder, ein Kind ausgezogen	–		3723	2,7%	2151	2,6%	1621	2,0%	–		7495	1,0%
... 3 oder mehr Kinder, alle im Haushalt	–		8372	6,1%	9172	11,2%	6130	7,7%	–		23674	3,0%
... 3 oder mehr Kinder, teils ausgezogen	–		3006	2,2%	3589	4,4%	1949	2,4%	–		8544	1,1%
empty nest	–		14051	10,2%	6673	8,2%	5082	6,4%	–		25806	3,3%
empty nest und ...												
... 1 Kind	–		4973	3,6%	3031	3,7%	2100	2,6%	–		10104	1,3%
... 2 Kinder	–		6858	5,0%	2348	2,9%	2070	2,6%	–		11276	1,4%
... 3 oder mehr Kinder	–		2220	1,6%	1294	1,6%	912	1,1%	–		4426	0,6%
empty nest und ...												
... empty nest seit maximal 2 Jahren	–		2373	1,7%	1350	1,6%	1044	1,3%	–		4767	0,6%
empty nest seit maximal 2 Jahren und Auszugsalter letztes Kind ...												
... unter 21 Jahren	–		730	0,5%	451	0,6%	292	0,4%	–		1473	0,2%
... von 21 bis unter 26 Jahren	–		1019	0,7%	623	0,8%	502	0,6%	–		2144	0,3%
... 26 Jahre oder älter	–		624	0,5%	276	0,3%	250	0,3%	–		1150	0,1%
fehlender Wert zu Kindern	390437	100,0%	26734	19,5%	13728	16,8%	13265	16,7%	88715	100,0%	532879	68,5%
Ruhestand des Mannes												
Mann ist im Ruhestand	8439	2,2%	6692	4,9%	2326	2,8%	4183	5,3%	9410	10,6%	31050	4,0%
Mann ist nicht im Ruhestand	96614	24,7%	60269	43,9%	33780	41,3%	74487	93,6%	60175	67,8%	325325	41,8%
Mann ist im Ruhestand und ...												
... Mann ist seit maximal 2 Jahren im Ruhestand	1999	0,5%	1492	1,1%	890	1,1%	1013	1,3%	2391	2,7%	7785	1,0%

Fortsetzung Tabelle 3: Trennungsereignisse und Verteilungen der erklärenden Variablen im kumulierten Datensatz und differenziert nach Ursprungsdatensatz

Ehejahre und Anteil in Spaltenprozent	ALLBUS Ehejahre	ALLBUS Anteil	GGS Ehejahre	GGS Anteil	LV Ehejahre	LV Anteil	MS Ehejahre	MS Anteil	SOEP Ehejahre	SOEP Anteil	kum. Datensatz Ehejahre	kum. Datensatz Anteil
Mann ist seit maximal 2 Jahren im Ruhestand und Ruhestandseintrittsalter ...												
... unter 50 Jahren	122	0,0%	68	0,0%	17	0,0%	96	0,1%	207	0,2%	510	0,1%
... von 50 bis unter 60 Jahren	552	0,1%	356	0,3%	126	0,2%	328	0,4%	560	0,6%	1922	0,2%
... 60 Jahre oder älter	1325	0,3%	1068	0,8%	747	0,9%	589	0,7%	1624	1,8%	5353	0,7%
fehlender Wert zu Ruhestand des Mannes	285384	73,1%	70479	51,3%	45770	55,9%	925	1,2%	19130	21,6%	421688	54,2%
Mann ist im Ruhestand und Heiratsalter des Mannes ...												
... unter 30 Jahren	5143	1,3%	4818	3,5%	1430	1,7%	3216	4,0%	7139	8,0%	21746	2,8%
... von 30 bis unter 40 Jahren	2182	0,6%	1156	0,8%	705	0,9%	732	0,9%	1436	1,6%	6211	0,8%
... 40 Jahre oder älter	629	0,2%	440	0,3%	169	0,2%	169	0,2%	663	0,7%	2070	0,3%
fehlender Wert zu Ruhestand oder Heiratsalter	286007	73,3%	70870	51,6%	45792	55,9%	1260	1,6%	19345	21,8%	423274	54,4%
Gesundheit												
beide Partner sind gesund	–		–		–		–		46058	51,9%	46058	5,9%
nur ein Partner ist krank	–		–		–		–		15306	17,3%	15306	2,0%
beide Partner sind krank	–		–		–		–		3754	4,2%	3754	0,5%
nur ein Partner ist krank und ...												
... nur die Frau ist krank	–		–		–		–		7910	8,9%	7910	1,0%
... nur der Mann ist krank	–		–		–		–		7396	8,3%	7396	1,0%
fehlender Wert	390437	100,0%	137440	100,0%	81876	100,0%	79595	100,0%	23597	26,6%	712945	91,6%
Schulbildung der Frau												
höchstens Hauptschulabschluss	147837	37,9%	31464	22,9%	48907	59,7%	39788	50,0%	42315	47,7%	310311	39,9%
mittlere Reife	43801	11,2%	25098	18,3%	11709	14,3%	26728	33,6%	29598	33,4%	136934	17,6%
Fachhochschulreife oder Abitur	17491	4,5%	12731	9,3%	3820	4,7%	10351	13,0%	12311	13,9%	56704	7,3%
fehlender Wert	181308	46,4%	68147	49,6%	17440	21,3%	2728	3,4%	4491	5,1%	274114	35,2%
Berufliche Bildung der Frau												
ohne beruflichen Abschluss	86872	22,2%	12462	9,1%	28909	35,3%	18999	23,9%	18887	21,3%	166129	21,4%
Berufsausbildungsabschluss	105004	26,9%	47326	34,4%	26515	32,4%	51705	65,0%	53792	60,6%	284342	36,5%

Fortsetzung Tabelle 3: Trennungsereignisse und Verteilungen der erklärenden Variablen im kumulierten Datensatz und differenziert nach Ursprungsdatensatz

Ehejahre und Anteil in Spaltenprozent	ALLBUS Ehejahre	Anteil	GGS Ehejahre	Anteil	LV Ehejahre	Anteil	MS Ehejahre	Anteil	SOEP Ehejahre	Anteil	kum. Datensatz Ehejahre	Anteil
Hochschulabschluss	10513	2,7%	9878	7,2%	2173	2,7%	8764	11,0%	12495	14,1%	43823	5,6%
fehlender Wert	188048	48,2%	67774	49,3%	24279	29,7%	127	0,2%	3541	4,0%	283769	36,5%
Schulbildung des Mannes												
höchstens Hauptschulabschluss	115487	29,6%	31314	22,8%	44521	54,4%	39092	49,1%	43443	49,0%	273857	35,2%
mittlere Reife	33817	8,7%	17548	12,8%	9596	11,7%	21097	26,5%	21849	24,6%	103907	13,4%
Fachhochschulreife oder Abitur	29477	7,5%	18248	13,3%	6849	8,4%	15944	20,0%	18319	20,6%	88837	11,4%
fehlender Wert	211656	54,2%	70330	51,2%	20910	25,5%	3462	4,3%	5104	5,8%	311462	40,0%
Berufliche Bildung des Mannes												
ohne beruflichen Abschluss	20575	5,3%	4120	3,0%	9819	12,0%	5696	7,2%	7209	8,1%	47419	6,1%
Berufsausbildungsabschluss	127029	32,5%	46373	33,7%	42610	52,0%	54487	68,5%	59185	66,7%	329684	42,4%
Hochschulabschluss	25680	6,6%	17215	12,5%	6144	7,5%	19129	24,0%	18499	20,9%	86667	11,1%
fehlender Wert	217153	55,6%	69732	50,7%	23303	28,5%	283	0,4%	3822	4,3%	314293	40,4%
Bildungsdifferenz												
bildungshomogames Paar	–		–		15564	19,0%	41523	52,2%	43889	49,5%	100976	13,0%
bildungsheterogames Paar	–		–		19203	23,5%	32359	40,7%	34169	38,5%	85731	11,0%
bildungsheterogames Paar und ...												
... Frau hat höhere Bildung	–		–		2787	3,4%	6154	7,7%	8640	9,7%	17581	2,3%
... Mann hat höhere Bildung	–		–		16416	20,0%	26205	32,9%	25529	28,8%	68150	8,8%
fehlender Wert	390437	100,0%	137440	100,0%	47109	57,5%	5713	7,2%	10657	12,0%	591356	76,0%
Altersdifferenz												
Frau ist mehr als 4 Jahre älter	–		3274	2,4%	1428	1,7%	1805	2,3%	2336	2,6%	8843	1,1%
Frau ist 2 bis 4 Jahre älter	–		7346	5,3%	2682	3,3%	5182	6,5%	6367	7,2%	21577	2,8%
Frau ist 1 Jahr älter bis 1 Jahr jünger	–		41966	30,5%	9690	11,8%	24421	30,7%	25268	28,5%	101345	13,0%
Mann ist 2 bis 4 Jahre älter	–		48506	35,3%	12847	15,7%	28332	35,6%	31061	35,0%	120746	15,5%
Mann ist 5 bis 7 Jahre älter	–		22292	16,2%	9957	12,2%	12356	15,5%	14083	15,9%	58688	7,5%
Mann ist 8 bis 10 Jahre älter	–		7727	5,6%	5060	6,2%	3914	4,9%	5505	6,2%	22206	2,9%

Fortsetzung Tabelle 3: Trennungsereignisse und Verteilungen der erklärenden Variablen im kumulierten Datensatz und differenziert nach Ursprungsdatensatz

Ehejahre und Anteil in Spaltenprozent	ALLBUS		GGS		LV		MS		SOEP		kum. Datensatz	
	Ehejahre	Anteil	Ehejahre	Anteil	Ehejahre	Anteil	Ehejahre	Anteil	Ehejahre	Anteil	Ehejahre	Anteil
Mann ist mehr als 10 Jahre älter	–		4047	2,9%	4068	5,0%	2772	3,5%	3781	4,3%	14668	1,9%
fehlender Wert	390437	100,0%	2282	1,7%	36144	44,1%	813	1,0%	314	0,4%	429990	55,3%
metrische erklärende Variablen			arithmetisches Mittel (Standardabweichung in Klammern) / bzw. Anzahl und Anteil fehlender Werte									
Ehedauer	15,9	(11,6)	16,6	(12,2)	15,6	(11,0)	14,0	(11,1)	24,1	(14,7)	16,7	(12,3)
Heiratsjahr	1955,4	(14,7)	1972,4	(13,2)	1952,8	(9,4)	1965,1	(12,7)	1974,7	(15,5)	1961,3	(16,2)
Heiratsalter der Frau	24,1	(5,3)	24,0	(5,3)	24,5	(5,2)	22,8	(3,9)	25,2	(6,8)	24,1	(5,4)
fehlender Wert (inklusive Heiratsalter < 16)	180770	46,3%	1505	1,1%	16509	20,2%	689	0,9%	117	0,1%	199590	25,7%
Heiratsalter des Mannes	26,8	(5,6)	26,6	(5,9)	28,2	(6,4)	25,4	(4,7)	27,9	(7,6)	26,9	(6,1)
fehlender Wert (inklusive Heiratsalter < 16)	210944	54,0%	1240	0,9%	19635	24,0%	274	0,3%	213	0,2%	232306	29,9%
Heiratsalter im Durchschnitt der Partner	–		25,3	(5,2)	27,3	(5,7)	24,1	(3,9)	26,5	(6,9)	25,6	5,6
fehlender Wert (inklusive Heiratsalter < 16)	390437	100,0%	2282	1,7%	36144	44,1%	813	1,0%	314	0,4%	429990	55,3%
Zufriedenheit mit dem Haushaltseinkommen	–		–		–		–		6,5	(2,0)	6,5	(2,0)
fehlender Wert	390437	100,0%	137440	100,0%	81876	100,0%	79595	100,0%	4441	5,0%	693789	89,2%
Zufriedenheit mit Freizeit	–		–		–		–		6,9	(2,0)	6,9	(2,0)
fehlender Wert	390437	100,0%	137440	100,0%	81876	100,0%	79595	100,0%	10178	11,5%	699526	89,9%
Bildungsjahre im Durchschnitt der Partner	–		–		11,9	(1,9)	12,9	(2,1)	13,0	(2,1)	12,7	(2,1)
fehlender Wert	390437	100,0%	137440	100,0%	47109	57,5%	5713	7,2%	10657	12,0%	591356	76,0%
jeweils gesamt	**390437**	**100%**	**137440**	**100%**	**81876**	**100%**	**79595**	**100%**	**88715**	**100%**	**778063**	**100%**

3.4 Auswertungsverfahren

Zur Analyse ehelicher Stabilität stellen ereignisanalytische Verfahren (Allison 1995; Blossfeld und Rohwer 2002) das geeignete Instrumentarium dar. Hiermit lassen sich auch dann konsistente Schätzungen erzielen, wenn für einen größeren Teil der Fälle Rechtszensierung vorliegt, d. h. wenn das interessierende Ereignis bis zum Ende des Beobachtungszeitraums noch nicht eingetreten ist (Diekmann und Mitter 1990: 407 f.). Von den nachfolgend analysierten 42.360 Ehen enden 6603 Ehen (15,6 %) bis zum Ende des Beobachtungszeitraums mit einer Trennung. Alle übrigen Ehen, auch die durch Verwitwung beendeten Ehen, werden als Beobachtungszensierungen behandelt.

Für denjenigen Teil der Analysen, die sich in erster Linie auf die Beschreibung und Analyse des ehedauerabhängigen und des altersabhängigen Verlaufs des Trennungsrisikos beziehen, wird das Piecewise Constant Exponential-Modell verwendet. Dieses eignet sich für den genannten Zweck, weil es keine Vorannahmen darüber erfordert, wie sich das Trennungsrisiko mit der Zeit (d. h. mit zunehmender Ehedauer bzw. mit steigendem Alter der Ehepartner) verändert. Gerade hierbei handelt es sich aber, was spätere Ehephasen und Altersbereiche anbelangt, um eine offene Frage. Gleichzeitig erlaubt das Piecewise Constant Exponential-Modell die Prüfung von Hypothesen zum ehedauerabhängigen bzw. altersabhängigen Verlauf des Trennungsrisikos ebenso wie die Kontrolle von Drittvariablen.[45] Die Trennungsrate wird in diesem Verlaufsmodell in der folgenden Form spezifiziert:

$$h(t_l) = \exp(a_l + \beta_1 x_1 + \ldots + \beta_k x_k)$$.

Die gesamte Zeitskala wird hierbei in mehrere Intervalle unterteilt und für jedes Intervall wird eine spezifische Konstante a_l geschätzt. Damit wird angenommen, dass die Trennungsrate innerhalb der einzelnen Intervalle konstant ist. Zwischen den Intervallen kann die Trennungsrate hingegen in beliebiger Weise variieren. Die Koeffizienten β_i repräsentieren die Einflüsse der unabhängigen bzw. erklärenden Variablen x_i (zum Beispiel das Ehe-

---

[45] Ersteres unterscheidet das Piecewise Constant Exponential-Modell von der semiparametrischen Cox-Regression, letzteres von nicht-parametrischen deskriptiven Verfahren, wie der Sterbetafel-Methode.

schließungsjahr) auf die Trennungsrate. Die Annahme von stückweise konstanten Trennungsraten ist zwar mit einem gewissen Informationsverlust verbunden, denn man erfährt nichts darüber, wie sich das Trennungsrisiko innerhalb der einzelnen Intervalle verändert. Dieser Informationsverlust lässt sich aber durch die Wahl von hinreichend kleinen Ehedauer- bzw. Altersintervallen minimieren. Um einerseits den Informationsverlust gering zu halten und andererseits ausreichende Fall- und Ereigniszahlen für die einzelnen Intervalle zur Verfügung zu haben, liegen den folgenden Analysen drei- bis fünfjährige Intervalle zugrunde.

Für jenen Teil der Analysen, der sich auf den Einfluss des Heiratsalters, des Auszugs der Kinder, der Gesundheit, des Ruhestandseintritts, der Bildung und der Bildungs- und Altershomogamie auf das Trennungsrisiko beziehen, wird ein zuerst von Klein (1995a, 2003) vorgeschlagenes Verlaufsmodell verwendet. Es handelt sich dabei um eine Generalisierung des von Diekmann und Mitter (1983) vorgeschlagenen Sichelmodells, das die Trennungsrate in Abhängigkeit von der Ehedauer in der folgenden Form spezifiziert:

$$h(t) = \exp(a + bt + c \ln t + \beta_1 x_1 + \ldots + \beta_k x_k).$$

Dabei repräsentieren die Koeffizienten β_i die Einflüsse von erklärenden Variablen x_i (zum Beispiel das Heiratsalter) auf die Trennungsrate. Durch die Aufnahme eines linearen sowie eines logarithmierten Terms für die Ehedauer wird – unter der Annahme, dass der Koeffizient zu t, d. h. b, einen negativen Wert annimmt – ein erst ansteigender und dann wieder abfallender Zeitverlauf der Trennungsrate modelliert. Wie sich der Verlauf der Trennungsrate bei Veränderung der Parameter b und c wandelt, geht aus Abbildung 17 hervor (vgl. im Folgenden Klein und Rapp 2010). Die erste Kurve beschreibt den an empirische Ausgangswerte angelehnten Verlauf der Übergangsrate. Eine Veränderung des b-Parameters (Kurve 2) bewirkt eine Verschiebung des Hochpunkts und des Niveaus der Rate. Die gleichzeitige Variation der Parameter b und c (Kurve 3) erlaubt sehr flexible Verläufe mit oder ohne ersten Wendepunkt. Eine Veränderung von Parameter a (in Abbildung 17 nicht dargestellt) bedingt eine Proportionalverschiebung der Übergangsrate. Das Modell erlaubt damit eine sehr flexible Anpassung an den tatsächlichen Verlauf des Trennungsrisikos und wurde bereits mehrfach zur Analyse ehelicher Stabilität herangezogen (Klein 1995a, 1999; Klein und Rapp 2010; Klein und Stauder 1999; Lois 2008; Rapp 2008; Stauder 2002).

Abbildung 17: Verlauf der Übergangsrate im generalisierten Sichelmodell für unterschiedliche Parameter b und c

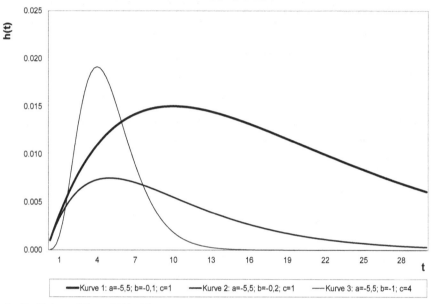

Quelle: Klein und Rapp 2010: 147.

Unter Verwendung der Methode des Episodensplitting (Blossfeld und Rohwer 2002) werden alle Ehen in einjährige Subepisoden aufgesplittet. Unabhängige Variablen, die sich mit der Zeit ändern können, werden mit dieser Technik im Jahresrhythmus aktualisiert. Einer dynamischen Sichtweise kann dabei in dreierlei Weise Rechnung getragen werden: dadurch, dass Variablen erlaubt wird, mit der Zeit zu variieren, dadurch, dass Zustandswechsel, d. h. Ereignisse abgebildet werden und dadurch, dass die seit einem Ereignis vergangene Zeit berücksichtigt wird. Die Methode des Episodensplitting erlaubt darüber hinaus die Berücksichtigung von linksgestutzten

Episoden. Es handelt sich dabei um diejenigen Ehen aus dem SOEP, die nicht von Beginn an beobachtet werden, deren Dauer aber bekannt ist.[46]

Schließlich wird für die Ehen aus der Mannheimer Scheidungsstudie, da es sich bei der Mannheimer Scheidungsstudie um eine disproportional geschichtete Zufallsstichprobe handelt (siehe *Kapitel 3.1*), in allen Modellen eine entsprechende Gewichtung vorgenommen (vgl. Hartmann 1997).

---

[46] Der Einbezug dieser Ehen mag auf den ersten Blick problematisch erscheinen, schließlich gelangen auf diese Weise nur die stabileren Ehen (die nicht bereits vor Beobachtungsbeginn aufgelöst wurden) in die Stichprobe. Weil die Ehedauer dieser Ehen bekannt ist, und weil sie nur ab derjenigen Ehedauer zur Erklärung des Trennungsrisikos herangezogen werden, ab der die Beobachtung beginnt, ist die Berücksichtigung dieser Ehen unproblematisch. Zum Beispiel tragen Ehen aus dem SOEP, die zu Beginn des Beobachtungszeitraums bereits fünf Jahre andauerten, nur zur Erklärung des Trennungsrisikos ab dem sechsten Ehejahr bei. Bei denjenigen Ehen, die von Beginn an beobachtet werden (es handelt sich dabei um jene Ehen aus dem SOEP, die während des Panels begonnen wurden, sowie um alle Ehen aus den anderen Surveys) verhält es sich genauso, auch hier tragen nur die stabileren Ehen zur Erklärung des Trennungsrisikos in späteren Ehephasen bei.

4 Ergebnisse

4.1 Determinanten der Ehestabilität, die sich im mittleren und höheren Erwachsenenalter systematisch verändern

Bisherige Untersuchungen, die sich auf frühere Lebens- und Ehephasen konzentrieren, belegen eindrucksvoll die große Bedeutung der Ehedauer und die große Bedeutung des Heiratsalters für das Trennungs- und Scheidungsrisiko. Der Einfluss des Alters der Ehepartner auf die Ehestabilität wurde hingegen, auch in Untersuchungen für das jüngere Erwachsenenalter, bislang kaum untersucht.

Wie sich die Einflüsse der Ehedauer, des Alters und des Heiratsalters auf das Trennungsrisiko verändern, wenn die Ehedauer, das Alter und ggf. auch das Heiratsalter im mittleren und höheren Erwachsenenalter steigen, ist bislang unklar. Denn in allen Einzeldatensätzen, die für Trennungs- und Scheidungsanalysen zur Verfügung stehen, kommen spätere Ehephasen, höhere Altersbereiche und spätere Eheschließungen jeweils zu selten vor, um zuverlässige Aussagen treffen zu können. Die vorliegende Untersuchung löst das bisherige Fallzahlproblem, indem sie kumulierte Daten über Ehen aus fünf großen sozialwissenschaftlichen Umfragedatensätzen analysiert: aus dem ALLBUS, aus dem Generations and Gender Survey, aus der Lebensverlaufsstudie, aus der Mannheimer Scheidungsstudie und aus dem Soziooekonomischen Panel.

4.1.1 Der Einfluss einer längeren Ehedauer auf das Trennungsrisiko

Aus Untersuchungen für kürzere Ehedauern ist bekannt, dass das Trennungsrisiko in den ersten Ehejahren rasch ansteigt, nach ein paar Jahren ein Maximum erreicht und danach wieder abfällt. Ob sich der Trend eines sinkenden Trennungsrisikos in mittleren und späteren Ehephasen fortsetzt, ist bislang aufgrund des Fallzahlproblems unklar, und die theoretischen Vorhersagen sind kontrovers (siehe *Kapitel 2.2.1.1*).

Wie sich das Trennungsrisiko in früheren und in späteren Ehephasen verändert, geht aus Abbildung 18 hervor. Dargestellt ist der ehedauerabhängige Verlauf der Trennungsrate für verschiedene Heiratskohorten, angefangen bei Ehen, die bereits in den 1940er Jahren oder früher geschlossen wurden, bis hin zu Ehen, die seit Beginn der 1990er Jahre begonnen wurden.[47] Abbildung 18 gibt damit auch Auskunft über den Wandel der Ehestabilität über einen Zeitraum von mehr als einem halben Jahrhundert. Sie zeigt, dass der bekannte Rückgang der Ehestabilität seit den 1950er Jahren recht kontinuierlich verlaufen ist. Der Rückgang der Ehestabilität spiegelt sich darin wieder, dass die in jüngerer Zeit geschlossenen Ehen seit den 1950er Jahren zu jeder Ehedauer jeweils eine höhere Trennungsrate aufweisen als die vor längerer Zeit geschlossenen Ehen.

Im Einklang mit bisherigen Untersuchungen, die sich auf frühere Ehephasen konzentrieren, bestätigt Abbildung 18 den bekannten Anstieg des Trennungsrisikos in den ersten Ehejahren und den nach wenigen Jahren einsetzenden Rückgang des Trennungsrisikos. Dieses Muster zeigt sich, bezogen auf die ersten ca. fünfzehn Ehejahre, für fast alle Heiratskohorten. Am höchsten ist das Trennungsrisiko, je nach Heiratskohorte, vom vierten bis zum sechsten Ehejahr, vom siebten bis zum neunten Ehejahr, oder vom zehnten bis zum zwölften Ehejahr. Eine Ausnahme stellen aber die in den 1950er Jahren geschlossenen Ehen dar. Bei diesen Ehen ist, bezogen auf die ersten fünfzehn Ehejahre, nicht der sonst übliche sichelförmige Verlauf der Trennungsrate zu beobachten, sondern das Trennungsrisiko bleibt nahezu unverändert.

---

[47] Die der Abbildung zugrundeliegenden Werte sind den in Tabelle 16 im Anhang dokumentierten Piecewise Constant Exponential-Modellen entnommen, wobei dreijährige Ehedauerintervalle zugrunde liegen. Der geschätzte Trennungsverlauf nimmt dadurch die Gestalt einer Treppenfunktion an, mit Stufen von dreijähriger Breite. Ein realitätsnäheres Abbild des realen ehedauerabhängigen Verlaufs des Trennungsrisikos ergibt sich, wenn man die auf diese Weise geschätzten Trennungsraten als Trennungsrisiko zur Mitte des jeweiligen Intervalls interpretiert und den Verlauf des Trennungsrisikos durch Verbinden dieser Punkte als stetige Funktion darstellt, wie dies in Abbildung 18 und im Folgenden geschieht.

Abbildung 18: Ehedauerspezifische Trennungsraten für verschiedene Heiratskohorten (Berechnung unter Verwendung der Parameter aus den Regressionsmodellen in Tabelle 16 im Anhang)

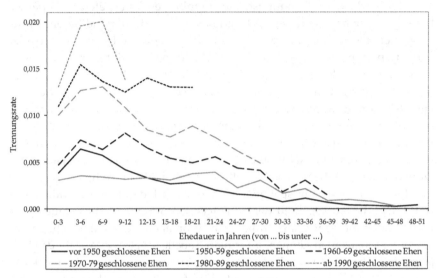

Quelle: Kumulierter Datensatz, eigene Berechnung.

Für mittlere und spätere Ehephasen zeigt Abbildung 18, dass sich der Trend eines sinkenden Trennungsrisikos auf lange Sicht fortsetzt. Im Zeitraum um die silberne Hochzeit ist das Trennungsrisiko deutlich niedriger als wenige Jahre nach der Eheschließung, und es sinkt weiter, wenn Paare auf die goldene Hochzeit zugehen. Allerdings verläuft der Rückgang des Trennungsrisikos in mittleren und späteren Ehephasen bei keiner der hier betrachteten Heiratskohorten monoton, sondern es sind jeweils einer oder mehrere Wiederanstiege des Trennungsrisikos zu beobachten. Diese konzentrieren sich, über die verschiedenen Heiratskohorten hinweg, bei einer Ehedauer von Anfang zwanzig und bei einer Ehedauer von Mitte dreißig Jahren.

Bei der Interpretation der in Abbildung 18 ausgewiesenen ehedauerabhängigen Verläufe des Trennungsrisikos ist zu beachten, dass die für die einzelnen Heiratskohorten jeweils zugrunde liegenden Fall- und Ereigniszahlen in mittleren und späteren Ehephasen rasch kleiner werden. Die in Abbildung 18 dokumentierten Wiederanstiege des Trennungsrisikos in mittleren und späteren Eheabschnitten könnten deshalb auch auf Zufallsschwankungen in der Stichprobe zurückzuführen sein. Um zuverlässigere Aussagen über den Verlauf des Trennungsrisikos in mittleren und späteren Ehephasen treffen zu können, wird im Folgenden auf eine Kohortendifferenzierung verzichtet. Die Zusammenfassung von verschiedenen Heiratskohorten ist dabei unproblematisch, weil sich, wie Abbildung 18 zeigt, der ehedauerabhängige Verlauf des Trennungsrisikos in mittleren und späteren Ehephasen (im Unterschied zum Niveau der Kurven) nicht grundlegend zwischen den Heiratskohorten unterscheidet. Da eine spätere Ehedauer in den Daten tendenziell mit einem älteren Heiratsjahr einhergeht, und weil ein älteres Heiratsjahr mit einem niedrigeren Trennungsrisiko einhergeht, wird in den Regressionsmodellen, die Abbildung 19 zugrunde liegen, das Heiratsjahr statistisch konstant gehalten (siehe Modell 1 von Tabelle 17 im Anhang).[48]

Die Datenbasis für spätere Ehephasen wird dadurch wesentlich verstärkt. Um die Aussagekraft der im Folgenden präsentierten ehedauerspezifischen Trennungsraten für frühere und vor allem für spätere Ehephasen besser einschätzen zu können, informiert Tabelle 4 über die Anzahl der Ehejahre und über die Anzahl der Trennungsereignisse, die für die einzelnen Ehedauerintervalle jeweils insgesamt, d. h. für alle Heiratskohorten zusammen, zur Verfügung stehen.

Tabelle 4: Anzahl der Ehejahre und Anzahl der Trennungen nach der Ehedauer

Ehedauer in Jahren (von ... bis unter ...)	0-3	3-6	6-9	9-12	12-15	15-18	18-21	21-24	24-27	27-30	30-33	33-36	36-39	39-42	42-45	45-48	48-51
Anzahl Ehejahre	99842	93266	83783	75366	67715	60691	53755	46862	40818	35245	30090	25168	20380	15705	11511	7760	4840
Anzahl Trennungen	1000	1369	1096	827	642	470	417	307	183	135	54	58	22	8	7	2	5

Quelle: Kumulierter Datensatz, eigene Auszählung.

---

[48] Ansonsten, d. h. ohne Kontrolle des Heiratsjahres, würden die Unterschiede des Trennungsrisikos nach der Ehedauer durch Kohortenunterschiede überlagert. Da das Trennungsrisiko von älteren Heiratskohorten niedriger ist, würde der Rückgang des Trennungsrisikos im Eheverlauf überschätzt.

Für frühere Ehephasen stützen sich die nachfolgend in Abbildung 19 präsentierten ehedauerspezifischen Trennungsraten für jedes 3-Jahres-Ehedauerintervall auf fast 100.000 Ehejahre und teilweise auf mehr als 1.000 Trennungsereignisse (siehe Tabelle 4). Im Intervall vom 31. bis zum 33. Ehejahr treten erstmals weniger als hundert Trennungsereignisse und im Intervall vom 40. bis zum 42. Ehejahr treten erstmals weniger als zehn Trennungsereignisse auf.[49] In Abbildung 19 sind ehespezifische Trennungsraten deshalb nur bis zu einer Ehedauer von 39 Jahren ausgewiesen.

Aus Abbildung 19 geht bezogen auf alle Ehen aus allen Heiratskohorten hervor, dass das Trennungsrisiko in der Zeit vom vierten bis zum sechsten Ehejahr am höchsten ist. Anschließend sinkt das Trennungsrisiko zunächst monoton, bis nach ca. zwanzig Ehejahren ein kurzer Wiederanstieg des Trennungsrisikos zu beobachten ist. Der Anstieg fällt allerdings nur gering aus und erreicht keine statistische Signifikanz (siehe Tabelle 17 im Anhang). Gleichwohl ist dieser Wiederanstieg des Trennungsrisikos nach ca. zwanzig Ehejahren bemerkenswert, da er dem langfristigen Trend eines sinkenden Trennungsrisikos entgegenläuft. Nach einer Ehedauer von etwa 35 Jahren ist ein zweiter Wiederanstieg des Trennungsrisikos zu beobachten. Diesem liegen jedoch nur vergleichsweise geringe Fallzahlen zugrunde (siehe Tabelle 4), und es ist fraglich, ob diesem Wiederanstieg in der Stichprobe ein Wiederanstieg des Trennungsrisikos in der Gesamtpopulation zugrunde liegt.[50] Hiervon abgesehen setzt sich im späteren Eheverlauf der Trend des insgesamt über die Zeit zurückgehenden Trennungsrisikos fort.

---

[49] Die mit steigender Ehedauer abnehmenden Fall- und Ereigniszahlen beruhen nicht nur darauf, dass nach einiger Zeit ein (kleiner) Teil der Ehen bereits getrennt wurde sowie auf dem abnehmenden Trennungsrisiko der noch bestehenden Ehen, sondern vor allem auch darauf, dass die Daten die Ehebiografien von Personen unterschiedlichen Alters repräsentieren. Spätere Ehedauern können daher nur bei älteren und somit nur bei wenigen Befragungspersonen vorkommen.

[50] Nicht wiedergegebene Tests zeigen gleichwohl, dass das Trennungsrisiko vom 33. bis 35. Ehejahre im Vergleich zum 31. bis 33. Ehejahr bei einer Irrtumswahrscheinlichkeit von fünf Prozent signifikant erhöht ist. Es spricht aber manches dafür, nur eine kleinere Irrtumswahrscheinlichkeit zu akzeptieren. Hierzu zählen die beliebigen Intervallgrenzen und die vergleichsweise geringen Fallzahlen. Akzeptiert man eine Irrtumswahrscheinlichkeit von maximal einem Prozent, ist der Wiederanstieg statistisch nicht bedeutsam bzw. liegt im Zufallsbereich.

Abbildung 19: Ehedauerspezifische Trennungsraten unter Konstanthaltung
des Heiratsjahres (Berechnung unter Verwendung der Parameter aus Regressionsmodell 1 in Tabelle 17 im Anhang)

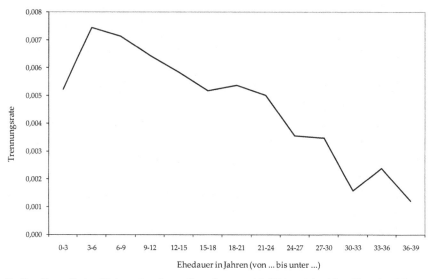

Quelle: Kumulierter Datensatz, eigene Berechnung. Als Heiratsjahr (das über das Niveau
der Kurve entscheidet) wurde das Jahr 1962 angenommen, das dem durchschnittlichen Heiratsjahr entspricht.

Es stellt sich jedoch die Frage, inwieweit der langfristige Rückgang des Trennungsrisikos in mittleren und späteren Eheabschnitten auf der zunehmenden
Ehedauer beruht, oder aber auf das steigende Alter der Ehepartner zurückzuführen ist (siehe *Kapitel 2.2.1.1*). Um hierüber Klarheit zu erhalten, informiert Abbildung 20 darüber, wie sich das Trennungsrisiko mit steigender
Ehedauer verändern würde, wenn eine spätere Ehedauer nicht mit einem
höheren Lebensalter der Ehepartner einherginge.[51] Dabei bezeichnet die

---

[51] Den beiden ausgewiesenen Kurven liegen zwei Regressionsmodelle zugrunde, in denen
die Effekte der Ehedauer auf das Trennungsrisiko einmal ohne und einmal mit Konstanthaltung des Alters der Ehepartner geschätzt werden (siehe Modell 2 und 3 in Tabelle 17 im
Anhang). Dabei wird auf das Alter der Befragungsperson Bezug genommen, da dieses, im
Unterschied zum Alter des Mannes oder der Frau, für alle Ehen bekannt ist.

durchgezogene Linie den ehedauerabhängigen Verlauf des Trennungsrisikos in der Realität. Die gestrichelte Kurve beschreibt einen fiktiven Verlauf des Trennungsrisikos, der sich bei gleichbleibendem Alter der Ehepartner ergeben würde, und der sich als der tatsächliche (genauer: der um systematische Unterschiede in Bezug auf das Alter der Ehepartner bereinigte) Einfluss der Ehedauer auf das Trennungsrisiko interpretieren lässt.

Abbildung 20: Ehedauerspezifische Trennungsraten ohne und mit Kontrolle des Alters der Ehepartner (Berechnung unter Verwendung der Parameter aus den Regressionsmodellen 2 und 3 in Tabelle 17 im Anhang)

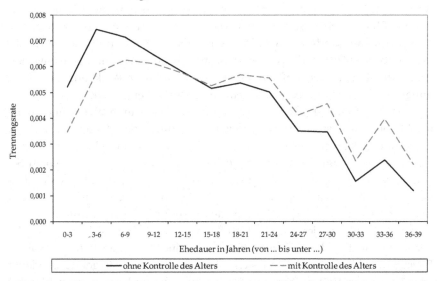

Quelle: Kumulierter Datensatz, eigene Berechnung. Für alle in die Modelle einbezogenen Variablen außer der Ehedauer sind Durchschnittswerte angenommen.

Aus Abbildung 20 geht hervor, dass das Trennungsrisiko bei statistischer Kontrolle des Alters der Ehepartner nicht bereits in der Zeit vom vierten bis zum sechsten Ehejahr am höchsten ist, wie dies in der Realität der Fall ist, sondern in der Zeit vom siebten bis zum neunten Ehejahr. Dies bedeutet, dass der stabilisierende Effekt eines höheren Lebensalters (siehe dazu das nachfolgende Kapitel) dazu führt, dass das Trennungsrisiko bereits nach kürzerer Ehedauer zu sinken beginnt, als dies der Fall wäre, wenn das Alter der Partner unerheblich für das Trennungsrisiko wäre.

Der anschließende Rückgang des Trennungsrisikos fällt, unter Konstanthaltung des Alters, deutlich schwächer aus. Der vorübergehende Wiederanstieg des Trennungsrisikos nach ca. zwanzig Ehejahren fällt nun stärker aus. Bemerkenswert ist, dass sich das Trennungsrisiko in der Zeit ab dem Ehedauerintervall zwischen 6 und 9 Jahren bis zum Ehedauerintervall zwischen 21 und 24 Jahren kaum verändern würde, wenn das steigende Alter der Ehepartner die Ehe in dieser Phase nicht stabilisieren würde. Bei statistischer Kontrolle des Alters beträgt der Rückgang des Trennungsrisikos in dieser Zeitspanne nur rund zehn Prozent, tatsächlich reduziert sich das Trennungsrisiko in dieser Zeitspanne aber um ca. dreißig Prozent. Die Ergebnisse für spätere Eheabschnitte sollten, weil die Fallzahlen rasch geringer werden, nicht im Detail, sondern nur in ihrer Grundaussage interpretiert werden. Es zeigt sich in späteren Ehephasen, sowohl mit als auch ohne Kontrolle des Alters der Ehepartner, auf lange Sicht ein deutlicher Rückgang des Trennungsrisikos, der aber bei gegebenem Alter schwächer ausfällt.

Der langfristige Rückgang des Trennungsrisikos in mittleren und späteren Ehephasen lässt sich somit zu einem Teil durch das steigende Alter der Ehepartner erklären. Was den verbleibenden („Netto"-) Effekt einer höheren Ehedauer anbelangt, ist dieser möglicherweise unter anderem in einem Selektionsprozess begründet, der darauf beruht, dass nur die stabileren Ehen lange andauern (siehe *Kapitel 2.2.1.1*). Mit diesem Mechanismus alleine lässt sich der ehedauerabhängige Verlauf des Trennungsrisikos in mittleren und späteren Ehephasen jedoch nicht erklären. Denn es lässt sich damit weder der Wiederanstieg des Trennungsrisikos bei einer Ehedauer von ca. zwanzig Ehejahren erklären, noch lässt sich erklären, dass eine steigende Ehedauer zuerst lange Zeit (etwa vom siebten bis zum vierundzwanzigsten Ehejahr) kaum zur Stabilisierung der Ehe beiträgt, sondern dass eine höhere Ehedauer das Trennungsrisiko erst in der Zeitspanne nach der silbernen Hochzeit deutlich reduziert. Beides lässt sich nur durch die Akkumulation ehespezifischen Kapitals erklären, die nicht kontinuierlich verläuft, sondern gebremst oder sogar umgekehrt wird, wenn die Kinder älter und selbständiger werden. Dabei fällt der Wiederanstieg des Trennungsrisikos bei einer Ehedauer von ca. zwanzig Jahren in eine Zeit, in der die ersten Ehepaare in die „empty-nest"-Phase eintreten (Rapp und Klein 2010: 240f.). Ob der Eintritt ins „leere

Nest" das Trennungsrisiko erhöht und ob der Auszug von Kindern das Trennungsrisiko wieder ansteigen lässt, wird in den folgenden Kapiteln untersucht.

4.1.2 Der Einfluss eines höheren Lebensalters auf das Trennungsrisiko

Wie sich das Trennungsrisiko im mittleren und höheren Lebensalter verändert, ist bislang unklar. Während manche theoretischen Argumente einen anhaltenden Rückgang des Trennungsrisikos erwarten lassen, legen andere Argumente nahe, dass das Trennungsrisiko im mittleren und höheren Lebensalter auch wieder ansteigen könnte (siehe *Kapitel 2.2.1.2*).

Im Folgenden sind altersspezifische Trennungsraten für Frauen und Männer ausgewiesen. Da nicht für alle Ehen im kumulierten Datensatz das Alter von beiden Ehepartnern bekannt ist (siehe *Kapitel 3.2.1.2*), stehen nicht alle Ehen aus dem kumulierten Datensatz zur Schätzung von altersspezifischen Trennungsraten für Männer bzw. für Frauen zur Verfügung. Dies stellt aber kein Problem dar, da die Ausfälle nicht systematisch sind (vgl. *Kapitel 3.3.2*) und weil noch immer sehr große Fall- und Ereigniszahlen für die Schätzung zur Verfügung stehen (siehe Tabelle 5).

Tabelle 5: Anzahl der Ehejahre und Anzahl der Trennungen nach dem Alter der Ehefrau und des Ehemannes

Alter	16-20	21-25	26-30	31-35	36-40	41-45	46-50	51-55	56-60	61-65	66-70
				... nach dem Alter der Frau							
Anzahl Ehejahre ...	10199	59697	87760	88679	79797	67385	55624	44210	34604	25369	14643
Anzahl Trennungen ...	154	948	1294	1107	876	604	359	156	82	34	12
				... nach dem Alter des Mannes							
Anzahl Ehejahre ...	1909	30667	70102	82218	79066	68870	58165	47553	38766	30659	19700
Anzahl Trennungen ...	32	454	1120	1143	920	711	481	227	138	60	23

Quelle: Kumulierter Datensatz, eigene Auszählung.

Tabelle 5 informiert über die Anzahl der Ehejahre und über die Anzahl der Trennungsereignisse, die den nachfolgend dokumentierten altersspezifischen Trennungsraten zugrunde liegen. Diese beziehen sich jeweils auf fünfjährige

Altersintervalle. Für die einzelnen Intervalle stehen dadurch ausreichende Fall- und Ereigniszahlen für zuverlässige Schätzungen zur Verfügung zu haben. Wie aus Tabelle 5 hervorgeht, liegen für alle Altersintervalle mindestens zweistellige Trennungszahlen zur Verfügung. Mit Ausnahme des ersten und der letzten beiden Altersintervalle für Männer und der letzten drei Altersintervalle für Frauen liegen sogar mindestens dreistellige Trennungszahlen vor. Es ist deshalb von einer hohen Zuverlässigkeit der nachfolgend ausgewiesenen Schätzungen auszugehen.

Abbildung 21: Altersspezifische Trennungsraten nach dem Alter der Ehefrau und nach dem Alter des Ehemannes (Berechnung unter Verwendung der Parameter aus den Regressionsmodellen 1 und 3 in Tabelle 18 im Anhang)

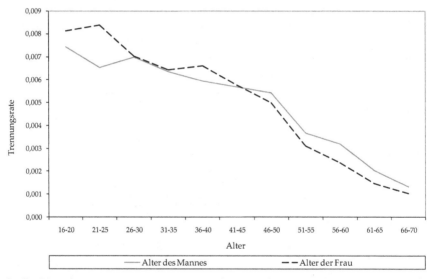

Quelle: Kumulierter Datensatz, eigene Berechnung. Als Heiratsjahr wurde sowohl für Frauen als auch für Männer das Jahr 1964 angenommen, das dem durchschnittlichen Heiratsjahr entspricht.

Wie sich das Trennungsrisiko mit zunehmendem Alter der Ehefrau und des Ehemannes verändert, geht aus Abbildung 21 hervor. Die in der Abbildung dokumentierten altersspezifischen Trennungsraten lassen sich in analoger

Weise interpretieren wie ehedauerspezifische Trennungsraten. Sie beschreiben die Wahrscheinlichkeit einer Trennung, bezogen auf die zu einem bestimmten Zeitpunkt (noch) bestehenden Ehen.[52]

Aus Abbildung 21 ist ersichtlich, dass Trennungen im jungen Erwachsenenalter am wahrscheinlichsten sind und im mittleren und höheren Erwachsenenalter rasch seltener werden. Dabei zeigt sich entlang des Alters des Mannes bis zum Alter von dreißig Jahren eine uneinheitliche Entwicklung des Trennungsrisikos. Am höchsten ist das Trennungsrisiko für Männer im Alter unter 21 Jahren. Von 21 bis 25 Jahren ist das Trennungsrisiko etwas niedriger, steigt dann aber wieder an bis zum Altersintervall von 26 bis 30 Jahren. Diese Veränderungen in sehr jungen Jahren sollten nicht überinterpretiert werden, weil dem jüngsten Altersintervall nur vergleichsweise wenige Ehen zugrunde liegen, da nur wenige Männer in diesem frühen Alter bereits verheiratet sind (siehe Tabelle 5).[53]

Ab dem Altersintervall 26 bis 30 zeigt sich für Männer ein monotoner Rückgang des Trennungsrisikos, der sich bis ins höhere Alter fortsetzt. Dabei verläuft der Rückgang der altersspezifischen Trennungsraten nicht gleichmäßig. Vielmehr bleibt das Trennungsrisiko bis zum Altersintervall von 46 bis 50 Jahren auf einem ähnlich hohen Niveau. Es reduziert sich in diesem Zeitraum nur moderat um etwas mehr als zwanzig Prozent. Erst im Anschluss werden Trennungen rasch unwahrscheinlicher: Vom Altersintervall 46 bis 50 bis zum Altersintervall 66 bis 70 reduziert sich das Trennungsrisiko von verheirateten Männern um ca. drei Viertel (siehe auch Modell 3 von Tabelle 18 im Anhang).

Für das Alter der Frau zeigt sich insgesamt ein ähnlicher Zusammenhang mit dem Trennungsrisiko wie für das Alter des Mannes. Da die Ehe-

---

[52] Zwar beginnen in Bezug auf das Alter, anders als in Bezug auf die Ehedauer, nicht alle Ehen zum selben Zeitpunkt. Dies stellt jedoch kein Problem dar. Zum Beispiel fließen Ehen, bei denen die Ehepartner im Alter von 30 Jahren heiraten, erst ab diesem Alter in die Berechnung der altersspezifischen Trennungsraten mit ein.

[53] Die Veränderung des Trennungsrisikos im jungen Erwachsenenalter lassen sich gleichwohl gut erklären. Einerseits handelt es sich bei Ehen, bei denen der Mann jünger als 21 Jahre alt ist, um Ehen, die in sehr jungen Jahren geschlossen wurden und die bekanntermaßen ein besonders hohes Trennungsrisiko aufweisen. Was andererseits den (Wieder-) Anstieg des Trennungsrisikos zwischen Anfang bis Mitte und Mitte bis Ende zwanzig anbelangt, ist dieser vermutlich dem in den ersten Ehejahren steigenden Trennungsrisiko geschuldet.

partner in der Regel ähnlich alt sind, ist dies nicht überraschend. Es zeigen sich aber auch Unterschiede zwischen dem altersabhängigen Verlauf des Trennungsrisikos für Frauen und demjenigen für Männer. Lässt man Unterschiede in sehr jungen Jahren außer Acht (für Frauen steigt das Trennungsrisiko nur bis zum Altersintervall 21 bis 25 und nicht wie für Männer bis zum Altersintervall 26 bis 30, was dadurch erklärbar ist, dass Ehemänner im Durchschnitt ca. drei Jahre älter sind als ihre Frau), unterscheiden sich die Kurvenverläufe von Frauen und Männern v. a. in zwei Punkten. Erstens ist der Rückgang des Trennungsrisikos mit zunehmendem Alter für Frauen stärker ausgeprägt als für Männer. Und zweitens zeigt sich für Frauen vom Altersintervall 31 bis 35 zum Altersintervall 36 bis 40, im Unterschied zu Männern, ein Wiederanstieg des Trennungsrisikos, der allerdings nicht signifikant ist (siehe Modell 1 von Tabelle 18 im Anhang).

Da Zweitehen bekanntermaßen ein höheres Trennungsrisiko aufweisen als erste Ehen, stellt sich die Frage, ob der Rückgang des Trennungsrisikos im mittleren und höheren Lebensalter dadurch gebremst wird, dass Zweitehen häufiger werden. Wie aus Abbildung 22 hervorgeht, fällt der langfristige Rückgang des altersspezifischen Trennungsrisikos, sowohl für Frauen als auch für Männer, stärker aus, wenn nur erste Ehen betrachtet werden. Dies bedeutet, dass im mittleren und höheren Erwachsenenalter der steigende Anteil zweiter Ehen einem Rückgang des (aggregierten) altersspezifischen Trennungsrisikos in der Tat entgegenwirkt.[54] Der bremsende Effekt des steigenden Anteils zweiter Ehen wird aber durch stabilisierende Faktoren, die mit einem höheren Alter einhergehen, mehr als kompensiert.

---

[54] Dies gilt nur unter der empirisch gut abgesicherten Annahme, dass die geringere Stabilität von Zweitehen nicht ausschließlich auf Selektion beruht, d. h. darauf, dass vor allem Personen mit risikoerhöhenden Merkmalen in Zweitehen gelangen (Klein 1992; Teachman 2008).

Abbildung 22: Altersspezifische Trennungsraten nach dem Alter der Ehefrau
und nach dem Alter des Ehemannes, für alle Ehen und für nur
Erstehen (Berechnung unter Verwendung der Parameter aus
den Regressionsmodellen aus Tabelle 18 im Anhang)

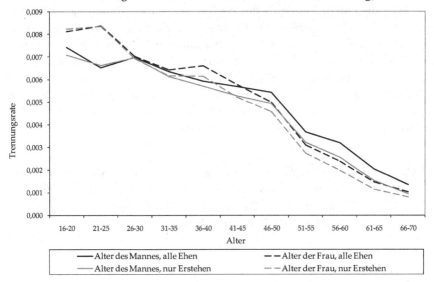

Quelle: Kumulierter Datensatz, eigene Berechnung. Als Heiratsjahr wurde jeweils das Jahr
1964 angenommen.

Es stellt sich allerdings die Frage, ob die mit steigendem Alter einhergehende
Stabilisierung der Ehe auf dem Anstieg des Alters beruht, oder darauf zurückzuführen ist, dass mit steigendem Alter die durchschnittliche Ehedauer
zunimmt. Da eine längere Ehedauer das Trennungsrisiko reduziert, wie aus
dem vorstehenden Kapitel bekannt ist, muss man davon ausgehen, dass die
längeren Ehedauern in späteren Altersjahren zumindest eine Teilerklärung
für das geringere Trennungsrisiko in späteren Altersjahren darstellen – bzw.
dass einem steigenden Lebensalter ein schwächerer stabilisierender Einfluss
auf die Ehe zukommt, als dies der Verlauf des altersspezifischen Trennungsrisikos möglicherweise nahelegt. Um Auskunft über den tatsächlichen (genauer: den um systematische Unterschiede in Bezug auf unterschiedliche
Ehedauern bereinigten) Einfluss eines steigenden Alters der Ehepartner auf

die Ehestabilität zu erhalten, stellt Abbildung 23 den empirischen Verlauf des altersspezifischen Trennungsrisikos für Männer einem fiktiven Verlauf des altersspezifischen Trennungsrisikos gegenüber, der sich ergeben würde, wenn ein höheres Alter nicht mit einer späteren Ehedauer einherginge.

Wie aus einem Vergleich der beiden Kurven in Abbildung 23 hervorgeht, die den altersspezifischen Verlauf des Trennungsrisikos einmal ohne und einmal mit statistischer Kontrolle der Ehedauer repräsentieren, zeigt sich in sehr jungen Jahren erst bei Konstanthaltung der Ehedauer ein starker stabilisierender Effekt für ein höheres Alter des Mannes. Dies bedeutet, dass der stabilisierende Effekt eines höheren Alters des Mannes im sehr frühen Erwachsenenalter durch die steigende Ehedauer überdeckt wird, die in den ersten Ehejahren das Trennungsrisiko erhöht.

Abbildung 23: Altersspezifische Trennungsraten nach dem Alter des Mannes, ohne und mit Kontrolle der Ehedauer (Berechnung unter Verwendung der Parameter aus den Regressionsmodellen 3 und 4 in Tabelle 19 im Anhang)

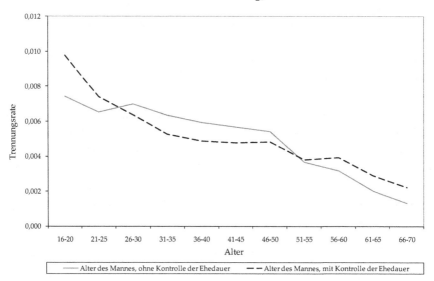

Quelle: Kumulierter Datensatz, eigene Berechnung. Für alle in die Modelle einbezogenen Variablen außer dem Alter des Mannes sind Durchschnittswerte angenommen.

Für das mittlere und höhere Erwachsenenalter zeigt sich hingegen, bei gegebener Ehedauer, ein schwächerer Rückgang des Trennungsrisikos als in der
Realität. Bezogen auf den empirischen altersspezifischen Verlauf des Trennungsrisikos (ohne Kontrolle der Ehedauer) ist das Trennungsrisiko von
verheirateten Männern im Altersintervall von 66 bis 70 Jahren etwa viermal
niedriger als im Altersintervall von 46 bis 50 Jahren. Unter Konstanthaltung
der Ehedauer reduziert sich das Trennungsrisiko in dieser Zeitspanne nur
um etwas mehr als das Zweifache (vgl. auch Tabelle 19 im Anhang). Dies
bedeutet, dass der Rückgang der altersspezifischen Trennungsraten für
Männer im mittleren und höheren Lebensalter etwa zur Hälfte auf die steigenden Ehedauern zurückzuführen ist und zur anderen Hälfte auf das steigende Alter, bzw. auf unmittelbar an das steigende Alter geknüpfte Prozesse.

Abbildung 24: Altersspezifische Trennungsraten nach dem Alter der Frau,
ohne und mit Kontrolle der Ehedauer (Berechnung unter
Verwendung der Parameter aus den Regressionsmodellen
1 und 2 aus Tabelle 19 im Anhang)

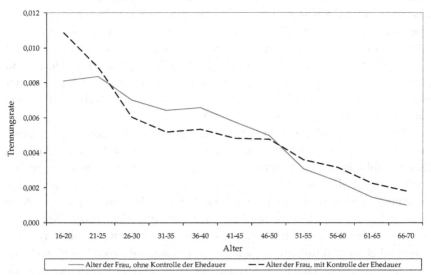

Quelle: Kumulierter Datensatz, eigene Berechnung. Für alle in die Modelle einbezogenen
Variablen außer dem Alter der Frau sind Durchschnittswerte angenommen.

Die Ergebnisse zum Einfluss des Alters der Frau auf das Trennungsrisiko, mit und ohne Kontrolle der Ehedauer, fallen ähnlich aus wie die Ergebnisse für Männer (siehe Abbildung 24). Auch für Frauen wird der stabilisierende Effekt eines höheren Alters im sehr jungen Erwachsenenalter durch die steigende Ehedauer überdeckt. Für das mittlere und höhere Erwachsenenalter zeigt ein Vergleich der beiden Kurven in Abbildung 24, dass auch der Rückgang des altersspezifischen Trennungsrisikos für Frauen in dieser Zeit etwa zur Hälfte auf die steigenden Ehedauern zurückzuführen ist: Während sich das Trennungsrisiko von verheirateten Frauen im Zeitraum zwischen den Altersintervallen 46 bis 50 und 66 bis 70 in der Realität (bzw. ohne Kontrolle der Ehedauer) um das ca. Fünffache reduziert, reduziert sich das Trennungsrisiko in diesem Zeitraum bei gegebener Ehedauer nur um das ca. Zweieinhalbfache (vgl. auch Tabelle 19 im Anhang).

Als Erklärungsfaktoren für den stabilisierenden („Netto"-) Effekt eines höheren Alters kommen verschiedene Mechanismen in Betracht. Hierzu zählen die Verschlechterung der Alternativen, wenn zunehmend mehr Personen in einem relevanten Altersbereich bereits gebunden sind, die Verbesserung der wirtschaftlichen Situation und die Reduktion biographischer Übergänge und Unsicherheiten. Diese Faktoren können jedoch nur den stabilisierenden Effekt eines höheren Alters in einem jüngeren Erwachsenenalter erklären. Den stabilisierenden Effekt eines höheren Alters im mittleren und höheren Erwachsenenalter können sie nicht erklären. Denn im mittleren und höheren Erwachsenenalter werden die Alternativen eher wieder zahlreicher und die wirtschaftliche Situation wird oftmals wieder schlechter, wenn die Erwerbsphase endet (siehe *Kapitel 2.2.1.2*).

Dass es dennoch auch im höheren Erwachsenenalter zu einem monotonen Rückgang des Trennungsrisikos kommt, steht möglicherweise damit in Zusammenhang, dass sich bei einer Trennung im höheren Erwachsenenalter noch immer vieles verlieren, aber wegen der kürzeren noch verbleibenden Lebenszeit immer weniger gewinnen lässt. Auch eine mit steigendem Alter einhergehende Verschlechterung der Gesundheit könnte dabei eine Rolle spielen, wobei aber die theoretischen Vorhersagen zum Einfluss von gesundheitlichen Beeinträchtigungen auf die Ehestabilität kontrovers sind (siehe *Kapitel 2.2.2.3*). Schließlich könnte der recht kontinuierlich verlaufende Rückgang des Trennungsrisikos im Altersbereich zwischen 50 und 70 Jahren darauf hinweisen, dass Veränderungen, die mit dem Übergang in den Ruhestand einhergehen, keinen allzu starken Einfluss auf das Trennungsrisiko haben. Ob der Übergang in den Ruhestand und ob gesundheitliche Beeinträchtigungen das Trennungsrisiko beeinflussen, wird in den nachfolgenden Kapiteln untersucht.

4.1.3 Der Einfluss eines höheren Heiratsalters auf das Trennungsrisiko

In Untersuchungen für das junge Erwachsenenalter ist vielfach dokumentiert, dass ein höheres Heiratsalter mit einem niedrigeren Trennungsrisiko einhergeht. Wie sich ein Aufschub der Heirat über das junge Erwachsenenalter hinaus auf das Trennungsrisiko auswirkt, ist aufgrund des bisherigen Fallzahlproblems unklar, und die theoretischen Vorhersagen sind kontrovers (siehe *Kapitel 2.2.1.3*).

Über den Einfluss des Heiratsalters der Frau bzw. des Mannes auf das Trennungsrisiko informieren die in Tabelle 6 dargestellten Regressionsergebnisse. Die Effekte des Heiratsalters und von weiteren Determinanten des Trennungsrisikos sind in Form von relativen Risiken wiedergegeben. Werte größer 1 bedeuten einen risikoerhöhenden Einfluss im Vergleich zur jeweiligen Referenzkategorie. Werte kleiner 1 zeigen einen risikosenkenden Einfluss. Als Kontrollvariablen sind unter anderem das Heiratsjahr und das Bildungsniveau berücksichtigt.[55]

Betrachtet man in Tabelle 6 zunächst den Einfluss des Heiratsalters der Frau auf das Trennungsrisiko, bestätigen die Ergebnisse den aus früheren Untersuchungen wohlbekannten Befund, wonach Ehen, die in sehr jungen Jahren geschlossen werden, besonders instabil sind. Ein Heiratsalter der Frau von höchstens 20 Jahren (im Folgenden auch als Frühehe bezeichnet) erhöht das Trennungsrisiko im Vergleich zu den Ehen der Referenzkategorie, bei

---

[55] Die Kontrolle des Heiratsjahres ist notwendig, da die Stichprobe Ehen aus verschiedenen Heiratskohorten repräsentiert, und weil sich gleichzeitig sowohl das durchschnittliche Heiratsalter als auch das Trennungsrisiko in der Kohortenabfolge verändert hat. Das Bildungsniveau der Frau bzw. des Mannes wird kontrolliert, da bekannt ist, dass Frauen und Männer mit kürzerer Bildungsbeteiligung früher heiraten (Diekmann 1993), während gleichzeitig von einem Einfluss des Bildungsniveaus auf die Ehestabilität auszugehen ist. Als weitere Kontrollvariable wird berücksichtigt, ob es sich um eine westdeutsche oder um eine ostdeutsche Ehe handelt.

denen die Frau zum Zeitpunkt der Eheschließung 26 bis 30 Jahre alt ist, um den Faktor 1,75 bzw. um 75 %. Bei einem Heiratsalter der Frau von 21 bis 25 Jahren ist das Trennungsrisiko um den Faktor 1,16 höher als bei einem Heiratsalter der Frau von 26 bis 30 Jahren.

Tabelle 6: Effekte des Heiratsalters der Frau und des Mannes und weitere Determinanten des Trennungsrisikos von Ehen (relative Risiken, generalisiertes Sichel-Modell)

Parameter	Frauen	Männer
Heiratsalter der Frau bzw. Heiratsalter des Mannes		
16 bis 20 Jahre[1,2]	1,75 **	1,82 **
21 bis 25 Jahre[1,2]	1,16 **	1,24 **
31 bis 35 Jahre[1,2]	1,15 +	1,01
36 bis 40 Jahre[1,2]	1,07	0,95
41 Jahre oder älter[1,2]	0,81 +	0,82 *
Ehedauer (b-Parameter)	0,92 **	0,92 **
ln Ehedauer (c-Parameter)	1,88 **	1,88 **
Heiratsjahr minus 1900	1,03 **	1,04 **
mittlere Reife[1,3]	1,25 **	1,09 +
Fachhochschulreife oder Abitur[1,3]	1,18 *	1,24 **
Berufsausbildungsabschluss[1,4]	0,93	0,73 **
Hochschulabschluss[1,4]	0,98	0,62 **
westdeutsche Ehe[1,5]	1,09 +	0,98
a-Parameter	-7,72 **	-7,93 **
Ereignisse	4935	4333
Episoden	485128	455364
Log-Likelihood	-18950,0	-15781,0

Signifikanzlimits: ** $p < 0,01$; * $p < 0,05$; + $p < 0,10$

[1] Dummy-Variable, die bei Vorliegen der genannten Ausprägung mit 1, ansonsten mit 0 kodiert ist.

[2] Referenzkategorie: Heiratsalter 26 bis 30 Jahre

[3] Referenzkategorie: höchstens Volks- oder Hauptschulabschluss

[4] Referenzkategorie: kein beruflicher Bildungsabschluss

[5] Referenzkategorie: ostdeutsche Ehe

Quelle: kumulierter Datensatz, eigene Berechnung.

Ein weiterer Anstieg des Heiratsalters der Frau vom Altersintervall 26 bis 30 ins Altersintervall von 31 bis 35 Jahren geht hingegen mit keinem weiteren Rückgang des Trennungsrisikos einher. Vielmehr ist das Trennungsrisiko bei einem Heiratsalter der Frau von 31 bis 35 Jahren sogar (schwach) signifikant höher als bei einem Heiratsalter der Frau von 26 bis 30 Jahren. Ein Heiratsalter der Frau von 26 bis 30 Jahren stellt demnach ein für eine hohe Ehestabilität optimales Heiratsalter dar – wenn man vom Altersbereich über 40 absieht. Ab einem Heiratsalter von 36 bis 40 Jahren setzt sich der Trend aus dem jungen Erwachsenenalter fort, wonach ein höheres Heiratsalter der Frau mit einer größeren Ehestabilität einhergeht. Bei einem Heiratsalter der Frau von über 40 Jahren ist das Trennungsrisiko erstmals (schwach) signifikant niedriger als bei einem Heiratsalter von 26 bis 30 Jahren.

Für das Heiratsalter des Mannes zeigt sich insgesamt ein ähnlicher Zusammenhang mit der Ehestabilität wie für das Heiratsalter der Frau (Tabelle 6). Auch für Männer setzt sich der günstige Einfluss eines steigenden Heiratsalters nur bis zu einem Heiratsalter von 26 bis 30 Jahren fort. Im Unterschied zum Heiratsalter der Frau führt jedoch ein Anstieg des Heiratsalters des Mannes auf 31 bis 35 Jahre nicht dazu, dass Trennungen wieder wahrscheinlicher werden. Stattdessen verbleibt das Trennungsrisiko bis zu einem Heiratsalter des Mannes von 40 Jahren auf einem sehr ähnlichen Niveau. Ein weiterer Anstieg des Heiratsalters des Mannes geht, wie dies auch für das Heiratsalter der Frau der Fall ist, mit einer neuerlichen Reduktion des Trennungsrisikos einher.

Eine mögliche Ursache für den mit einem Anstieg des Heiratsalters zwischenzeitlich einhergehenden Wiederanstieg des Trennungsrisikos (für Frauen) bzw. für den unterbrochenen Rückgang des Trennungsrisikos (für Männer) könnte sein, dass es sich bei den Ehen mit einem höheren Heiratsalter zunehmend häufiger um Ehen handelt, bei denen ein Ehepartner oder beide Ehepartner schon einmal verheiratet waren, was bekanntermaßen das Trennungsrisiko erhöht. Um dies zu prüfen, wird in den Regressionsmodellen von Tabelle 7 schrittweise kontrolliert, ob es sich um eine Folgeehe (d. h. um keine Erstehe) handelt. Im Unterschied zu den Regressionsmodellen aus Tabelle 6 wird das Heiratsjahr nicht über ein Set von Dummy-Variablen berücksichtigt, sondern als kontinuierliche Variable. Da der Zusammenhang zwischen dem Heiratsalter und dem Trennungsrisiko nicht linear ist, wird der Einfluss des Heiratsalters nicht mit einem linearen Term modelliert, sondern mittels eines Polynoms vierten Grades, wodurch die beste Anpassung an den empirischen Heiratsalter-Effekt erzielt wird.

Tabelle 7: Effekte des Heiratsalters der Frau und des Mannes und weitere Determinanten des Trennungsrisikos von Ehen, mit und ohne Kontrolle der früheren Eheerfahrung (relative Risiken, generalisiertes Sichel-Modell)

	Frauen		Männer	
Parameter	Modell 1	Modell 2	Modell 3	Modell 4
Heiratsalter	0,253 **	0,326 **	0,331 **	0,426 **
Heiratsalter zum Quadrat	1,055 **	1,044 **	1,041 **	1,030 **
Heiratsalter zur dritten Potenz	0,99911 **	0,99928 **	0,99940 **	0,99954 **
Heiratsalter zur vierten Potenz	1,0000052 **	1,0000043 **	1,0000032 **	1,0000026 **
Ehedauer (b-Parameter)	0,918 **	0,919 **	0,924 **	0,925 **
ln Ehedauer (c-Parameter)	1,883 **	1,873 **	1,877 **	1,863 **
Heiratsjahr minus 1900	1,031 **	1,030 **	1,038 **	1,036 **
mittlere Reife[1,2]	1,194 **	1,260 **	1,089 +	1,109 *
Fachhochschulreife oder Abitur[1,2]	1,252 **	1,272 **	1,243 **	1,287 **
Berufsausbildungsabschluss[1,3]	0,945	0,952	0,738 **	0,738 **
Hochschulabschluss[1,3]	0,993	1,019	0,636 **	0,654 **
westdeutsche Ehe[1,4]	1,080	1,125 *	0,997	1,047
Folgeehe[1,5]		2,222 **		2,378 **
a-Parameter	4,916 **	2,967 *	3,101 +	1,022
Ereignisse	4935	4935	4333	4333
Episoden	485128	485128	455364	455364
Log-Likelihood	-18937,7	-18866,6	-157648,9	-15693,1

Signifikanzlimits: ** p < 0,01; * p < 0,05; + p < 0,10

[1] Dummy-Variable, die bei Vorliegen der genannten Ausprägung mit 1, ansonsten mit 0 kodiert ist.

[2] Referenzkategorie: höchstens Volks- oder Hauptschulabschluss

[3] Referenzkategorie: kein beruflicher Bildungsabschluss

[4] Referenzkategorie: ostdeutsche Ehe

[5] Referenzkategorie: erste Ehe

Quelle: kumulierter Datensatz, eigene Berechnung.

Die ersten beiden Modelle von Tabelle 7 beziehen sich auf den Einfluss des Heiratsalters der Frau auf das Trennungsrisiko. In Modell 2 ist, im Unterschied zu Modell 1, die frühere Eheerfahrung konstant gehalten. Die Veränderung des Heiratsalter-Effekts auf das Trennungsrisiko, die sich daraus ergibt, ist in Abbildung 25 veranschaulicht. Ohne Kontrolle der Eheerfahrung bestätigen sich die Ergebnisse aus Tabelle 6, wonach ein Anstieg des Heiratsalters der Frau in sehr jungen Jahren das Trennungsrisiko stark reduziert. Bei einem Heiratsalter der Frau von 28 Jahren erreicht die Funktion einen Tiefpunkt und steigt danach wieder an bis zu einem Heiratsalter von 38 Jahren. Sie erreicht aber nicht mehr das hohe Trennungsrisiko von Frühehen. Anschließend geht ein steigendes Heiratsalter der Frau mit einem neuerlichen Rückgang des Trennungsrisikos einher (siehe Abbildung 25).

Abbildung 25: Trennungsrisiko nach dem Heiratsalter der Frau, ohne und mit Kontrolle der früheren Eheerfahrung (Berechnung unter Verwendung der Parameter aus den Regressionsmodellen 1 und 2 aus Tabelle 7)

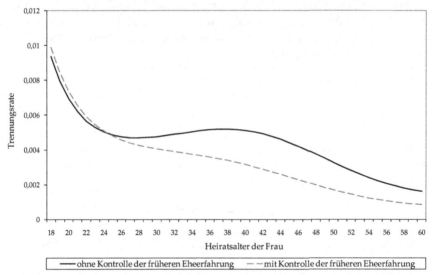

Quelle: Kumulierter Datensatz, eigene Berechnung. Für alle in die Modelle einbezogenen Variablen außer dem Heiratsalter der Frau sind Durchschnittswerte angenommen.

Wie ein Vergleich der beiden Kurven in Abbildung 25 zeigt, die den Einfluss des Heiratsalters der Frau auf das Trennungsrisiko mit bzw. ohne Kontrolle der früheren Eheerfahrung veranschaulichen, ändert sich der Zusammen-

hang zwischen dem Heiratsalter der Frau und dem Trennungsrisiko sub-
stanziell, wenn die frühere Eheerfahrung konstant gehalten wird. Bei gege-
bener Eheerfahrung geht ein Anstieg des Heiratsalters der Frau, auch im
Altersbereich zwischen 28 und 38, mit einem monotonen Rückgang des
Trennungsrisikos einher. Dies bedeutet, dass ein steigendes Heiratsalter der
Frau im Alter zwischen 28 und 38 Jahren nur deshalb mit einem Anstieg des
Trennungsrisikos einhergeht, weil die Wahrscheinlichkeit steigt, dass einer
der beiden Partner oder beide Partner schon einmal verheiratet waren.

Die Modelle 3 und 4 von Tabelle 7 beziehen sich auf den Einfluss des
Heiratsalters des Mannes auf das Trennungsrisiko, mit und ohne Konstanthaltung der früheren Eheerfahrung. Die aus den Regressionsmodellen resultierenden Ergebnisse sind in Abbildung 26 veranschaulicht.

Abbildung 26: Trennungsrisiko nach dem Heiratsalter des Mannes, ohne und
mit Kontrolle der früheren Eheerfahrung (Berechnung unter
Verwendung der Parameter aus den Regressionsmodellen
3 und 4 aus Tabelle 7)

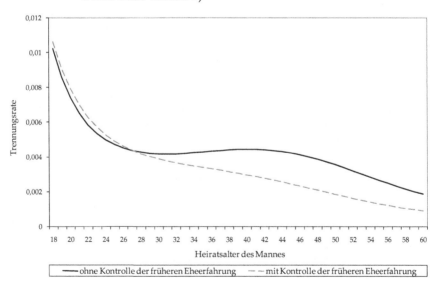

Quelle: Kumulierter Datensatz, eigene Berechnung. Für alle in die Modelle einbezogenen
Variablen außer dem Heiratsalter des Mannes sind Durchschnittswerte angenommen.

Ohne Konstanthaltung der Eheerfahrung bestätigen Tabelle 7 bzw. Abbildung 26 die Ergebnisse aus Tabelle 6, wonach ein Anstieg des Heiratsalters des Mannes in jungen Jahren sowie in späteren Jahren mit einer Zunahme der späteren Ehestabilität einhergeht, nicht aber ein Anstieg des Heiratsalters in einem dazwischenliegenden Altersbereich. Bei einem Heiratsalter des Mannes von 31 Jahren erreicht die Funktion einen Tiefpunkt und steigt danach bis zu einem Heiratsalter von 40 Jahren. Ab 40 geht für Männer, etwas später als für Frauen, ein höheres Heiratsalter wieder mit einer höheren Ehestabilität einher. Dabei steht das um drei Jahre höhere „optimale" Heiratsalter für Männer im Vergleich zu Frauen im Einklang damit, dass Ehemänner im Durchschnitt drei Jahre älter sind als ihre Frau (Klein 1996). Allerdings ist der vorübergehende Wiederanstieg des Trennungsrisikos entlang des Heiratsalters des Mannes nur minimal und liegt im statistischen Zufallsbereich (siehe Tabelle 6).

Wird die Eheerfahrung kontrolliert, ergibt sich ein substanziell veränderter Zusammenhang zwischen dem Heiratsalter des Mannes und dem Trennungsrisiko (vgl. die beiden Kurven in Abbildung 26). Bei gegebener Eheerfahrung zeigt sich für Männer, ebenso wie für Frauen, mit steigendem Heiratsalter ein monotoner Rückgang des Trennungsrisikos. Dabei fällt die Reduktion des Trennungsrisikos bei einem Aufschub der Heirat in jungen Jahren stärker aus und verläuft ab einem Alter von Mitte bis Ende 20 recht gleichmäßig. Auch in Bezug auf das Heiratsalter des Mannes verhindern somit die häufiger werdenden Folgeehen, die instabiler sind, dass die Ehestabilität mit steigendem Heiratsalter kontinuierlich zunimmt.

Mit Blick auf die oben diskutierten Erklärungsansätze zum Einfluss des Heiratsalters auf das Trennungsrisiko stehen die Ergebnisse mit den theoretischen Überlegungen in Einklang, wonach eine verbesserte Kenntnis des Partnermarkts, ein Abbau unrealistischer Erwartungen und eine „gründlichere" Partnerwahl vor allem in sehr jungen Jahren dazu beitragen, dass ein höheres Heiratsalter die Ehestabilität erhöht.

Ab einem Heiratsalter von ca. Ende 20 bis etwa Ende 30 geht jedoch ein weiterer Aufschub der Heirat mit keiner weiteren Stabilisierung, sondern mit einem Wiederanstieg des Trennungsrisikos einher, der für Frauen stärker ausgeprägt ist als für Männer und nur für Frauen statistisch bedeutsam ist. Dieser Wiederanstieg des Trennungsrisikos ist damit zu erklären, dass bei einer späteren Heirat die Wahrscheinlichkeit steigt, dass einer der beiden

Partner oder beide Partner früher schon einmal verheiratet waren, was die Ehestabilität reduziert. Würde ein höheres Heiratsalter nicht Zweitehen wahrscheinlicher machen, ginge ein höheres Heiratsalter im Altersbereich von ca. Ende 20 bis etwa Ende 30 nicht mit einem höheren Trennungsrisiko einher. Dies impliziert, dass weitere Erklärungsansätze zugunsten eines Wiederanstiegs des Trennungsrisikos bei einem Aufschub der Heirat über das jüngere Erwachsenenalter hinaus nur eine untergeordnete Bedeutung für das Trennungsrisiko haben. Weder eine mit einem höheren Heiratsalter einhergehende Verengung des Partnermarkts und eine daraus resultierende Häufung von Mismatches, die speziell für Frauen möglicherweise auch durch das „Ticken der biologischen Uhr" begünstigt wird, noch die Entwicklung eines eigenen Lebensstils und eine damit verbundene geringere Anpassungsfähigkeit und Anpassungsbereitschaft führen demnach dazu, dass ein Aufschub der Heirat über das jüngere Erwachsenenalter hinaus Trennungen wieder wahrscheinlicher macht.

4.2 Spezielle Einflussfaktoren für das mittlere und höhere Erwachsenenalter

Aufgrund der Konzentration fast aller Untersuchungen auf das frühere Erwachsenenalter ist bislang unklar, wie sich der Auszug von Kindern aus dem Elternhaus, der Übergang in den Ruhestand und der Gesundheitszustand auf das Trennungsrisiko auswirken. Die folgenden Kapitel beschreiben, wie sich das Trennungsrisiko verändert, wenn Ehepaare in das „leere Nest" eintreten. Sie dokumentieren den Einfluss des Übergangs in den Ruhestand und zeigen, wie sich die Gesundheit der Ehepartner auf das Trennungsrisiko auswirkt. Auf der Grundlage von vertiefenden Analysen werden jeweils auch Rückschlüsse auf die zugrunde liegenden Verursachungszusammenhänge gezogen.

4.2.1   Der Einfluss des Auszug der Kinder aus dem Elternhaus auf das Trennungsrisiko

Im Folgenden wird der Einfluss des Auszugs von Kindern aus dem Elternhaus auf die Ehestabilität untersucht, und es werden sieben Erklärungsansätze zum "empty-nest"-Einfluss auf das Trennungsrisiko der Eltern überprüft (siehe *Kapitel 2.2.2.1*). Die an dieser Stelle präsentierten Ergebnisse stützen sich auf Ehen aus dem Generations and Gender Survey, aus der der Lebensverlaufsstudie und aus der Mannheimer Scheidungsstudie. Sie sind auf Paare mit ausschließlich gemeinsamen leiblichen Kindern (ohne Stief-, Adoptiv- und Pflegekinder) sowie auf kinderlose Paare begrenzt (siehe die Erläuterungen zur Begrenzung der Stichprobe in *Kapitel 3.2.2.1*). Von den bereits in Klein und Rapp (2010) sowie in Rapp und Klein (2010) berichteten Ergebnissen, die sich ausschließlich auf den GGS beziehen, unterscheiden sie sich zum einen durch die breitere Datenbasis. Die an dieser Stelle präsentierten Ergebnisse sind deshalb als robuster einzuschätzen. Zum anderen wird, in Ergänzung zu den in Klein und Rapp (2010) dokumentierten Ergebnissen, zusätzlich untersucht, ob der „empty nest"-Effekt auf das Trennungsrisiko der Eltern mit dem Auszugsalter des zuletzt ausziehenden Kindes variiert. Dadurch lassen sich weitere Rückschlüsse auf die Ursachen ziehen, die dem „empty nest"-Effekt zugrunde liegen.

Auskunft darüber, wie sich der Auszug von Kindern aus dem elterlichen Haushalt auf das Trennungsrisiko der Eltern auswirkt, geben die in Tabelle 8 dargestellten Regressionsergebnisse. Aus Modell 1 geht zunächst hervor, dass Ehen in der „empty nest"-Phase ein (mit einem relativen Trennungsrisiko von 0,372) weniger als halb so hohes Trennungsrisiko aufweisen wie kinderlose Ehen, welche die Referenzkategorie darstellen. Sie verzeichnen sogar ein geringeres Trennungsrisiko als Ehepaare, bei denen die Partner mit gemeinsamen Kindern zusammenleben, und deren Trennungsrisiko zwischen demjenigen von kinderlosen Paaren und dem von Paaren im „leeren Nest" rangiert (vgl. Zeile 1 und 2 von Modell 1).

Tabelle 8: "Empty nest"-Effekte und weitere Determinanten des Trennungsrisikos von Ehen (relative Risiken, generalisiertes Sichel-Modell)

Parameter	Modell 1	Modell 2	Modell 3	Modell 4	Modell 5
Kinder im Haushalt[1,2]	0,609 **	0,514 **		0,515 **	0,516 **
"empty nest"[1,2]	0,372 **	1,406 *		1,061	1,031
Ehedauer (b-Parameter)		0,887 **	0,873 **	0,890 **	0,892 **
ln Ehedauer (c-Parameter)		3,027 **	3,438 **	2,943 **	2,888 **
Heiratsjahr minus 1900		1,031 **	1,031 **	1,031 **	1,031 **
Heiratsalter[3]		0,434 **	0,443 **	0,435 **	0,437 **
Heiratsalter zum Quadrat[3]		1,025 **	1,025 **	1,025 **	1,025 **
Heiratsalter zur dritten Potenz[3]		0,9997 **	0,9997 **	0,9997 **	0,9997 **
Folgeehe[1,4]		2,017 **	2,011 **	2,018 **	2,017 **
westdeutsche Ehe[1,5]		1,105	1,117	1,103	1,106
1 Kind, Kind im Haushalt[1,2]			0,581 **		
1 Kind, "empty nest"[1,2]			1,883 **		
2 Kinder, beide im Haushalt[1,2]			0,410 **		
2 Kinder, ein Kind ausgezogen[1,2]			0,903		
2 Kinder, "empty nest"[1,2]			1,332		
3 oder mehr Kinder, alle Kinder im Haushalt[1,2]			0,460 **		
3 oder mehr Kinder, teilweise ausgezogen[1,2]			1,165		
3 oder mehr Kinder, "empty nest"[1,2]			1,658		
"empty nest" seit maximal 2 Jahren[1,6]				1,956 **	
"empty nest" seit max. 2 J. und Auszugsalter letztes Kind					
... unter 21 Jahren[1,6]					2,975 **
... von 21 bis unter 26 Jahren[1,6]					1,360
... 26 Jahre oder älter[1,6]					1,015
a-Parameter	-4,726 **	1,208	0,829	1,204	1,165
Ereignisse	3014	3014	3014	3014	3014
Episoden	244357	244357	244357	244357	244357
Log-Likelihood	-9546,3	-9188,8	-9162,2	-9183,7	-9179,9

Signifikanzlimits: ** p < 0,01; * p < 0,05; + p < 0,10

[1] Dummy-Variable, die bei Vorliegen der genannten Ausprägung mit 1, ansonsten mit 0 kodiert ist.

[2] Referenzkategorie: kinderlos

[3] Heiratsalter der Frau oder des Mannes, je nachdem, ob die Befragungsperson weiblich oder männlich ist.

[4] Referenzkategorie: erste Ehe

[5] Referenzkategorie: ostdeutsche Ehe

[6] Zusatzeffekt zu "empty nest"

Quelle: kumulierter Datensatz, eigene Berechnung.

Ein anderes Bild ergibt sich, wenn in Modell 2 weitere Kovariate in das Modell aufgenommen und dadurch konstant gehalten werden. Es handelt sich dabei um die Ehedauer, das Heiratsjahr, das Heiratsalter, die Ordnungsnummer der Ehe als erste Ehe oder Folgeehe und um den Wohnort der Ehepartner in West- oder Ostdeutschland.[56] Ein „leeres Nest" geht nun mit einem signifikant erhöhten Trennungsrisiko einher, sowohl im Vergleich zu kinderlosen Paaren und erst recht im Vergleich zu Paaren, deren Kinder noch nicht ausgezogen sind. Diese Veränderung ist maßgeblich auf die Kontrolle der Ehedauer zurückzuführen: Ein leeres Nest geht mit einer längeren Ehedauer einher, bei der Trennungen vergleichsweise selten sind (siehe *Kapitel 4.1.1*). Der Auszug der Kinder aus dem Elternhaus lässt demnach das Trennungsrisiko ansteigen. Weil die Trennungsrate aber insgesamt über die Zeit zurückgeht, sind Ehen in der „empty nest"-Phase dennoch stabiler als Ehen von Paaren, deren Kinder noch nicht ausgezogen sind. Abbildung 27 veranschaulicht diesen Zusammenhang.

Mit Blick auf die diskutierten Hypothesen zum „empty nest"-Effekt auf das Trennungsrisiko bedeutet dies zunächst, dass wegfallende Belastungen im Vergleich der Erklärungsansätze nicht den Ausschlag geben. Denn in diesem Fall wäre zu erwarten gewesen, dass das Trennungsrisiko der Eltern nach dem Auszug der Kinder sinkt, das Gegenteil trifft aber zu. Die Risikosteigerung über das Niveau der kinderlosen Paare hinaus weist zudem darauf hin, dass der ungünstige „empty nest"-Einfluss nicht alleine durch den Wegfall ehespezifischen Kapitals und durch die geringere Abhängigkeit der Partner voneinander erklärbar ist. Denn in diesem Fall wäre nur eine Risikosteigerung bis zum Niveau der dauerhaft Kinderlosen zu erwarten gewesen. Vielmehr ist der „empty nest"-Effekt offenbar auch in einem Nachholeffekt, in Anpassungsproblemen und/oder in selektivem Auszugsverhalten der Kinder begründet (vgl. die Hypothesenübersicht in Abbildung 2 in *Kapitel 2.2.2.1*).

---

[56] Das Heiratsalter repräsentiert das Heiratsalter der Befragungsperson und bezieht sich entweder auf das Heiratsalter der Frau oder auf das Heiratsalter des Mannes, je nachdem, ob die Befragungsperson weiblich oder männlich ist. Diese Operationalisierung wird gewählt, weil das Alter der Befragungsperson, im Unterschied zum Alter des Mannes bzw. zum Alter der Frau, für alle Ehen bekannt ist. Sie ist unproblematisch, weil das Heiratsalter der Ehepartner eng korreliert ist.

Abbildung 27: Ehedauerabhängiger Verlauf der Trennungsrate bei einem
Eintritt in die „empty nest"-Phase nach 25 Ehejahren (Modell)

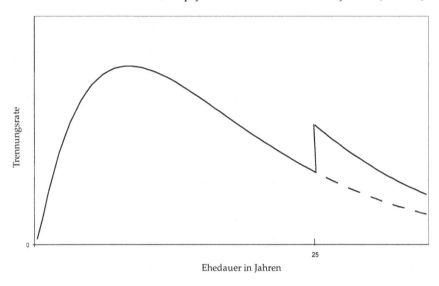

Ehedauer in Jahren

Quelle: Rapp und Klein 2010: 245.

Während bislang nur unterschieden wurde, ob wenigstens ein Kind noch im
Haushalt der Eltern lebt oder ob bereits alle Kinder den elterlichen Haushalt
verlassen haben, wird in Modell 3 nach der Kinderzahl und nach der Anzahl
der Kinder, die bereits ausgezogen sind, differenziert. Das Ergebnis zeigt,
dass der Auszug des letzten Kindes aus dem Elternhaus mit Blick auf das
Trennungsrisiko der Eltern das entscheidende Ereignis darstellt: Sowohl für
Ehepaare mit einem als auch für solche mit zweien als auch mit drei oder
mehr Kindern ist das Trennungsrisiko jeweils am höchsten und über dasjenige der kinderlosen Paare hinaus erhöht, wenn alle Kinder den elterlichen
Haushalt bereits verlassen haben. Allerdings sind die diesbezüglichen Effekte für zwei bzw. drei oder mehr Kinder nicht signifikant, was möglicherweise
auf die geringen Fallzahlen zurückzuführen ist.

Um weiter zwischen den diskutierten Erklärungsansätzen diskrimini-
ren zu können, wird in einem nächsten Schritt untersucht, ob der „empty
nest"-Effekt dauerhaft oder nur vorübergehend ist. Hierzu ist in Modell 4

von Tabelle 8 (im Unterschied zu Modell 2) eine zusätzliche Dummy-Variable aufgenommen, die angibt, ob der Auszug des letzten Kindes maximal zwei Jahre zurück liegt. Sofern Anpassungsprobleme und/oder ein Nachholeffekt für die Erhöhung des Trennungsrisikos über das Niveau der Kinderlosen hinaus verantwortlich sind, ist zu erwarten, dass der Effekt nur temporär existiert. Falls hingegen selektives Auszugsverhalten der Grund ist (d. h. falls eine niedrige Qualität und Stabilität der elterlichen Ehe den Auszug der Kinder befördert), sollte der Effekt eher dauerhaft sein. Als Ergebnis zeigt sich, dass das Trennungsrisiko nach dem Auszug der Kinder im Vergleich zu Paaren, die nie Kinder hatten, nur kurzfristig (um das 1,956 x 1,061 = 2,08-Fache) erhöht ist, während der „empty nest"-Haupteffekt nicht mehr signifikant ist. Langfristig unterscheidet sich somit das Trennungsrisiko von Paaren in der „empty nest"-Phase nicht signifikant von demjenigen kinderloser Paare. Im Vergleich zu Paaren, deren Kinder noch nicht ausgezogen sind, weisen die Ergebnisse allerdings auf eine dauerhafte Erhöhung des Trennungsrisikos durch den Eintritt in die „empty nest"-Phase hin (vgl. Zeile 1 und 2 von Modell 4). Selektives Auszugsverhalten, das auch gegenüber Kinderlosen eine dauerhafte Risikosteigerung erwarten ließe, ist also nicht ausschlaggebend.

Um abschließend zwischen dem Einfluss von Anpassungsproblemen und nachgeholten Trennungen zu unterscheiden, ist in Modell 5 von Tabelle 8 der temporäre „empty nest"-Effekt zusätzlich nach dem Alter des zuletzt ausziehenden Kindes differenziert. Dabei zeigt sich, dass die kurzfristige Erhöhung des Trennungsrisikos durch den Auszug der Kinder stärker ist, wenn das zuletzt ausziehende Kind beim Auszug jünger war: Bei einem Auszugsalter des zuletzt ausziehenden Kindes von unter 21 Jahren steigt das Trennungsrisiko der Eltern kurzfristig auf das ca. Dreifache im Vergleich zu kinderlosen Paaren. Die kurzfristige Erhöhung des Trennungsrisikos über das Niveau der Kinderlosen hinaus weist deshalb auf Anpassungs- und Umstellungsschwierigkeiten hin, die größer sind, wenn die Kinder beim Auszug jünger und die ehelichen Rollen noch stärker auf die Kindererziehung abgestimmt sind (vgl. die Hypothesenübersicht in Abbildung 2). Wäre hingegen ein Nachholeffekt ausschlaggebend, wäre zu erwarten gewesen, dass dieser umso stärker ins Gewicht fällt, je später die Kinder ausziehen und desto mehr aufgeschobene Trennungen sich angehäuft haben.

Zusammengefasst weisen die empirischen Befunde darauf hin, dass der „empty nest"-Effekt zum einen im Verlust ehespezifischen Kapitals und/oder in einer Reduktion der Abhängigkeit der Partner voneinander sowie zum anderen in Anpassungsschwierigkeiten begründet ist. Der Verlust ehespezifischen Kapitals und die Reduktion der Abhängigkeit bedingen, dass sich das Trennungsrisiko von Ehepaaren nach dem Auszug der Kinder dauerhaft erhöht im Vergleich zu Eltern, deren Kinder noch zu Hause wohnen. Dabei bestätigt sich die Erwartung beider Erklärungsansätze auch dahingehend, dass die Erhöhung des Trennungsrisikos langfristig nur bis auf das Niveau der Kinderlosen erfolgt. Die empirisch beobachtete kurzfristige Erhöhung des Trennungsrisikos über das Niveau der Kinderlosen hinaus, die größer ausfällt, wenn die Kinder beim Auszug jünger sind, lässt sich hingegen nur im Hinblick auf Anpassungsprobleme interpretieren. Weitere potenzielle Erklärungsmechanismen für den „empty nest"-Effekt – Belastungsreduktion, selektives Auszugsverhalten, selektive Elternschaft und Nachholeffekte – sind hingegen von untergeordneter Bedeutung.

4.2.2   *Der Einfluss des Übergangs in den Ruhestand auf das Trennungsrisiko*

Aufgrund des Fallzahlproblems haben sich bislang keine zuverlässigen Aussagen darüber treffen lassen, wie sich der Eintritt in den Ruhestand auf das Trennungsrisiko auswirkt. Denn selbst in jenen großen sozialwissenschaftlichen Umfragedatensätzen, die auch ältere Personen und deren Ehen abbilden, gibt es jeweils nur sehr wenige Personen bzw. Ehen von Personen, die bereits in den Ruhestand eingetreten sind. Dieses Fallzahlproblem wird in den nachfolgenden Analysen dadurch gelöst, dass harmonisierte und kumulierte Daten aus dem ALLBUS, aus dem Generations and Gender Survey, aus der Lebensverlaufsstudie, aus der Mannheimer Scheidungsstudie und aus dem Sozio-oekonomischen Panel berücksichtigt werden.

Im Folgenden wird der Einfluss des Ruhestandseintritts des Mannes auf die Ehestabilität untersucht und es werden vier Erklärungsansätze zum Ruhestands-Effekt auf das Trennungsrisiko überprüft (siehe *Kapitel 2.2.2.2*). Die Analysen beschränken sich auf den Ruhestandseintritt des Mannes, da sich dieser, im Unterschied zum Ruhestandseintritt der Frau, in allen fünf Surveys zuverlässig identifizieren lässt (vgl. *Kapitel 3.2.2.2*).

Tabelle 9: Ruhestands-Effekte und weitere Determinanten des Trennungsrisikos von Ehen (relative Risiken, generalisiertes Sichel-Modell)

Parameter	Modell 1	Modell 2	Modell 3	Modell 4	Modell 5[8]
Mann ist im Ruhestand[1,2]	0,265 **	1,047	0,947	0,924	
Ehedauer (b-Parameter)		0,925 **	0,926 **	0,927 **	0,927 **
ln Ehedauer (c-Parameter)		1,877 **	1,874 **	1,853 **	1,861 **
Heiratsjahr minus 1900		1,039 **	1,039 **	1,039 **	1,039 **
Heiratsalter des Mannes		0,671 **	0,673 **	0,677 **	0,627 **
Heiratsalter des Mannes zum Quadrat		1,010 **	1,010 **	1,009 **	1,012 **
Heiratsalter des Mannes zur dritten Potenz		0,99992 **	0,99992 **	0,99992 **	0,99989 **
Mann hat mittlere Reife[1,3]		1,071	1,071	1,072	1,070
Mann hat Fachhochschulreife oder Abitur[1,3]		1,264 **	1,264 **	1,266 **	1,266 **
Mann hat Berufsausbildungsabschluss[1,4]		0,709 **	0,709 **	0,711 **	0,713 **
Mann hat Hochschulabschluss[1,4]		0,612 **	0,612 **	0,613 **	0,614 **
Folgeehe[1,5]		2,407 **	2,407 **	2,403 **	2,395 **
westdeutsche Ehe[1,6]		1,028	1,028	1,028	1,032
Mann ist seit maximal 2 Jahren im Ruhestand[1,7]			1,323		
Mann ist seit max. 2 J. im Ruhestand und Ruhestandseintrittsalter					
... unter 50 Jahren[1,7]				3,450 **	
... von 50 bis unter 60 Jahren[1,7]				1,284	
... 60 Jahre oder älter[1,7]				0,677	
Mann ist im Ruhestand und Heiratsalter des Mannes					
... unter 30 Jahren[1,2]					0,874
... von 30 bis unter 40 Jahren[1,2]					1,198
... 40 Jahre oder älter[1,2]					1,154
a-Parameter	-5,005 **	-2,732 **	-2,758 **	-2,806 **	-2,049 +
Ereignisse	3947	3947	3947	3947	3938
Episoden	344799	344799	344799	344799	343878
Log-Likelihood	-13920,6	-13230,4	-13229,9	-13224,9	-13192,5

Signifikanzlimits: ** $p < 0,01$; * $p < 0,05$; + $p < 0,10$

[1] Dummy-Variable, die bei Vorliegen der genannten Ausprägung mit 1, ansonsten mit 0 kodiert ist.

[2] Referenzkategorie: Mann ist nicht im Ruhestand

[3] Referenzkategorie: Mann hat höchstens einen Volks- oder Hauptschulabschluss

[4] Referenzkategorie: Mann hat keinen berufsbezogenen Bildungsabschluss

[5] Referenzkategorie: erste Ehe

[6] Referenzkategorie: ostdeutsche Ehe

[7] Zusatzeffekt zu "Mann ist im Ruhestand"

[8] ohne Ehen, bei denen der Mann erst nach dem Eintritt in den Ruhestand geheiratet hat.

Quelle: kumulierter Datensatz, eigene Berechnung.

Aus Modell 1 von Tabelle 9 geht zunächst hervor, dass Ehen, bei denen der Ehemann bereits in den Ruhestand eingetreten ist, ein (mit einem relativen Trennungsrisiko von 0,265) ca. viermal niedrigeres Trennungsrisiko aufweisen als Ehen, bei denen der Mann noch nicht im Ruhestand ist. Da es sich bei den Ehen von Rentnern und Pensionären in der Regel um lange andauernde Ehen handelt, und weil das Trennungsrisiko von lange andauernden Ehen sehr niedrig ist (vgl. *Kapitel 4.1.1*), liegt nahe, dass die hohe Ehestabilität von Rentnern und Pensionären mindestens teilweise auf die längeren Ehedauern zurückzuführen ist. Und auch die Zugehörigkeit zu einer älteren Eheschließungskohorte, die mit einem niedrigeren Trennungsrisiko einhergeht, könnte zur hohen Ehestabilität von Rentnern und Pensionären beitragen.

Um den tatsächlichen Einfluss des Ruhestandes auf das Trennungsrisiko zu ermitteln, sind in Modell 2 von Tabelle 9 die Ehedauer und das Heiratsjahr sowie weitere Kontrollvariablen (das Heiratsalter des Mannes, die Bildung des Mannes, die Ordnungsnummer der Ehe und der Wohnort der Ehepartner in West- oder Ostdeutschland) konstant gehalten. Erwartungsgemäß ändert sich der Ruhestands-Effekt auf das Trennungsrisiko bei Konstanthaltung dieser Faktoren substanziell. Wie aus Modell 2 hervorgeht, verschwindet er vollständig. Dies bedeutet, dass die hohe Ehestabilität während der Ruhestandsphase des Mannes ausschließlich auf andere Faktoren zurückzuführen ist als darauf, dass der Ehemann im Ruhestand ist.[57]

Der Eintritt des Ehemannes in den Ruhestand hat folglich, zumindest auf lange Sicht, keinen Einfluss auf das Trennungsrisiko. Es ist jedoch in Betracht zu ziehen, dass der Übergang in den Ruhestand das Trennungsrisiko nur kurzfristig beeinflusst. Dies könnte in Anpassungs- und Umstellungsschwierigkeiten begründet sein, die nur eine temporäre Steigerung des Trennungsrisikos erwarten lassen (vgl. die Hypothesenübersicht in Abbildung 3 in *Kapitel 2.2.2.2*). Um dies zu prüfen, ist in Modell 3 von Tabelle 9 eine zusätzliche Dummy-Variable einbezogen, die kennzeichnet, ob sich der Ehemann seit maximal zwei Jahren im Ruhestand befindet. Als Ergebnis zeigt sich in den ersten beiden Jahren nach dem Ruhestandseintritt des Mannes tendenziell ein das Trennungsrisiko erhöhender Ruhestands-Effekt. Die Erhöhung des Trennungsrisikos liegt jedoch im statistischen Zufallsbereich.

---

[57] Nicht wiedergegebene Analysen zeigen, dass die Veränderung des Ruhestands-Effektes maßgeblich auf die Kontrolle der Ehedauer zurückzuführen ist.

Mit Blick auf die Bedeutung von Anpassungs- und Umstellungsschwierigkeiten ist des Weiteren davon auszugehen, dass diese vor allem dann eine Rolle spielen, wenn sich der Ruhestandseintritt schlecht antizipieren lässt. Dies dürfte vor allem dann der Fall sein, wenn Personen deutlich vor Erreichen der Regelaltersgrenze in den Ruhestand eintreten. Um diese Annahme zu überprüfen, ist in Modell 4 von Tabelle 9 der temporäre Ruhestands-Effekt zusätzlich nach dem Ruhestandseintrittsalter des Mannes differenziert. Aus dem Regressionsmodell geht hervor, dass das Trennungsrisiko in den ersten beiden Jahren nach dem Ruhestandseintritt signifikant erhöht ist, wenn der Mann beim Eintritt in den Ruhestand jünger als 50 Jahre ist. Bei einem Ruhestandseintrittsalter des Mannes von 50 bis unter 60 Jahren und bei einem späteren Ruhestandseintrittsalter des Mannes kommt es hingegen zu keiner temporären Erhöhung des Trennungsrisikos.

In Modell 5 von Tabelle 9 wird schließlich untersucht, ob der dauerhafte Ruhestands-Effekt auf das Trennungsrisiko unterschiedlich ausfällt, je nachdem, ob die Ehepartner in jungen Jahren oder in einem höheren Alter geheiratet haben.[58] Was eine mögliche Verschlechterung des Partnermatchs im Zuge des Ruhestandseintritts anbelangt, ist diese wahrscheinlicher, wenn Heirat und Partnerwahl in jungen Jahren erfolgen, in denen die Ziele und Erfordernisse der Ruhestandsphase bei der Partnerwahl noch kaum eine Rolle spielen. Aus Modell 5 geht jedoch hervor, dass es keinen dauerhaften Ruhestandseffekt auf das Trennungsrisiko gibt, egal ob die Heirat in einem späteren oder in einem jüngeren Alter stattfand.

Zusammenfassend zeigen die Ergebnisse, dass der Übergang des Mannes in den Ruhestand das Trennungsrisiko von Ehen kurzfristig erhöht, allerdings nur, wenn der Mann im Alter von unter 50 Jahren und damit ungewöhnlich früh in den Ruhestand eintritt. Erklären lässt sich diese Erhöhung des Trennungsrisikos mit Anpassungs- und Umstellungsschwierigkeiten, die vor allem dann auftreten, wenn der Ruhestandseintritt unerwartet kommt. Auf lange Sicht geht der Übergang des Mannes in den Ruhestand mit keiner Destabilisierung, aber auch nicht mit einer Stabilisierung der Ehe einher. Mit Blick auf die weiteren diskutierten Hypothesen zum Einfluss des Übergangs in den Ruhestand auf das Trennungsrisiko weisen die Ergebnisse darauf hin,

---

[58] Ehen, bei denen der Mann zum Heiratszeitpunkt bereits in den Ruhestand eingetreten ist, sind aus der Analyse ausgeschlossen. Dies erklärt die geringfügige Fallzahlreduktion.

dass eine Veränderung des Partnermatchs durch den Ruhestandseintritt unerheblich für das Trennungsrisiko ist. Untermauert wird diese Schlussfolgerung durch den Befund, wonach es für den Ruhestands-Effekt unerheblich ist, ob Partnerwahl und Heirat in jungen Jahren oder in einem späteren Alter erfolgen. Was schließlich die Bedeutung von ggf. entfallenden Spezialisierungsgewinnen sowie von wegfallenden berufsbezogenen Belastungen und Beanspruchungen anbelangt, könnten die Ergebnisse darauf hinweisen, dass im Zuge des Übergangs in den Ruhestand weder entfallende Spezialisierungsgewinne die Paarbeziehung destabilisieren, noch dass wegfallende berufsbezogene Belastungen die Paarbeziehung stabilisieren. Möglich ist aber auch, dass sich belastende und entlastende Faktoren für die Paarbeziehung beim Übergang in den Ruhestand die Waage halten.

4.2.3   Der Einfluss der Gesundheit auf das Trennungsrisiko[59]

Wie sich der Gesundheitszustand auf die Ehestabilität auswirkt, ist für Deutschland bislang nicht repräsentativ untersucht. Hierzu beigetragen haben die Konzentration fast aller bisherigen Untersuchungen auf frühere Partnerschafts- und Lebensabschnitte, in denen die Gesundheit nur wenig Varianz aufweist, sowie die mangelnde Verfügbarkeit von Gesundheitsinformationen im Längsschnitt in fast allen Datensätzen mit den für Trennungsanalysen notwendigen Informationen (vgl. *Kapitel 3.2.2.3*).

Die nachfolgend in Tabelle 10 berichteten Ergebnisse stützen sich auf Ehen aus dem Sozio-oekonomischen Panel. Sie geben Auskunft über den Einfluss der Gesundheit auf das Trennungsrisiko und erlauben Rückschlüsse auf die Bedeutung von sechs potentiellen Erklärungsansätzen (siehe *Kapitel 2.2.2.3*). Über den Zusammenhang zwischen dem Gesundheitszustand und dem Trennungsrisiko informiert zunächst Modell 1 von Tabelle 10. Unterschieden ist zwischen Paaren, bei denen beide Partner gesund sind (genauer: ihren Gesundheitszustand als sehr gut, gut oder zufriedenstellend bewerten), bei denen nur ein Partner krank ist (genauer: seinen Gesundheitszustand als weniger gut oder schlecht bewertet) oder bei denen beide Partner krank sind.

---

[59] Eine überarbeitete Version dieses Kapitels ist in Heft 4/2012 in der Kölner Zeitschrift für Soziologie und Sozialpsychologie erschienen (Rapp 2012).

Tabelle 10: Gesundheits-Effekte und weitere Determinanten des Trennungsrisikos von Ehen (relative Risiken, generalisiertes Sichel-Modell)

Parameter	Modell 1	Modell 2	Modell 3	Modell 4	Modell 5
nur ein Partner ist krank[1,2]	0,901	1,448 **		1,907 **	1,269 *
beide Partner sind krank[1,2]	0,622 *	1,714 *	1,712 *	2,159 *	1,336
Ehedauer (b-Parameter)		0,899 **	0,899 **	0,907 **	0,906 **
ln Ehedauer (c-Parameter)		1,737 **	1,738 **	1,675 **	1,697 **
Heiratsjahr minus 1900		1,024 **	1,024 **	1,024 *	1,027 **
Heiratsalter des Mannes		0,954	0,954	0,955	0,956
Heiratsalter des Mannes zum Quadrat		1,0005	1,0005	1,0005	1,0005
Heiratsalter der Frau		0,892 **	0,891 **	0,893 **	0,892 **
Heiratsalter der Frau zum Quadrat		1,0008	1,0008	1,0008	1,0009
Mann hat mittlere Reife[1,3]		1,042	1,041	1,038	1,087
Mann hat Fachhochschulreife oder Abitur[1,3]		1,328 *	1,330 *	1,329 *	1,425 *
Mann hat Berufsausbildungsabschluss[1,4]		0,820	0,819	0,817	0,859
Mann hat Hochschulabschluss[1,4]		0,605 **	0,602 **	0,601 **	0,670 *
Frau hat mittlere Reife[1,5]		0,985	0,985	0,987	1,005
Frau hat Fachhochschulreife oder Abitur[1,5]		0,907	0,908	0,914	0,921
Frau hat Berufsausbildungsabschluss[1,6]		0,960	0,961	0,959	1,004
Frau hat Hochschulabschluss[1,6]		0,960	0,962	0,956	1,033
Folgeehe[1,7]		2,062 **	2,060 **	2,066 **	1,960 **
westdeutsche Ehe[1,8]		1,072	1,073	1,069	1,326 *
nur der Mann ist krank[1,2]			1,328 *		
nur die Frau ist krank[1,2]			1,556 **		
nur ein Partner ist krank*Ehedauer				0,980 +	
beide Partner sind krank*Ehedauer				0,985	
Zufriedenheit mit dem Haushaltseinkommen					0,865 **
Zufriedenheit mit der Freizeit					0,981
a-Parameter	-4,620 **	-3,001 **	-3,019 **	-3,027 **	-2,676 *
Ereignisse	613	613	613	613	613
Episoden	65118	65118	65118	65118	65118
Log-Likelihood	-3469,8	-3159,9	-3159,5	-3157,9	-3131,8

Signifikanzlimits: ** $p < 0{,}01$; * $p < 0{,}05$; + $p < 0{,}10$

[1] Dummy-Variable, die bei Vorliegen der genannten Ausprägung mit 1, ansonsten mit 0 kodiert ist.

[2] Referenzkategorie: beide Partner sind gesund

[3] Referenzkategorie: Mann hat höchstens einen Volks- oder Hauptschulabschluss

[4] Referenzkategorie: Mann hat keinen berufsbezogenen Bildungsabschluss

[5] Referenzkategorie: Frau hat höchstens einen Volks- oder Hauptschulabschluss

[4] Referenzkategorie: Frau hat keinen berufsbezogenen Bildungsabschluss

[7] Referenzkategorie: erste Ehe

[8] Referenzkategorie: ostdeutsche Ehe

Quelle: kumulierter Datensatz, eigene Berechnung.

Als Ergebnis zeigt Modell 1 von Tabelle 10 für Paare, bei denen nur einer der beiden Partner krank ist, keinen signifikanten Unterschied des Trennungsrisikos im Vergleich zu Paaren, bei denen beide Partner gesund sind. Hingegen geht ein schlechter Gesundheitszustand von beiden Partnern mit einem signifikant niedrigeren Trennungsrisiko im Vergleich zu der Situation einher, in der beide Partner bei guter Gesundheit sind.

Die in Modell 1 ausgewiesenen Effekte bzw. Zusammenhänge lassen sich allerdings nicht als Einfluss der Gesundheit auf das Trennungsrisiko interpretieren. Denn der Gesundheitszustand ist mit der Ehedauer und mit weiteren Merkmalen korreliert, die gleichzeitig das Trennungsrisiko beeinflussen. Um Auskunft über den Einfluss der Gesundheit auf das Trennungsrisiko zu erhalten, sind in Modell 2 von Tabelle 10 die Ehedauer und das Heiratsalter von beiden Partnern (und somit auch das Alter von beiden Partnern), das Bildungsniveau von beiden Partnern und weitere Kovariate konstant gehalten. Sowohl ein schlechter Gesundheitszustand von nur einem Partner als auch von beiden Partnern gehen nun mit einem (um den Faktor 1,448 respektive um den Faktor 1,714) signifikant erhöhten Trennungsrisiko einher im Vergleich zu Paaren, bei denen beide Partner gesund sind.

Mit Blick auf die diskutierten Erklärungsansätze zum Einfluss von gesundheitlichen Beeinträchtigungen auf das Trennungsrisiko bedeutet dies zunächst, dass soziale Erwartungen an den gesunden Partner, die Beziehung aufrecht zu erhalten, allenfalls eine untergeordnete Bedeutung für das Trennungsrisiko spielen. Dasselbe gilt für die steigende Abhängigkeit des kranken Partners sowie für die Verschlechterung der Alternativen. Denn diese Erklärungsansätze lassen erwarten, dass das Trennungsrisiko infolge von Krankheit sinkt (vgl. die Hypothesenübersicht in Abbildung 4 in *Kapitel 2.2.2.3*), das Gegenteil ist aber der Fall. Demgegenüber könnte eine Verschlechterung des Partnermatchs zwar erklären, dass das Trennungsrisiko steigt, wenn ein Partner krank ist. In diesem Fall wäre jedoch für die Situation, in der beide Partner krank sind, kein erhöhtes Trennungsrisikos zu erwarten gewesen – die Ergebnisse zeigen aber, dass das Trennungsrisiko auch dann signifikant (und tendenziell sogar am stärksten) erhöht ist, wenn beide Partner krank sind. Das höhere Trennungsrisiko von Ehen, bei denen ein Partner oder bei denen beide Partner krank sind, lässt sich folglich nur durch die mit Krankheit einhergehenden Belastungen erklären. In Betracht zu ziehen ist allerdings auch, dass Erkrankungen und Trennungen in denselben unbeobachteten Faktoren (partnerschaftliche Konflikte, Substanzmissbrauch etc.) begründet sind.

Bislang wurde nicht berücksichtigt, dass der Effekt von Krankheit auf das Trennungsrisiko unterschiedlich ausfallen könnte, je nachdem, ob die Frau oder der Mann gesundheitlich beeinträchtigt ist. Um dies zu prüfen, wird in Modell 3 die Kategorie „nur ein Partner ist krank" zusätzlich danach differenziert, ob nur der Mann krank ist oder nur die Frau. Als Ergebnis zeigt sich in beiden Fällen ein signifikant höheres Trennungsrisiko im Vergleich zu Ehen, bei denen beide Partner gesund sind. Tendenziell fällt die Risikosteigerung stärker aus, wenn nur die Frau krank ist als wenn nur der Mann krank ist. Dieser Unterschied liegt aber, dies zeigen zusätzliche Tests, im statistischen Zufallsbereich. In den folgenden Modellen wird die Kategorie „nur ein Partner ist krank" deshalb nicht mehr nach dem Geschlecht des kranken Partners differenziert.

Die beiden verbleibenden Erklärungsansätze für den ungünstigen Effekt von Krankheit auf die Ehestabilität legen jeweils nahe, dass der Effekt von Krankheit auf das Trennungsrisiko mit zunehmender Ehedauer sinkt – weil die mit Krankheit einhergehenden Belastungen in frühen Ehejahren schwerwiegender sind bzw. weil Erkrankungen vor allem in frühen Ehejahren auf unbeobachtete Risikofaktoren für eine niedrige Ehestabilität hinweisen. Um diese Annahme zu prüfen, werden in Modell 4, im Unterschied zu Modell 2, zusätzlich Interaktionseffekte zwischen dem Gesundheitszustand und der Ehedauer einbezogen. Als Ergebnis zeigt sich erwartungsgemäß, dass der Einfluss von gesundheitlichen Beeinträchtigungen auf das Trennungsrisiko mit steigender Ehedauer nachlässt. Bezogen auf die Situation, in der nur einer der beiden Partner krank ist, erhöht eine Erkrankung das Trennungsrisiko zu Beginn der Ehe um den Faktor 1,907 bzw. um etwas weniger als das Doppelte im Vergleich zur Situation, in der beide Partner gesund sind. Dieser Effekt vermindert sich mit jedem Jahr, das die Ehe länger andauert, um den Faktor 0,980. Somit geht eine Erkrankung von nur einem Partner nach etwas mehr als 30 Ehejahren nicht mehr mit einem erhöhten Trennungsrisiko einher. Die Interaktion ist allerdings nur schwach signifikant. Sind beide Partner krank, zeigt sich ebenfalls ein mit zunehmender Ehedauer tendenziell nachlassender destabilisierender Einfluss von Krankheit auf das Trennungsrisiko, der Interaktionseffekt erreicht jedoch keine statistische Signifikanz.

Um Klarheit darüber zu bekommen, ob eine schlechte Gesundheit tatsächlich ursächlich für die niedrigere Ehestabilität ist, werden in Modell 5 von Tabelle 10 potentielle Belastungsfaktoren, die den Einfluss von Krankheit auf das Trennungsrisiko mutmaßlich vermitteln, konstant gehalten. Es handelt sich dabei um die Zufriedenheit mit dem Haushaltseinkommen sowie um die Zufriedenheit mit der Freizeit. Als Ergebnis zeigt Modell 5, dass eine hohe Zufriedenheit mit dem Haushaltseinkommen das Trennungsrisiko reduziert. Demgegenüber hat die Freizeitzufriedenheit keinen Einfluss auf das Trennungsrisiko. Weiterhin zeigt sich, dass die mit einer schlechten Gesundheit von einem bzw. von beiden Partnern einhergehenden Effekte auf das Trennungsrisiko bei gegebener Zufriedenheit mit dem Haushaltseinkommen und gegebener Freizeitzufriedenheit deutlich schwächer ausfallen (vgl. die Zeilen 1 und 2 von Modell 2 und Modell 5). Dieses Ergebnis stützt die Schlussfolgerung, dass gesundheitliche Beeinträchtigungen tatsächlich ursächlich für das erhöhte Trennungsrisiko sind. Der ungünstige Einfluss von Krankheit auf die Ehestabilität ist demnach zu einem Teil auf die reduzierte Zufriedenheit mit dem Haushaltseinkommen bzw. auf finanzielle Belastungen zurückzuführen, die mit einer Krankheit von einem Partner oder von beiden Partnern einhergehen.[60]

Zusammengefasst weisen die Ergebnisse darauf hin, dass das erhöhte Trennungsrisiko von Paaren, bei denen ein Partner krank ist oder bei denen beide Partner krank sind, zumindest teilweise durch die mit Krankheit einhergehenden Belastungen zu erklären ist. Dabei bestätigt sich die Erwartung dieses Erklärungsansatzes auch dahingehend, dass gesundheitliche Beeinträchtigungen das Trennungsrisiko nur bei Ehen mit (noch) kürzerer Dauer erhöhen, weil in jungen Jahren der Effekt auf die finanzielle Situation nachhaltiger ist und weil gemeinsame Zukunftspläne eher infrage gestellt sind. Andere Erklärungsansätze für den Effekt von Krankheit auf das Trennungsrisiko – soziale Erwartungen an den gesunden Partner, eine steigende Abhängigkeit des kranken Partners, eine Reduktion der Alternativen sowie eine Verschlechterung des Partnermatchs – sind hingegen von untergeordneter Bedeutung für das Trennungsrisiko.

---

[60] Ergänzende Analysen (Rapp 2012) deuten darauf hin, dass nicht Einkommensausfälle infolge von Krankheit, sondern höhere Ausgaben aufgrund von Krankheit zu dem höheren Trennungsrisiko im Falle von Krankheit beitragen.

4.3 Determinanten der Ehestabilität, die möglicherweise in späteren Ehephasen eine andere Bedeutung für die Ehestabilität haben als in frühen Ehephasen

Die folgenden beiden Kapitel informieren darüber, ob sich die Einflüsse des Bildungsniveaus und die Einflüsse der Bildungs- und Altershomogamie der Partner auf das Trennungsrisiko ändern, wenn Ehen älter werden. Sie geben außerdem Auskunft darüber, ob sich die Einflüsse dieser Faktoren in der Kohortenabfolge (d. h. zwischen in älterer und in jüngerer Zeit geschlossenen Ehen) verändert haben. Das Interesse der vorliegenden Untersuchung an der zweiten Frage gründet darauf, dass eine längere Ehedauer, bezogen auf die zu einem Kalenderzeitpunkt bestehenden Ehen, mit einer älteren Heiratsko-horte einhergeht. Unterschiedliche Einflüsse des Bildungsniveaus sowie der Bildungs- und Altershomogamie auf das Trennungsrisiko bei den zum Bei-spiel „heute" bestehenden älteren und jüngeren Ehen können folglich nicht nur in einer Veränderung dieser Einflüsse im Eheverlauf begründet sein, sondern auch darin, dass sich die Effekte der Bildung und der Bildungs- und Altershomogamie in der Kohortenabfolge verändert haben.[61]

4.3.1 Der Einfluss des Bildungsniveaus auf das Trennungsrisiko in späteren Ehephasen

Verschiedene Argumente legen nahe, dass das Bildungsniveau der Partner in lange andauernden Ehen und bei Ehen aus älteren Heiratskohorten eine andere Bedeutung für die Ehestabilität hat als in kürzeren Ehen und bei Ehen aus jüngeren Heiratskohorten (siehe *Kapitel 2.2.3.1*). Die an dieser Stelle prä-

---

[61] Hinzu kommt ein methodisch begründetes Interesse an der Frage, ob sich die Effekte des Bildungsniveaus sowie der Bildungs- und Altershomogamie auf die Ehestabilität in der Kohortenabfolge verändert haben. Denn in den nachfolgend analysierten Längsschnittdaten geht eine längere Ehedauer tendenziell mit einer älteren Heiratskohorte einher. Indem Interaktionseffekte zwischen den genannten Trennungsdeterminanten und der Heiratsko-horte kontrolliert werden, repräsentieren die ausgewiesenen Interaktionseffekte zwischen der Ehedauer und dem Bildungsniveau bzw. der Bildungs- und Altershomogamie die Veränderung von Bildungseffekten und von Effekten der Bildungs- und Altershomogamie im Eheverlauf, und können nicht auch in einer Veränderung der Effekte dieser Trennungs-determinanten in der Kohortenabfolge begründet sein.

sentierten Ergebnisse zum Einfluss des Bildungsniveaus auf das Trennungsrisiko beziehen sich auf Daten aus dem ALLBUS, aus dem Generations and
Gender Survey, aus der Lebensverlaufsstudie, aus der Mannheimer Scheidungsstudie und aus dem Sozio-oekonomischen Panel. Indem kumulierte
Daten aus fünf großen Umfragedatensätzen analysiert werden, stehen sehr
große Fallzahlen zur Verfügung, die notwendig sind, um die Veränderung
von Bildungseinflüssen auf das Trennungsrisiko im Eheverlauf und in der
Kohortenabfolge untersuchen zu können.

Es werden getrennte Analysen zum Einfluss der Bildung der Frau und
des Mannes auf das Trennungsrisiko durchgeführt. Auf eine Kontrolle der
Bildung des Partners wird jeweils verzichtet, da für den größeren Teil der
Ehen im kumulierten Datensatz (dies betrifft die Ehen aus dem ALLBUS, aus
dem GGS und aus der Teilstichprobe LV1 der Lebensverlaufsstudie) nur
entweder Informationen zur Bildung der Frau oder zur Bildung des Mannes
vorliegen (siehe *Kapitel 3.2.3.1*). Dies ist bei der Interpretation der Ergebnisse
zu berücksichtigen und impliziert – da Ehepartner häufig ein ähnliches Bildungsniveau aufweisen (Blossfeld und Timm 2003) – für den Fall, dass die
Effekte für Frauen und Männer in dieselbe Richtung weisen, eine Überschätzung und im umgekehrten Fall eine Unterschätzung der Effekte der Bildung
der Frau bzw. des Mannes auf das Trennungsrisiko.[62]

Auskunft über den Effekt der schulischen und beruflichen Bildung der
Frau auf das Trennungsrisiko in Form von relativen Risiken geben die in
Tabelle 11 präsentierten Regressionsergebnisse. In allen Modellen sind das
Heiratsjahr, das Heiratsalter der Frau und weitere Kovariate mit einbezogen
und dadurch konstant gehalten. Da außerdem sowohl das schulische als
auch das berufliche Bildungsniveau der Frau in das Modell einbezogen sind,
repräsentieren die ausgewiesenen Effekte für die Schulbildung der Frau den
Einfluss der Schulbildung bei gegebenem beruflichem Bildungsniveau. Die
Effekte für die berufliche Bildung der Frau lassen sich entsprechend als Einfluss der beruflichen Bildung bei gegebener Schulbildung interpretieren.

---

[62] In gewisser Weise werden Bildungseffekte auf diese Weise (d. h. ohne Konstanthaltung
der Bildung des Partners) aber auch angemessen abgebildet, da sich die Bildung des Partners auch als intervenierende Variable begreifen lässt, die den Einfluss des Bildungsniveaus
auf das Trennungsrisiko vermittelt – indem zum Beispiel ein höheres Bildungsniveau einen
Partner mit höherer Bildung wahrscheinlicher macht, und darüber vermittelt das Trennungsrisiko (zusätzlich) erhöht oder reduziert.

Tabelle 11: Effekte der Bildung der Frau und weitere Determinanten des Trennungsrisikos von Ehen (relative Risiken, generalisiertes Sichel-Modell)

Parameter	Modell 1	Modell 2	Modell 3
Frau hat mittlere Reife[1,2]	1,272 **	2,294 **	2,195 **
Frau hat Fachhochschulreife oder Abitur[1,2]	1,260 **	4,143 **	3,032 **
Frau hat Berufsausbildungsabschluss[1,3]	0,952	2,348 **	2,353 **
Frau hat Hochschulabschluss[1,3]	1,019	2,548 *	2,565 *
Ehedauer (b-Parameter)	0,919 **	0,919 **	0,917 **
ln Ehedauer (c-Parameter)	1,873 **	1,865 **	1,855 **
Heiratsjahr minus 1900	1,030 **	1,045 **	1,045 **
Heiratsalter der Frau	0,326 **	0,329 **	0,328 **
Heiratsalter der Frau zum Quadrat	1,044 **	1,044 **	1,044 **
Heiratsalter der Frau zur dritten Potenz	0,9993 **	0,9993 **	0,9993 **
Heiratsalter der Frau zur vierten Potenz	1,000004 **	1,000004 **	1,000004 **
Folgeehe[1,4]	2,222 **	2,161 **	2,160 **
westdeutsche Ehe[1,5]	1,125 *	1,100 *	1,101 *
Frau hat mittlere Reife*Heiratsjahr		0,992 **	0,992 **
Frau hat Fachhochschulreife oder Abitur*Heiratsjahr		0,984 **	0,986 **
Frau hat Berufsausbildungsabschluss*Heiratsjahr		0,987 **	0,986 **
Frau hat Hochschulabschluss*Heiratsjahr		0,986 **	0,986 *
Frau hat mittlere Reife*Ehedauer			1,002
Frau hat Fachhochschulreife oder Abitur*Ehedauer			1,013
Frau hat Berufsausbildungsabschluss*Ehedauer			1,000
Frau hat Hochschulabschluss*Ehedauer			0,999
a-Parameter	2,967 *	1,817	1,889
Ereignisse	4935	4935	4935
Episoden	485128	485128	485128
Log-Likelihood	-18866,6	-18831,3	-18829,7

Signifikanzlimits: ** p < 0,01; * p < 0,05; + p < 0,10

[1] Dummy-Variable, die bei Vorliegen der genannten Ausprägung mit 1, ansonsten mit 0 kodiert ist.

[2] Referenzkategorie: Frau hat höchstens Volks- oder Hauptschulabschluss

[3] Referenzkategorie: Frau hat keinen berufsbezogenen Bildungsabschluss

[4] Referenzkategorie: erste Ehe

[5] Referenzkategorie: ostdeutsche Ehe

Quelle: kumulierter Datensatz, eigene Berechnung.

Aus Modell 1 von Tabelle 11 geht hervor, dass eine höhere Schulbildung der Frau das Trennungsrisiko – im Durchschnitt aller hier betrachteten Heiratskohorten und Ehedauern (bzw. ohne Berücksichtigung von möglichen Interaktionseffekten mit dem Heiratsjahr und mit der Ehedauer) – signifikant erhöht. Besitzt die Ehefrau die mittlere Reife oder die Fachhochschulreife oder das Abitur, beträgt die Risikosteigerung im Vergleich zu Frauen, die höchstens über einen Volks- oder Hauptschulabschluss verfügen, jeweils etwas mehr als ein Viertel. Ob die Frau über einen Berufsausbildungsabschluss oder über einen Hochschulabschluss verfügt oder nicht, ist hingegen unerheblich für das Trennungsrisiko (vgl. dazu jedoch einschränkend die folgenden Ergebnisse zu Interaktionseffekten mit dem Heiratsjahr und mit der Ehedauer).

In Modell 2 von Tabelle 11 wird untersucht, ob sich der Einfluss der Bildung der Frau auf das Trennungsrisiko in der Kohortenabfolge verändert hat. Zu diesem Zweck werden zusätzlich Interaktionseffekte zwischen den verschiedenen Bildungskategorien und dem Heiratsjahr berücksichtigt. Als Ergebnis zeigen sich sowohl für eine höhere schulische Bildung als auch für eine Berufsausbildung und für einen Hochschulabschluss signifikante Interaktionseffekte mit dem Heiratsjahr. Dies bedeutet, dass sich die Einflüsse der schulischen und der beruflichen Bildung der Frau auf die Ehestabilität in der Kohortenabfolge verändert haben. Die Ergebnisse implizieren zum Beispiel für Ehen, die im Jahr 1950 geschlossen wurden, für Frauen mit mittlerer Reife ein um den Faktor $(2{,}294 \times 0{,}992^{50}=)$ 1,54 erhöhtes Trennungsrisiko im Vergleich zu Frauen mit höchstens Volks- oder Hauptschulabschluss. Für Frauen mit Fachhochschulreife oder Abitur ist das Trennungsrisiko für diese Heiratskohorte um den Faktor $(4{,}143 \times 0{,}984^{50}=)$ 1,85 im Vergleich zu Frauen mit höchstens Volks- oder Hauptschulabschluss erhöht. Frauen mit Berufsausbildungsabschluss, die 1950 geheiratet haben, verzeichnen ein $(2{,}348 \times 0{,}987^{50}=)$ 1,22-fach erhöhtes und Frauen mit Hochschulabschluss, die in diesem Jahr geheiratet haben, ein $(2{,}548 \times 0{,}986^{50}=)$ 1,26-fach erhöhtes Trennungsrisiko im Vergleich zu Frauen ohne berufliche Ausbildung. Mit jedem Kalenderjahr, um das die Heirat später erfolgt, reduzieren sich die destabilisierenden Effekte einer höheren schulischen und berufsbezogenen Bildung der Frau. Zum Beispiel reduziert sich das Trennungsrisiko für Frauen mit mittlerer Reife im Vergleich zu Frauen mit höchstens Volks- oder Hauptschulabschluss mit jedem Kalenderjahr, um das die Heirat später erfolgt, um den Faktor 0,992.

Daraus ergibt sich für die Bildung der Frau, dass die mittlere Reife respektive die Fachhochschulreife und das Abitur das Trennungsrisiko, verglichen mit Ehen, bei denen die Frau höchstens über einen Volks- oder Hauptschulabschluss verfügt, nur bis zum Jahr 2003 respektive nur bis zum Jahr 1989 erhöhen. Ein Berufsausbildungsabschluss der Frau steigert das Trennungsrisiko nur bis zum Jahr 1965 und ein Hochschulabschluss der Frau steigert das Trennungsrisiko nur bis zum Jahr 1966 über dasjenige von Frauen hinaus, die über keine berufliche Ausbildung verfügen. Die zugrundeliegenden Effektstärken und die daraus resultierenden Kalenderjahre sollten allerdings nicht im Detail interpretiert werden, sondern in ihrer Grundaussage beurteilt werden. Die Grundaussage ist, dass sich der Einfluss der Bildung der Frau auf das Trennungsrisiko in der Kohortenabfolge gedreht hat. Ein höheres Bildungsniveau der Frau reduziert die Ehestabilität bei den älteren Heiratskohorten und erhöht die Ehestabilität bei den jüngeren Heiratskohorten.

In Modell 3 von Tabelle 11 sind in Ergänzung zu Modell 2 zusätzlich Interaktionseffekte zwischen der Bildung der Frau und der Ehedauer mit einbezogen. Die Interaktionseffekte zwischen der Bildung der Frau und dem Heiratsjahr bleiben dadurch praktisch unverändert, und es zeigen sich weder für das schulische noch für das berufliche Bildungsniveau der Frau signifikante Interaktionseffekte mit der Ehedauer. Für den Einfluss der Bildung der Frau auf das Trennungsrisiko ist es demnach unerheblich, ob die Ehe erst seit kürzerer Zeit oder bereits seit längerer Zeit andauert.

Wie sich die Bildung des Ehemannes auf das Trennungsrisiko auswirkt, geht aus den in Tabelle 12 dokumentierten Regressionsergebnissen hervor. Die Modelle entsprechen jenen zum Einfluss der Bildung der Frau auf das Trennungsrisiko, außer dass für personenbezogene Merkmale Informationen über den Mann berücksichtigt werden. Modell 1 von Tabelle 12 zeigt, dass eine höhere Schulbildung des Mannes, im Durchschnitt aller hier betrachteten Ehen (bzw. ohne Berücksichtigung von möglichen Interaktionseffekten mit dem Heiratsjahr und mit der Ehedauer) sowie bei gegebener beruflicher Ausbildung und unter Kontrolle einiger weiterer Faktoren, das Trennungsrisiko erhöht. Eine Berufsausbildung des Mannes und eine Hochschulausbildung des Mannes reduzieren hingegen das Trennungsrisiko.

Tabelle 12: Effekte der Bildung des Mannes und weitere Determinanten des Trennungsrisikos von Ehen (relative Risiken, generalisiertes Sichel-Modell)

Parameter	Modell 1	Modell 2	Modell 3
Mann hat mittlere Reife[1,2]	1,109 *	1,645 *	1,296
Mann hat Fachhochschulreife oder Abitur[1,2]	1,287 **	2,307 **	2,353 *
Mann hat Berufsausbildungsabschluss[1,3]	0,738 **	0,953	0,772
Mann hat Hochschulabschluss[1,3]	0,654 **	1,734	1,031
Ehedauer (b-Parameter)	0,925 **	0,924 **	0,913 **
ln Ehedauer (c-Parameter)	1,863 **	1,862 **	1,861 **
Heiratsjahr minus 1900	1,036 **	1,045 **	1,042 **
Heiratsalter des Mannes	0,426 **	0,418 **	0,417 **
Heiratsalter des Mannes zum Quadrat	1,030 **	1,031 **	1,031 **
Heiratsalter des Mannes zur dritten Potenz	0,9995 **	0,9995 **	0,9995 **
Heiratsalter des Mannes zur vierten Potenz	1,000003 **	1,000003 **	1,000003 **
Folgeehe[1,4]	2,378 **	2,345 **	2,343 **
westdeutsche Ehe[1,5]	1,047	1,038	1,043
Mann hat mittlere Reife*Heiratsjahr		0,994 +	0,996
Mann hat Fachhochschulreife oder Abitur*Heiratsjahr		0,992 +	0,992 +
Mann hat Berufsausbildungsabschluss*Heiratsjahr		0,996	0,998
Mann hat Hochschulabschluss*Heiratsjahr		0,987 *	0,991
Mann hat mittlere Reife*Ehedauer			1,009
Mann hat Fachhochschulreife oder Abitur*Ehedauer			1,000
Mann hat Berufsausbildungsabschluss*Ehedauer			1,009
Mann hat Hochschulabschluss*Ehedauer			1,020 +
a-Parameter	1,022	0,604	0,925
Ereignisse	4333	4333	4333
Episoden	455364	455364	455364
Log-Likelihood	-15693,1	-15679,4	-15675,8

Signifikanzlimits: ** $p < 0,01$; * $p < 0,05$; + $p < 0,10$

[1] Dummy-Variable, die bei Vorliegen der genannten Ausprägung mit 1, ansonsten mit 0 kodiert ist.

[2] Referenzkategorie: Mann hat höchstens Volks- oder Hauptschulabschluss

[3] Referenzkategorie: Mann hat keinen berufsbezogenen Bildungsabschluss

[4] Referenzkategorie: erste Ehe

[5] Referenzkategorie: ostdeutsche Ehe

Quelle: kumulierter Datensatz, eigene Berechnung.

In Modell 2 von Tabelle 12 werden zusätzlich Interaktionseffekte zwischen der Bildung des Mannes und dem Heiratsjahr einbezogen. Als Ergebnis zeigt sich, dass sich das Trennungsrisiko für Männer mit mittlerer Reife bzw. für Männer mit Fachhochschulreife oder Abitur im Vergleich zu Männern mit höchstens Volks- oder Hauptschulabschluss mit jedem Kalenderjahr, um das die Heirat später erfolgt, jeweils schwach signifikant um den Faktor 0,994 bzw. um den Faktor 0,992 reduziert. Die Ergebnisse implizieren, dass eine höhere Schulbildung des Mannes nur bei Ehen aus älteren Eheschließungs-kohorten mit einem erhöhten Trennungsrisiko einhergeht.[63] Für die berufs-bezogene Ausbildung erreicht nur die Interaktion zwischen einem Hoch-schulabschluss des Mannes und dem Heiratsjahr statistische Signifikanz. Mit jedem Jahr, um das die Heirat später erfolgt, reduziert sich das Trennungsri-siko für Männer mit Hochschulabschluss im Vergleich zu demjenigen von Männern ohne berufsbezogenen Bildungsabschluss um den Faktor 0,986. Aus einer Verrechnung dieses Interaktionseffekts mit dem zugehörigen Haupteffekt ergibt sich, dass eine Hochschulausbildung des Mannes das Trennungsrisiko (zumindest seit Anfang bis Mitte der 1940er Jahre) zuneh-mend stärker reduziert.[64]

In Modell 3 von Tabelle 12 sind zusätzlich Interaktionsterme zwischen der Bildung des Mannes und der Ehedauer einbezogen. Die Interaktionsef-fekte zwischen der schulischen und beruflichen Bildung des Mannes und dem Heiratsjahr reduzieren sich dadurch zum Teil und sind teilweise nicht mehr signifikant, ändern sich aber nicht grundlegend. Ein – allerdings nur schwach – signifikanter Interaktionseffekt mit der Ehedauer zeigt sich einzig für einen Hochschulabschluss des Mannes. Mit jedem zusätzlichen Jahr, um das die Ehe länger andauert, steigt das Trennungsrisiko für Männer mit Hochschulabschluss im Vergleich zu demjenigen von Männern ohne berufs-

---

[63] Dies geht aus der Verrechnung der Haupteffekte aus den ersten beiden Zeilen von Mo-dell 2 mit den zugehörigen Interaktionseffekten hervor (siehe dazu die oben erläuterte Verrechnung der Effekte für die Schulbildung der Frau).

[64] Die Kalenderjahre 1941 und 1942, zwischen denen der Effekt für einen Hochschulab-schluss des Mannes gemäß den Schätzergebnissen aus Modell 2 von Tabelle 12 umkehrt, liegen zwar noch innerhalb des durch die Daten abgebildeten Wertebereichs für das Hei-ratsjahr, aber nahe an dessen unterem Ende. Es lassen sich deshalb keine Aussagen darüber treffen, ob ein Hochschulabschluss des Mannes das Trennungsrisiko bei Ehen, die vor den 1940er Jahren geschlossen wurden, erhöht.

bezogenen Bildungsabschluss um den Faktor 1,020 bzw. um zwei Prozent. Die Implikationen, die mit dieser Interaktion verbunden sind, erschließen sich anhand der in Modell 3 ausgewiesenen Effekte nicht unmittelbar, weil neben Interaktionseffekten mit der Ehedauer auch Interaktionseffekte mit dem Heiratsjahr in das Modell einbezogen sind und weil sich der Effekt eines Hochschulabschlusses in der Kohortenabfolge verändert hat. Die Ergebnisse implizieren, dass ein Hochschulabschluss des Mannes die Ehe vor allem in einer frühen Phase stabilisiert und in späteren Ehejahren an Bedeutung für das Trennungsrisiko verliert.

Zusammenfassend zeigen die Ergebnisse, dass sich sowohl die Effekte der Bildung der Frau als auch, etwas weniger stark, die Effekte der Bildung des Mannes auf das Trennungsrisiko in der Kohortenabfolge grundlegend verändert haben. Dabei bestätigen sich für das Bildungsniveau der Frau die Erwartungen, dass eine Berufsausbildung sowie eine Hochschulausbildung und die damit einhergehenden besseren Einkommenschancen der Frau das Trennungsrisiko in älteren Heiratskohorten erhöhen und in jüngeren Heiratskohorten reduzieren, weil destabilisierende Unabhängigkeitseffekte und vor allem fehlende Spezialisierungsvorteile an Bedeutung verloren haben und im Gegenzug stabilisierende Einkommenseffekte an Bedeutung gewonnen haben bzw. zunehmend den Ausschlag geben. Zu dem in jüngerer Zeit erhöhten Trennungsrisiko von Frauen ohne Berufsausbildung hat möglicherweise auch die Bildungsexpansion beigetragen, in deren Zuge Frauen ohne Berufsausbildung eine zunehmend selektivere Gruppe darstellen und in zunehmender Weise zu den Benachteiligten gehören. Hiermit lässt sich auch erklären, dass eine fehlende Berufsausbildung des Mannes die Ehestabilität in der Kohortenabfolge immer stärker reduziert.

Für eine höhere Schulbildung zeigt sich (bei gegebener berufsbezogener Bildung), sowohl für Frauen als auch für Männer, ein Anstieg des Trennungsrisikos bei älteren Heiratskohorten und ein Rückgang des Trennungsrisikos in jüngeren Heiratskohorten. Da in den zugrundeliegenden Regressionsmodellen jeweils die Bildung des Partners nicht kontrolliert werden konnte und weil Ehepartner häufig ein ähnliches Bildungsniveau aufweisen, muss man tendenziell von einer Überschätzung der Einflüsse der schulischen Bildung der Frau bzw. des Mannes auf das Trennungsrisiko ausgehen. Die etwas schwächer ausgeprägten Effekte der Schulbildung des Mannes im Vergleich zur Schulbildung der Frau könnten vor diesem Hintergrund auch darauf hindeuten, dass die Schulbildung des Mannes keinen oder nur einen sehr schwachen eigenständigen Effekt auf die Ehestabilität hat. Die Umkehr des Einflusses der Schulbildung auf das Trennungsrisiko in der Kohortenabfolge lässt sich möglicherweise darauf zurückführen, dass Personen mit niedriger Schulbildung (wenn auch in geringerem Maße als Personen ohne berufsbezogenen Bildungsabschluss) im Zuge der Bildungsexpansion in zunehmender Weise zu den Benachteiligten gehören. Das Ergebnis passt zudem zu der Vermutung, dass liberalere Einstellungen gegenüber Trennung und Scheidung zuerst in höheren Bildungsgruppen und erst später in unteren Bildungsgruppen Verbreitung gefunden haben (siehe *Kapitel 2.2.3.1*).

Demgegenüber sind Bildungseinflüsse auf das Trennungsrisiko weitgehend unabhängig von der Ehedauer. Einzig der Effekt für einen Hochschulabschluss des Mannes interagiert schwach signifikant mit der Ehedauer, indem ein Hochschulabschluss des Mannes das Trennungsrisiko im Vergleich zu Ehen, bei denen der Mann über keine berufliche Ausbildung verfügt, vor allem in einer frühen Ehephase stabilisiert und in späteren Ehejahren an Bedeutung für das Trennungsrisiko verliert. Dieser (allerdings nur schwach) signifikante Interaktionseffekt steht im Einklang mit den theoretischen Erwartungen, wonach die an das Bildungsniveau geknüpften Unterschiede in Bezug auf die Ausstattung mit materiellen und immateriellen Ressourcen im Eheverlauf an Bedeutung verlieren, zum Beispiel aufgrund von Lernprozessen in der Beziehung, und wonach sich der Prognosewert der Bildung des Mannes für den Sozialstatus reduziert, wenn sich die realisierten Berufsbiografien abzeichnen.

4.3.2   Der Einfluss der Bildungs- und Altershomogamie der Partner auf das Trennungsrisiko in späteren Ehephasen

Außer für den Gesundheitszustand und für das Bildungsniveau ist auch für die Bildungs- und Altershomogamie der Partner in Betracht zu ziehen, dass diese Faktoren in lange andauernden Ehen eine andere Bedeutung für die Ehestabilität haben als in früheren Ehephasen (siehe *Kapitel 2.2.3.2*).

Für die Analysen zum Einfluss der Bildungshomogamie der Partner auf das Trennungsrisiko stehen deutlich kleinere Fallzahlen zur Verfügung als für die vorstehenden Analysen zum Einfluss der Bildung der Frau bzw. zum

Einfluss der Bildung des Mannes. Denn es können nur noch Ehen berücksichtigt werden, bei denen Informationen zur Bildung von beiden Partnern vorliegen. Dies ist bei den Ehen aus der Mannheimer Scheidungsstudie, aus dem Sozio-oekonomischen Panel und aus der Teilstichprobe LV2 der Lebensverlaufsstudie der Fall. Damit stehen gleichwohl noch immer ausreichend große Fallzahlen zur Verfügung, um untersuchen zu können, wie sich der Einfluss von Bildungsunterschieden auf das Trennungsrisiko im Eheverlauf und in der Kohortenabfolge verändert bzw. verändert hat.[65]

Über den Einfluss von Bildungsunterschieden zwischen den Partnern auf das Trennungsrisiko informieren die in Tabelle 13 präsentierten Regressionsergebnisse. In allen Modellen ist neben weiteren Kovariaten jeweils auch das durchschnittliche Bildungsniveau der Partner (in Bildungsjahren) konstant gehalten. Die Effekte von Bildungsunterschieden auf das Trennungsrisiko werden somit nicht durch Bildungsniveau-Effekte überlagert.[66] Da aus dem vorstehenden Kapitel bekannt ist, dass eine höhere Bildung (sowohl des Mannes als auch der Frau) das Trennungsrisiko in älteren Heiratskohorten erhöht und in jüngeren Heiratskohorten reduziert, wird zusätzlich ein Interaktionseffekt zwischen dem durchschnittlichen Bildungsniveau der beiden Partner und dem Heiratsjahr berücksichtigt. Im Einklang mit den vorstehenden Ergebnissen ist dieser Interaktionseffekt in allen Modellen signifikant. Ein ebenfalls einbezogener Interaktionseffekt zwischen dem durchschnittlichen Bildungsniveau und der Ehedauer ist hingegen, ebenfalls im Einklang mit den vorstehenden Ergebnissen, nicht signifikant.

Aus Modell 1 von Tabelle 13 geht hervor, dass Bildungsdifferenzen zwischen den Partnern das Trennungsrisiko signifikant erhöhen. Unterscheiden

---

[65] In den weiter unten dokumentierten Analysen zu den Einflüssen von Altersunterschieden auf das Trennungsrisiko, die sich auf größere Fallzahlen stützen, wird außerdem analysiert, ob sich die Einflüsse von Altersunterschieden ändern, wenn die Kinder ausziehen oder wenn der Mann in den Ruhestand eintritt. Darauf wird an dieser Stelle aufgrund von zu geringen Fallzahlen verzichtet. Denn die Berücksichtigung der genannten Faktoren würde zu einer weiteren deutlichen Fallzahlreduktion führen. Es lassen sich deshalb keine aussagekräftigen Ergebnisse darüber erzielen, ob sich der Einfluss von Bildungsunterschieden auf das Trennungsrisiko ändert, wenn Kinder ausziehen oder wenn der Mann in den Ruhestand eintritt.

[66] Dies könnte ansonsten, d. h. ohne Konstanthaltung des durchschnittlichen Bildungsniveaus der Partner, dann der Fall sein, wenn größere (oder kleinere) Bildungsunterschiede mit einem im Durchschnitt höheren Bildungsniveau einhergehen.

sich der Ehemann und die Ehefrau hinsichtlich ihres Bildungsniveaus (bzw. hinsichtlich der zum Erreichen dieses Bildungsniveaus erforderlichen Mindestdauern) um mehr als ein Bildungsjahr, ist das Trennungsrisiko um den Faktor 1,207 bzw. um etwa ein Fünftel im Vergleich zu bildungshomogamen Paaren erhöht.

Tabelle 13: Effekte der Bildungshomogamie und weitere Determinanten des Trennungsrisikos von Ehen (relative Risiken, generalisiertes Sichel-Modell)

Parameter	Modell 1	Modell 2	Modell 3
bildungsheterogames Paar[1,2]	1,207 **		
Ehedauer (b-Parameter)	0,919 **	0,919 **	0,922 **
ln Ehedauer (c-Parameter)	2,017 **	2,017 **	2,010 **
Heiratsjahr minus 1900	1,094 **	1,094 **	1,098 **
Heiratsalter (Durchschnitt von Mann und Frau)	0,907 **	0,906 **	0,905 **
Heiratsalter (Durchschnitt von Mann und Frau) zum Quadrat	1,001	1,001	1,001
Folgeehe[1,3]	2,495 **	2,491 **	2,487 **
westdeutsche Ehe[1,4]	1,297 **	1,317 **	1,317 **
Bildungsjahre (Durchschnitt von Mann und Frau)	1,321 **	1,320 **	1,309 **
Bildungsjahre (Durchschnitt von Mann und Frau)*Heiratsjahr	0,996 **	0,996 **	0,996 **
Bildungsjahre (Durchschnitt von Mann und Frau)*Ehedauer	1,001	1,001	1,001
Mann hat höhere Bildung[1,2]		1,144 *	2,271 *
Frau hat höhere Bildung[1,2]		1,368 **	5,891 **
Mann hat höhere Bildung*Heiratsjahr			0,993
Frau hat höhere Bildung*Heiratsjahr			0,984 *
Mann hat höhere Bildung*Ehejahr			0,991
Frau hat höhere Bildung*Ehejahr			0,986
a-Parameter	-10,540 **	-10,493 **	-10,811 **
Ereignisse	2845	2845	2845
Episoden	185918	185918	185918
Log-Likelihood	-7387,1	-7385,2	-7381,7

Signifikanzlimits: ** p < 0,01; * p < 0,05; + p < 0,10

[1] Dummy-Variable, die bei Vorliegen der genannten Ausprägung mit 1, ansonsten mit 0 kodiert ist.

[2] Referenzkategorie: bildungshomogames Paar

[3] Referenzkategorie: erste Ehe

[4] Referenzkategorie: ostdeutsche Ehe

Quelle: kumulierter Datensatz, eigene Berechnung.

In Modell 2 von Tabelle 13 werden bildungsheterogame Paare danach differenziert, ob der Mann oder ob die Frau ein höheres Bildungsniveau aufweist. Als Ergebnis zeigt sich, dass sowohl eine höhere Bildung des Ehemannes im Vergleich zu seiner Frau als auch eine höhere Bildung der Ehefrau im Vergleich zu ihrem Mann das Trennungsrisiko signifikant erhöht. Dabei fällt die Risikosteigerung gegenüber bildungshomogamen Paaren stärker aus, wenn die Frau über ein höheres Bildungsniveau verfügt (mit rund 37 %), als wenn der Mann ein höheres Bildungsniveau aufweist (mit rund 14 %).

Ob sich der Einfluss von Bildungsunterschieden auf das Trennungsrisiko mit zunehmender Ehedauer ändert, wird in Modell 3 von Tabelle 13 überprüft. Da eine längere Ehedauer mit einem früheren Heiratsjahr einhergeht, werden neben Interaktionseffekten mit der Ehedauer auch Interaktionseffekte mit dem Heiratsjahr berücksichtigt und damit konstant gehalten. Als Ergebnis zeigt sich nur zwischen dem Heiratsjahr und einer Bildungsdifferenz zugunsten der Frau ein signifikanter Interaktionseffekt. Der zugehörige Haupt- und Interaktionseffekt implizieren, dass eine höhere Bildung zugunsten der Frau das Trennungsrisiko in allen Heiratskohorten erhöht, bei den in älterer Zeit geschlossenen Ehen jedoch stärker als bei den in jüngerer Zeit geschlossenen Ehen.[67] Hingegen zeigen sich keine signifikanten Interaktionseffekte zwischen Bildungsunterschieden und der Ehedauer.

Wie sich Altersdifferenzen zwischen den Partnern auf das Trennungsrisiko auswirken, und ob sich deren Einfluss auf das Trennungsrisiko mit steigender Ehedauer verändert, geht aus Tabelle 14 hervor. Die dort abgebildeten Regressionsmodelle beziehen sich auf Ehen aus dem GGS, aus der Teilstichprobe LV2 der Lebensverlaufsstudie, aus der Mannheimer Scheidungsstudie und aus dem SOEP. Als Kovariate ist unter anderem das durchschnittliche Heiratsalter der Partner berücksichtigt. Damit wird ausgeschlossen, dass die Effekte von Altersdifferenzen auf das Trennungsrisiko durch Effekte des Heiratsalters überlagert werden, weil größere Altersabstände nur bei einem höheren durchschnittlichen Heiratsalter vorkommen können.

---

[67] Zum Beispiel erhöht eine höhere Bildung der Frau im Vergleich zu ihrem Mann das Trennungsrisiko, verglichen mit bildungshomogamen Ehen und bezogen auf den Beginn der Ehe, bei den 1950 geschlossenen Ehen um das $(5{,}891 \times 0{,}984^{50}=)$ 2,63-Fache und bei den im Jahr 2000 geschlossenen Ehen um das $(5{,}891 \times 0{,}984^{100}=)$ 1,17-Fache. Die hier zur Veranschaulichung der Interaktion ausgewiesenen Werte sollten allerdings nicht im Detail, sondern in ihrer Grundaussage beurteilt werden.

Tabelle 14: Effekte der Altershomogamie und weitere Determinanten des
Trennungsrisikos von Ehen (relative Risiken, generalisiertes
Sichel-Modell)

Parameter	Modell 1	Modell 2
Frau ist mehr als 4 Jahre älter[1,2]	1,667 **	3,446 +
Frau ist 2 bis 4 Jahre älter[1,2]	1,192 *	0,911
Mann ist 2 bis 4 Jahre älter[1,2]	1,060	0,615
Mann ist 5 bis 7 Jahre älter[1,2]	1,115 +	1,621
Mann ist 8 bis 10 Jahre älter[1,2]	1,332 **	2,503 +
Mann ist mehr als 10 Jahre älter[1,2]	1,615 **	2,300
Ehedauer (b-Parameter)	0,916 **	0,917 **
ln Ehedauer (c-Parameter)	2,131 **	2,156 **
Heiratsjahr minus 1900	1,034 **	1,033 **
Heiratsalter (Durchschnitt von Mann und Frau)	0,894 **	0,894 **
Heiratsalter (Durchschnitt von Mann und Frau) zum Quadrat	1,001 **	1,001 **
Folgeehe[1,3]	2,489 **	2,496 **
westdeutsche Ehe[1,4]	1,161 **	1,162 **
Frau ist mehr als 4 Jahre älter*Heiratsjahr		0,993
Frau ist 2 bis 4 Jahre älter*Heiratsjahr		1,003
Mann ist 2 bis 4 Jahre älter*Heiratsjahr		1,006
Mann ist 5 bis 7 Jahre älter*Heiratsjahr		0,997
Mann ist 8 bis 10 Jahre älter*Heiratsjahr		0,994
Mann ist mehr als 10 Jahre älter*Heiratsjahr		0,999
Frau ist mehr als 4 Jahre älter*Ehedauer		0,989
Frau ist 2 bis 4 Jahre älter*Ehedauer		1,002
Mann ist 2 bis 4 Jahre älter*Ehedauer		1,008
Mann ist 5 bis 7 Jahre älter*Ehedauer		0,987
Mann ist 8 bis 10 Jahre älter*Ehedauer		0,983
Mann ist mehr als 10 Jahre älter*Ehedauer		0,977 +
a-Parameter	-5,838 **	-5,822 **
Ereignisse	4359	4359
Episoden	348073	348073
Log-Likelihood	-14928,4	-14919,7

Signifikanzlimits: ** p < 0,01; * p < 0,05; + p < 0,10

[1] Dummy-Variable, die bei Vorliegen der genannten Ausprägung mit 1, ansonsten mit 0 kodiert ist.

[2] Referenzkategorie: beide Partner sind gleich alt oder die Frau oder der Mann ist ein Jahr älter

[3] Referenzkategorie: erste Ehe

[4] Referenzkategorie: ostdeutsche Ehe

Quelle: kumulierter Datensatz, eigene Berechnung.

Aus Modell 1 von Tabelle 14 geht hervor, dass Altersunterschiede zwischen den Ehepartnern das Trennungsrisiko erhöhen. Dies trifft für ein höheres Alter der Frau ebenso zu wie für ein höheres Alter des Mannes. In beiden Fällen ist die Risikosteigerung im Vergleich zu altershomogamen Paaren umso stärker, je größer der Altersabstand ist. Weiterhin zeigt sich, dass Altersunterschiede zugunsten der Frau das Trennungsrisiko stärker erhöhen als dieselben Altersunterschiede zugunsten des Mannes. Zum Beispiel geht ein Altersunterschied zugunsten der Frau von zwei bis vier Jahren mit einem signifikant erhöhten Trennungsrisiko im Vergleich zu altershomogamen Paaren einher, wohingegen derselbe Altersabstand zugunsten des Mannes das Trennungsrisiko nur geringfügig und nicht signifikant erhöht. Neben altershomogamen Ehen sind somit jene Ehen besonders stabil, bei denen die Altersdifferenz dem durchschnittlichen Altersabstand von Ehepartnern entspricht, der rund drei Jahre zugunsten des Mannes beträgt (Klein 1996).

In Modell 2 von Tabelle 14 sind zusätzlich Interaktionseffekte zwischen dem Altersabstand und der Ehedauer sowie zwischen dem Altersabstand und dem Heiratsjahr einbezogen. Als Ergebnis zeigt sich, dass der Einfluss von Altersunterschieden auf das Trennungsrisiko unabhängig vom Jahr der Eheschließung ist. Sowohl für Altersunterschiede zugunsten der Frau als auch für Altersunterschiede zugunsten des Mannes zeigen sich durchgängig nicht signifikante Interaktionseffekte mit dem Heiratsjahr. Demgegenüber ist für Ehen, bei denen der Mann mehr als zehn Jahre älter ist als die Frau, eine (schwach) signifikante Abschwächung des damit einhergehenden destabilisierenden Effekts im Eheverlauf zu beobachten. Etwas kleinere Altersunterschiede zugunsten des Mannes und ein Altersunterschied von mehr als vier Jahren zugunsten der Frau verlieren mit zunehmender Ehedauer ebenfalls tendenziell an Bedeutung für die Ehestabilität, die entsprechenden Interaktionseffekte sind jedoch nicht statistisch bedeutsam.

Abschließend wird untersucht, ob der Einfluss von Altersunterschieden auf das Trennungsrisiko mit zunehmender Ehedauer möglicherweise nicht kontinuierlich schwächer wird, sondern wieder zunimmt, wenn die Kinder ausziehen oder wenn die Ehepartner in den Ruhestand eintreten. Da Informationen zum Auszug von Kindern nur für einen Teil der Ehen vorliegen (siehe *Kapitel 3.2.2.1*), reduziert sich die Fallzahl durch die Berücksichtigung von diesbezüglichen Informationen deutlich (siehe die in Tabelle 14 und Tabelle 15 ausgewiesenen Fall- und Ereigniszahlen).

Tabelle 15: **Effekte der Altershomogamie, „empty nest"- und Ruhestands-Effekte und weitere Determinanten des Trennungsrisikos von Ehen (relative Risiken, generalisiertes Sichel-Modell)**

Parameter	Modell 1	Modell 2	Modell 3	Modell 4
Frau ist mehr als 4 Jahre älter[1,2]	1,966 **	1,869 *	1,624 **	1,612 **
Frau ist 2 bis 4 Jahre älter[1,2]	1,224	1,129	1,204 +	1,179
Mann ist 2 bis 4 Jahre älter[1,2]	1,074	1,017	1,086	1,070
Mann ist 5 bis 7 Jahre älter[1,2]	1,165 +	1,061	1,181 *	1,164 *
Mann ist 8 bis 10 Jahre älter[1,2]	1,499 **	1,057	1,442 **	1,459 **
Mann ist mehr als 10 Jahre älter[1,2]	1,686 **	1,306	1,702 **	1,675 **
Ehedauer (b-Parameter)	0,886 **	0,886 **	0,929 **	0,929 **
ln Ehedauer (c-Parameter)	3,195 **	3,212 **	1,983 **	1,984 **
Heiratsjahr minus 1900	1,029 **	1,030 **	1,045 **	1,045 **
Heiratsalter (Durchschnitt von Mann und Frau)	0,861 **	0,857 **	0,868 **	0,868 **
Heiratsalter (Durchschnitt von Mann und Frau) zum Quadrat	1,001 *	1,001 *	1,001 **	1,001 **
Folgeehe[1,3]	2,147 **	2,133 **	2,546 **	2,545 **
westdeutsche Ehe[1,4]	1,128	1,122	1,122 +	1,123 +
Kinder im Haushalt[1,5]	0,551 **	0,501 **		
"empty nest"[1,5]	1,252	1,000		
Frau ist mehr als 4 Jahre älter*Kinder im Haushalt		1,198		
Frau ist 2 bis 4 Jahre älter*Kinder im Haushalt		1,157		
Mann ist 2 bis 4 Jahre älter*Kinder im Haushalt		1,049		
Mann ist 5 bis 7 Jahre älter*Kinder im Haushalt		1,156		
Mann ist 8 bis 10 Jahre älter*Kinder im Haushalt		1,602 +		
Mann ist mehr als 10 Jahre älter*Kinder im Haushalt		1,341		
Frau ist mehr als 4 Jahre älter*"empty nest"		0,088		
Frau ist 2 bis 4 Jahre älter*"empty nest"		0,825		
Mann ist 2 bis 4 Jahre älter*"empty nest"		1,483		
Mann ist 5 bis 7 Jahre älter*"empty nest"		0,997		
Mann ist 8 bis 10 Jahre älter*"empty nest"		2,258 +		
Mann ist mehr als 10 Jahre älter*"empty nest"		3,092 *		
Mann ist im Ruhestand[1,6]			0,853	0,422 +
Frau ist mehr als 4 Jahre älter*Mann ist im Ruhestand				1,853
Frau ist 2 bis 4 Jahre älter*Mann ist im Ruhestand				3,193 +
Mann ist 2 bis 4 Jahre älter*Mann ist im Ruhestand				2,636 +
Mann ist 5 bis 7 Jahre älter*Mann ist im Ruhestand				2,446
Mann ist 8 bis 10 Jahre älter*Mann ist im Ruhestand				1,148
Mann ist mehr als 10 Jahre älter*Mann ist im Ruhestand				2,159
a-Parameter	-5,154 **	-5,030 **	-6,278 **	-6,269 **
Ereignisse	2769	2769	3503	3503
Episoden	209302	209302	233360	233360
Log-Likelihood	-7965,7	-7958,3	-10083,5	-10080,5

Signifikanzlimits: ** p < 0,01; * p < 0,05; + p < 0,10

[1] Dummy-Variable, die bei Vorliegen der genannten Ausprägung mit 1, ansonsten mit 0 kodiert ist.

[2] Referenzkategorie: erste Ehe

[3] Referenzkategorie: ostdeutsche Ehe

[4] Referenzkategorie: beide Partner sind gleich alt oder die Frau oder der Mann ist ein Jahr älter

[5] Referenzkategorie: kinderlos

[6] Referenzkategorie: Mann ist nicht im Ruhestand

Quelle: kumulierter Datensatz, eigene Berechnung.

Wie aus Modell 1 von Tabelle 15 hervorgeht, bestätigen sich auch für die Teilmenge der Ehen, bei denen keine fehlenden Informationen zur Geburt und zum Auszug von Kindern vorliegen, die bisherigen Befunde (wonach Altersunterschiede zwischen den Partnern das Trennungsrisiko erhöhen, umso mehr, je größer der Altersabstand zwischen den Partnern ist).

In Modell 2 von Tabelle 15 wird überprüft, ob sich Altersdifferenzen unterschiedlich auf das Trennungsrisiko auswirken, je nachdem, ob die Ehepartner keine Kinder haben, mit ihren Kindern zusammenleben oder ob alle Kinder bereits ausgezogen sind. Zu diesem Zweck sind in Modell 2, in Ergänzung zu Modell 1, zusätzlich Interaktionseffekte zwischen den einzelnen Altersdifferenzen und den beiden Dummy-Variablen „Kinder im Haushalt" und „empty nest" einbezogen. Somit repräsentieren die Haupteffekte für die Altersdifferenzen nun den Einfluss von Altersunterschieden auf das Trennungsrisiko in der Phase, in der (noch) keine Kinder geboren sind. Als Ergebnis zeigen sich in der kinderlosen Phase für Altersabstände zugunsten der Frau ähnliche Effekte auf das Trennungsrisiko wie in der Gesamtbetrachtung aus Modell 1 (vgl. z. B. die Risikosteigerung von 1,869 für Ehen mit einem Altersabstand zugunsten der Frau von mehr als vier Jahren gegenüber altershomogamen Ehen in Modell 2 mit der entsprechenden Risikosteigerung von 1,966 in Modell 1). Hingegen fallen die destabilisierenden Effekte von größeren Altersabständen zugunsten des Mannes in der kinderlosen Phase deutlich schwächer aus als in der Gesamtbetrachtung und sind nicht mehr signifikant.

Die Einflüsse von Altersunterschieden auf das Trennungsrisiko in der Familienphase und in der „empty nest"-Phase ergeben sich aus einer Verrechnung der Haupteffekte mit den zugehörigen Interaktionseffekten. Als Ergebnis zeigen sich für Paare, die mit ihren Kindern zusammenleben, insgesamt ähnliche Zusammenhänge zwischen dem Altersabstand und dem Trennungsrisiko wie für Paare, die (noch) kinderlos sind. In der „empty nest"-Phase zeigt sich hingegen bei einem größeren Altersabstand zugunsten des Mannes (von acht bis zehn sowie von mehr als zehn Jahren) eine besonders starke Erhöhung des Trennungsrisikos im Vergleich zu altershomogamen Paaren. Am stärksten ist die Risikosteigerung, wenn der Mann mehr als zehn Jahre älter ist als seine Frau. In diesem Fall ist das Trennungsrisiko in der „empty nest"-Phase um das (1,306 x 3,092 =) ca. Vierfache erhöht im Vergleich zu altershomogamen Paaren.

Modell 3 von Tabelle 15 bezieht sich auf Ehen, bei denen neben Informationen zum Altersabstand auch Informationen zum Ruhestandseintritt des Ehemannes vorliegen. Es bestätigt auch für diese Teilmenge der Ehen aus dem kumulierten Datensatz den trennungsrisikoerhöhenden Effekt von (vor allem größeren) Altersunterschieden zwischen den Partnern.

In Modell 4 von Tabelle 15 wird überprüft, ob der Effekt von Altersunterschieden auf das Trennungsrisiko unterschiedlich ausfällt, je nachdem, ob der Mann bereits in den Ruhestand eingetreten ist oder nicht. Zu diesem Zweck sind in Modell 4, in Ergänzung zu Modell 3, zusätzliche Interaktionsterme zwischen den Dummy-Variablen, die den Altersunterschied kennzeichnen, und dem Status des Ehemannes als im Ruhestand befindlich oder nicht berücksichtigt. Als Ergebnis zeigt Modell 4, dass der destabilisierende Effekt von (sowohl kleineren als auch von größeren) Altersunterschieden zwischen den Partnern tendenziell stärker ausfällt, wenn der Mann im Ruhestand ist. Dies bedeutet mit anderen Worten, dass der günstige Effekt von Altershomogamie auf die Ehestabilität in der Ruhestandsphase (des Mannes) tendenziell stärker zum Tragen kommt als zuvor.

Zusammenfassend zeigen die Ergebnisse zum Einfluss von Bildungs- und Altersunterschieden auf die Ehestabilität, dass sowohl Bildungs- und Altersunterschiede zugunsten der Ehefrau als auch zugunsten des Ehemannes das Trennungsrisiko im Vergleich zu bildungs- bzw. altershomogamen Paaren erhöhen. Dabei fallen die Ergebnisse eindeutiger aus, als dies bisher vorliegende Untersuchungen für Deutschland nahe gelegt haben, die sich jeweils auf wesentlich kleinere Fallzahlen beziehen.

Weniger eindeutig lässt sich hingegen die Frage beantworten, ob sich der Einfluss von Bildungs- und Altersunterschieden auf das Trennungsrisiko in mittleren und späteren Ehephasen ändert. Zwar weisen die Ergebnisse sowohl in Bezug auf das Bildungsniveau als auch in Bezug auf das Alter darauf hin, dass jeweils sowohl Unterschiede zugunsten der Frau als auch Unterschiede zugunsten des Mannes mit zunehmender Ehedauer tendenziell an Bedeutung für das Trennungsrisiko verlieren. Die Abschwächung der · Effekte liegt aber in fast allen Fällen im statistischen Zufallsbereich. Einzig für einen Altersabstand zugunsten des Mannes von mehr als zehn Jahren zeigt sich mit zunehmender Ehedauer eine schwach signifikante Abschwächung des destabilisierenden Effekts. Gleichwohl weist die Einheitlichkeit der Befunde darauf hin, dass Bildungs- und Altersunterschiede zwischen den Partnern das Trennungsrisiko vor allem in einer frühen Ehephase reduzieren und anschließend an Bedeutung für die Ehestabilität verlieren. Allerdings zeigen die Ergebnisse auch, dass größere Altersunterschiede zugunsten des Mannes in der „empty nest"-Phase sowie Altersunterschiede zugunsten von beiden Partnern in der Ruhestandsphase mit einer besonders starken Erhöhung des Trennungsrisikos einhergehen. Dies impliziert, dass Altershomogamie der Partner in späten Ehephasen möglicherweise wieder an Bedeutung für die Ehestabilität gewinnt.

Die Ergebnisse stehen damit im Einklang mit den theoretischen Überlegungen, wonach Bildungs- und Altersunterschiede zwischen den Partnern im Eheverlauf zunächst an Bedeutung für das Trennungsrisiko verlieren, weil Mismatches (die bei Bildungs- und Altersunterschieden wahrscheinlicher sind) bereits nach kurzer Zeit aufgelöst werden und weil durch langjähriges Zusammenleben eine gegenseitige Anpassung stattgefunden hat. Sie stehen ebenfalls im Einklang mit der Vorhersage, dass Bildungs- und Altershomogamie der Partner in späteren Ehephasen wieder an Bedeutung gewinnen könnte, weil eine fehlende Passung nicht mehr durch Kindererziehung überdeckt wird oder weil sich die Lebensumstände von altersheterogamen Paaren wieder auseinander entwickeln, wenn der ältere Partner in den Ruhestand eintritt. Allerdings sollten die ausgewiesenen Veränderungen der Effekte von Bildungs- und Altersunterschieden auf das Trennungsrisiko sehr vorsichtig interpretiert werden, da nur wenige der Veränderungen statistisch bedeutsam sind.

5 Zusammenfassung und Ausblick

Obwohl seit langem ein Forschungsdefizit in Bezug auf die Stabilität von Ehen im mittleren und höheren Erwachsenenalter beklagt wird, weiß man bis heute nur sehr wenig über die Ursachen von Trennung und Scheidung in späteren Lebens- und Ehephasen. Bis jetzt haben die in Einzelstudien sehr begrenzten Fallzahlen ein unüberwindliches Hindernis dargestellt. Selbst in den großen sozialwissenschaftlichen Umfragedatensätzen sind höhere Altersbereiche und spätere Trennungsereignisse zu selten enthalten, um zuverlässige Aussagen über die Ursachen und die sozialen Unterschiede der Ehestabilität in späteren Lebens- und Partnerschaftsphasen treffen zu können.

Die vorliegende Arbeit löst das bisherige Fallzahlproblem durch eine Kumulation bereits vorliegender Umfragedaten. Fünf große Umfragedatensätze haben sich für den Zweck der vorliegenden Untersuchung als harmonisierbar und kumulierbar erwiesen. Es handelt sich dabei um die Allgemeine Bevölkerungsumfrage der Sozialwissenschaften (ALLBUS), den Generations and Gender Survey für Deutschland, die Lebensverlaufsstudie, die Mannheimer Scheidungsstudie und das Sozio-oekonomische Panel (SOEP). Alle fünf Surveys enthalten Informationen über Ehen im Längsschnitt, repräsentieren die deutsche oder westdeutsche Bevölkerung und decken auch mittlere und höhere Altersbereiche ab. Sie entsprechen sich hinreichend in Bezug auf die Verfügbarkeit und Operationalisierung zentraler erklärender Variablen, so dass eine Vereinheitlichung der Variablen und Ausprägungen in den Einzeldatensätzen, die Voraussetzung für die Datenkumulation ist, zwar aufwändig, aber unproblematisch ist. Indem Informationen über Ehen aus fünf großen Umfragedatensätzen kumuliert werden, verfünffachen sich die Fallzahlen, die für Trennungsanalysen zur Verfügung stehen. Der kumulierte Datensatz umfasst insgesamt, d. h. für jüngere und spätere Altersbereiche zusammen, über 42.000 Ehen und über 6.600 Trennungsereignisse. Damit stehen erstmals auch für das mittlere und höhere Erwachsenenalter und für spätere Ehephasen ausreichende Fallzahlen zur Verfügung, um zuverlässige Aussagen treffen zu können.

Auf dieser Datengrundlage überprüft die vorliegende Untersuchung Hypothesen über die Stabilität von Ehen und über die Ursachen von Trennungen in späteren Lebens- und Partnerschaftsphasen, die in einer Lebensverlaufsperspektive und ausgehend von austauschtheoretischen und familienökonomischen Erklärungsmodellen ehelicher Stabilität generiert wurden.

Das Interesse der vorliegenden Untersuchung gilt erstens jenen Determinanten der Ehestabilität, die zwar in bisherigen Untersuchungen für das jüngere Erwachsenenalter vielfach untersucht wurden, die sich aber im mittleren und höheren Lebensalter systematisch verändern. Es handelt sich dabei um die Ehedauer, um das Alter der Ehepartner und ggf. um das Heiratsalter. Wie sich eine längere Ehedauer, ein höheres Alter und ein späteres Heiratsalter auf das Trennungsrisiko auswirken, konnte bislang aufgrund des Fallzahlproblems nicht empirisch überprüft werden, und die diesbezüglichen theoretischen Vorhersagen sind kontrovers.

Die wichtigsten Ergebnisse der vorliegenden Untersuchung hierzu sind, dass sich der aus Untersuchungen für kürzere Ehedauern bekannte, nach wenigen Ehejahren einsetzende Rückgang des Trennungsrisikos in mittleren und späteren Ehephasen auf lange Sicht fortsetzt, aber nicht kontinuierlich verläuft. Nach ca. zwanzig Ehejahren, wenn die ersten Ehepaare in die „empty nest"-Phase eintreten, ist sogar ein kurzzeitiger Wiederanstieg des Trennungsrisikos zu beobachten, der allerdings im statistischen Zufallsbereich liegt. Entlang des Alters der Ehepartner zeigt sich im mittleren und höheren Erwachsenenalter ein stetiger Rückgang des Trennungsrisikos, der bis zu einem Alter von ca. fünfzig Jahren nur moderat ausfällt und sich danach beschleunigt. Dabei beruht die Stabilisierung von Ehen in mittleren und späteren Lebens- und Partnerschaftsphasen zu ähnlich großen Teilen auf der steigenden Ehedauer und auf dem steigenden Alter der Ehepartner. Weitere Schlussfolgerungen ergeben sich aus der vorliegenden Untersuchung in Bezug auf die Verursachungsmechanismen, die dem stabilisierenden Effekt einer längeren Ehedauer bzw. eines höheren Lebensalters zugrunde liegen.

Was den Einfluss des Heiratsalters auf das Trennungsrisiko anbelangt, war bislang unklar, ob sich der vielfach dokumentierte günstige Effekt eines Aufschubs der Heirat über das junge Erwachsenenalter hinaus fortsetzt, oder ob nach einem „optimalen" Heiratsalter das Trennungsrisiko wieder ansteigt. Die vorliegende Untersuchung zeigt, dass ein höheres Heiratsalter zunächst nur bis Ende zwanzig (für Frauen) bzw. nur bis Anfang dreißig (für Männer) mit einer höheren Ehestabilität einhergeht. Ab diesem Zeitpunkt geht ein weiterer Anstieg des Heiratsalters mit keiner weiteren Stabilisierung der Ehe, sondern mit einem Wiederanstieg des späteren Trennungsrisikos einher, der für Frauen stärker ausgeprägt ist als für Männer und nur für Frauen statistisch bedeutsam ist. Verglichen mit dem hohen Trennungsrisiko von Frühehen fällt dieser Wiederanstieg des Trennungsrisikos allerdings, auch für Frauen, nur gering aus. Ab einem Heiratsalter von Ende dreißig setzt sich, für Frauen etwas früher als für Männer, der Trend aus dem jüngeren Erwachsenenalter fort, wonach ein höheres Heiratsalter mit einer höheren Ehestabilität einhergeht. Die Ergebnisse zeigen, dass der zwischenzeitliche Wiederanstieg des Trennungsrisikos mit steigendem Heiratsalter darauf zurückzuführen ist, dass bei einer späteren Heirat Zweitehen, die instabiler sind, wahrscheinlicher werden. Weitere Erklärungsansätze zugunsten eines Wiederanstiegs des Trennungsrisikos bei einem Aufschub der Heirat über das jüngere Erwachsenenalter hinaus, wie unter anderem die familienökonomische These, wonach die Verengung des Partnermarkts Mismatches und aus diesem Grunde auch Trennungen wieder wahrscheinlicher macht, sind hingegen nur von untergeordneter Bedeutung für das Trennungsrisiko.

Das Interesse der vorliegenden Untersuchung gilt zweitens den für das mittlere und höhere Erwachsenenalter typischen Ereignissen und Gegebenheiten. Wie sich der Übergang ins „leere Nest", der Eintritt in den Ruhestand und der Gesundheitszustand der Ehepartner auf das Trennungsrisiko auswirken, war bislang aufgrund des Fallzahlproblems für spätere Lebens- und Partnerschaftsphasen und wegen der Konzentration der bisherigen Trennungs- und Scheidungsforschung auf das jüngere Erwachsenenalter unklar.

Die wichtigsten Ergebnisse hierzu sind, dass der Eintritt in die „empty nest"-Phase das Trennungsrisiko der Eltern erhöht, sowohl im Vergleich zu kinderlosen Paaren und erst recht im Vergleich zu den Paaren, deren Kinder noch nicht ausgezogen sind. Dabei ist die Risikosteigerung im Vergleich zu den Paaren, deren Kinder noch nicht ausgezogen sind, dauerhaft. Die Erhöhung des Trennungsrisikos über das Niveau der Kinderlosen hinaus ist hingegen nur temporär. Zudem fällt die temporäre Erhöhung des Trennungsrisikos durch den Auszug der Kinder umso stärker aus, je jünger das zuletzt ausziehende Kind beim Auszug ist. Erklären lässt sich die dauerhafte Risikosteigerung durch den Auszug der Kinder im Vergleich zu Paaren, die noch mit ihren Kindern zusammenleben, durch den Verlust ehespezifischen Kapitals und durch eine reduzierte Abhängigkeit der Partner voneinander. Die empirisch beobachtete kurzfristige Erhöhung des Trennungsrisikos über das Niveau der Kinderlosen hinaus, die größer ausfällt, wenn die Kinder beim Auszug jünger sind, lässt sich hingegen nur als Ausdruck von Anpassungs- und Umstellungsschwierigkeiten interpretieren. Weitere potenzielle Erklärungsmechanismen für den „empty nest"-Effekt auf das Trennungsrisiko geben hingegen, im Vergleich der Erklärungsansätze, nicht den Ausschlag.

Am größten war das bisherige Fallzahlproblem in Bezug auf die Frage nach dem Einfluss des Eintritts in den Ruhestand auf das Trennungsrisiko. Denn in allen Einzeldatensätzen mit den für Trennungsanalysen notwendigen Informationen gibt es jeweils nur wenige Personen bzw. Ehen von Personen, die bereits in den Ruhestand eingetreten sind. Die Ergebnisse zeigen, dass der Ruhestandseintritt des Mannes (der Ruhestandseintritt der Frau konnte nicht berücksichtigt werden, da dieser nicht in allen Einzeldatensätzen zuverlässig identifizierbar ist) in der Regel keinen Effekt auf das Trennungsrisiko hat. Dabei ist es unerheblich, ob Partnerwahl und Heirat in jungen Erwachsenenjahren oder in einem späteren Alter erfolgen. Einzig bei einem ungewöhnlich frühen Ruhestandseintritt des Mannes im Alter von unter fünfzig Jahren zeigt sich ein Anstieg des Trennungsrisikos, der auf die ersten beiden Jahre nach dem Ruhestandseintritt beschränkt ist. Dieser temporäre Anstieg des Trennungsrisikos bei einem sehr frühen Ruhestandseintritt lässt sich als Ausdruck von Anpassungs- und Umstellungsschwierigkeiten interpretieren, die größer sind, wenn der Ruhestandseintritt unerwartet kommt. Andere potenzielle Erklärungsmechanismen für einen Ruhestands-Effekt auf das Trennungsrisiko sind nur von untergeordneter Bedeutung für die Ehestabilität. Was den risikosteigernden Effekt eines sehr frühen Ruhestandseintritts des Mannes auf das Trennungsrisiko anbelangt, muss man allerdings davon ausgehen, wenngleich dies in den betreffenden Analysen nicht überprüft werden konnte, dass dieser zu einem Teil auf gesundheitliche Beeinträchtigungen zurückzuführen ist, die einen frühen Ruhestandseintritt erzwingen.

Weitere Ergebnisse der vorliegenden Untersuchung zeigen nämlich, dass gesundheitliche Beeinträchtigungen das Trennungsrisiko erhöhen. Dabei gehen sowohl ein schlechter Gesundheitszustand von nur einem Partner als auch von beiden Partnern mit einem erhöhten Trennungsrisiko einher. Allerdings wird der risikosteigernde Effekt von gesundheitlichen Beeinträchtigungen auf das Trennungsrisiko mit steigender Ehedauer schwächer und verschwindet in späteren Ehephasen. Vertiefende Analysen legen nahe, dass der ungünstige Effekt von gesundheitlichen Beeinträchtigungen auf das Trennungsrisiko zumindest teilweise durch die mit Krankheit einhergehenden finanziellen Belastungen erklärbar ist. Weitere potentielle Erklärungsmechanismen zum Einfluss von Gesundheit und Krankheit auf das Trennungsrisiko haben hingegen keinen oder nur einen untergeordneten Einfluss auf das Trennungsrisiko.

Das Interesse der vorliegenden Untersuchung gilt drittens der Frage, ob bestimmte Merkmale der Partner und der Partnerschaft, die sich in jungen Jahren als bedeutsam für die Ehestabilität erwiesen haben, in lange andauernden Ehen eine andere Bedeutung für das Trennungsrisiko haben als in einer frühen Ehephase. In diesem Zusammenhang wurde überprüft, ob sich der Einfluss des Bildungsniveaus und der Einfluss der Bildungs- und Altershomogamie auf das Trennungsrisiko ändern, wenn Ehen älter werden. Zudem wurde untersucht, ob sich die genannten Effekte in der Kohortenabfolge verändert haben, und aus diesem Grunde bei älteren Ehen anders ausfallen als bei jüngeren Ehen.

Die wichtigsten Ergebnisse hierzu sind, dass sich der Bildungseffekt auf das Trennungsrisiko in der Kohortenabfolge gedreht hat. Sowohl für Frauen als auch, weniger ausgeprägt, für Männer geht ein höheres Bildungsniveau bei älteren Heiratskohorten mit einem höheren Trennungsrisiko und bei jüngeren Heiratskohorten mit einem niedrigeren Trennungsrisiko einher. Insgesamt weisen die Ergebnisse zur schulischen und beruflichen Bildung von Frauen und zur schulischen und beruflichen Bildung von Männern darauf hin, dass vor allem eine veränderte Bedeutung der Einkommenschancen der Frau für die Ehestabilität sowie die Bildungsexpansion maßgeblich für die Kohortenunterschiede des Bildungseffekts sind. Was den Einfluss von Bildungs- und Altersunterschieden zwischen den Partnern auf das Trennungsrisiko anbelangt, zeigt die vorliegende Untersuchung, dass altershomogame Paare über alle Heiratskohorten hinweg stabiler sind als altersheterogame Paare. Dies gilt auch für bildungshomogame Paare im Vergleich zu bildungsheterogamen Paaren, wobei aber ein höheres Bildungsniveau der

Ehefrau im Vergleich zu ihrem Mann das Trennungsrisiko bei älteren Heiratskohorten in stärkerem Maße erhöht als bei jüngeren Heiratskohorten.

Die Ergebnisse zum Einfluss des Bildungsniveaus und von Bildungs-
und Altersunterschieden auf das Trennungsrisiko verdeutlichen, dass der
Erkenntnisgewinn der vorliegenden Untersuchung nicht auf spätere Lebens-
und Partnerschaftsphasen begrenzt ist. Sondern es lassen sich auf Grundlage
des kumulierten Datensatzes, dank der sehr großen Fallzahlen, auch zuverlässigere und genauere Aussagen zu den Determinanten der Ehestabilität im
Allgemeinen treffen, als dies bislang möglich war. Die vorliegende Untersuchung belegt, dass jeweils sowohl Bildungs- und Altersunterschiede zugunsten der Frau als auch zugunsten des Mannes die Ehestabilität im Vergleich
zu bildungs- bzw. altershomogamen Paaren reduzieren, was aus den bisher
für Deutschland vorliegenden Untersuchungen, die sich jeweils auf wesentlich kleinere Fallzahlen stützen, nicht eindeutig hervorging.

Bezüglich der Frage, ob sich der Einfluss der Bildungs- und Altershomogamie auf die Ehestabilität im Eheverlauf ändert, stößt allerdings auch die
vorliegende Analyse von kumulierten Umfragedaten an Fallzahlgrenzen.
Insgesamt weisen die Ergebnisse darauf hin, dass Bildungs- und Altershomogamie vor allem in einer frühen Ehephase das Trennungsrisiko reduzieren und danach an Bedeutung für das Trennungsrisiko verlieren. Es findet
sich aber auch, im Einklang mit den theoretischen Erwartungen, schwache
Evidenz dafür, dass Altersunterschiede in späten Ehephasen, wenn die Kinder ausgezogen sind und die Ruhestandsphase erreicht ist, wieder wichtiger
für die Ehestabilität werden.

Schließlich sind die Ergebnisse der vorliegenden Untersuchung über die
begrenzte Thematik dieser Untersuchung und über die Trennungs- und
Scheidungsforschung hinaus von Bedeutung. Die Ergebnisse zum „empty
nest"-Effekt auf das Trennungsrisiko weisen darauf hin, dass (wie häufig
vermutet, aber noch kaum untersucht) selektive Elternschaft kein ausschlag-
gebender Grund für die insgesamt höhere Stabilität von Paaren mit gemeinsamen Kindern ist. Denn ansonsten wäre zu erwarten gewesen, dass das
Trennungsrisiko von Paaren mit Kindern auch nach dem Auszug der Kinder
unter demjenigen von dauerhaft kinderlosen Paaren verbleibt, was aber nicht
der Fall ist. Und die Ergebnisse zum Einfluss der Gesundheit auf das Trennungsrisiko sind auch für die Erklärung gesundheitlicher Ungleichheit relevant. Sie weisen darauf hin, dass die vielfach dokumentierte, aber hinsicht-

lich ihrer Verursachung kontrovers diskutierte bessere Gesundheit von Verheirateten gegenüber Unverheirateten nicht nur in einem protektiven Effekt der Ehe auf die Gesundheit begründet ist, sondern auch darin, dass Gesündere eher verheiratet bleiben.

Literatur

Allison, Paul D., 1995: Survival Analysis Using the SAS System: A Practical Guide. Cary, NC: SAS Institute Inc.

Allmendinger, Jutta, 1990: Der Übergang in den Ruhestand von Ehepaaren. Auswirkungen individueller und familiärer Lebensverläufe. S. 272-303 in: Mayer, Karl Ulrich (Hg.), Lebensverläufe und sozialer Wandel. Sonderheft 31 der Kölner Zeitschrift für Soziologie und Sozialpsychologie. Opladen: Westdeutscher Verlag.

Amato, Paul R., 1996: Explaining the Intergenerational Transmission of Divorce. Journal of Marriage and the Family 58: S. 628-640.

Andersson, Gunnar, 1997: The impact of children on divorce risks of Swedish women. European Journal of Population 13: S. 109-145.

Andreß, Hans-Jürgen, und Henning Lohmann, 2001: Die wirtschaftlichen Folgen von Trennung und Scheidung. Gutachten im Auftrag des Bundesministeriums für Familie, Senioren, Frauen und Jugend. Stuttgart: Kohlhammer.

Arránz Becker, Oliver, 2008: Was hält Partnerschaften zusammen? Psychologische und soziologische Erklärungsansätze zum Erfolg von Paarbeziehungen. Wiesbaden: VS Verlag für Sozialwissenschaften.

Babka von Gostomski, Christian, 1999: Die Rolle von Kindern bei Ehescheidungen. S. 203-231 in: Klein, Thomas , und Johannes Kopp (Hg.). Würzburg: Ergon.

Babka von Gostomski, Christian, Josef Hartmann und Johannes Kopp, 1999: Sozialstrukturelle Bestimmungsgründe der Ehescheidung: Eine empirische Überprüfung einiger Hypothesen der Familienforschung. S. 43-62 in: Klein, Thomas, und Johannes Kopp (Hg.), Scheidungsursachen aus soziologischer Sicht. Würzburg: Ergon.

Baltes, Paul B., Ursula M. Staudinger und Ulman Lindenberger, 1999: Lifespan Psychology: Theory and Application to Intellectual Functioning. Annual Review of Psychology 50: S. 471-507.

Beck, Ulrich, 1986: Risikogesellschaft. Auf dem Weg in eine andere Moderne. Frankfurt am Main: Suhrkamp.

Beck, Ulrich, und Elisabeth Beck-Gernsheim, 1994: Individualisierung in modernen Gesellschaften - Perspektiven und Kontroversen einer subjektorientierten Soziologie. S. 10-39 in: Beck, Ulrich, und Elisabeth Beck-Gernsheim (Hg.), Riskante Freiheiten. Individualisierung in modernen Gesellschaften. Frankfurt am Main: Suhrkamp.

Becker, Gary S., 1973: A Theory of Marriage: Part I. Journal of Political Economy 81: S. 813-846.

Becker, Gary S., 1974: A Theory of Marriage: Part II. Journal of Political Economy 82: S. 11-26.

Becker, Gary S., 1993: A Treatise on the Family. Cambridge (Mass.): Havard University Press.

Becker, Gary S., Elisabeth M. Landes und Robert T. Michael, 1977: An Economic Analysis of Marital Instability. Journal of Political Economy 85: S. 1141-1187.

Ben-Shlomo, Yoav, und Diana Kuh, 2002: A life course approach to chronic desease epidemiology: conceptual models, empirical challenges and interdisciplinary perspectives. International Journal of Epidemiology 31: S. 285-293.

Berardo, Donna Hodgkins, 1982: Divorce and remarriage at middle age and beyond. The Annals of the American Academy of Political and Social Science 464: S. 132-139.

Berger, Peter L., und Hansfried Kellner, 1965: Die Ehe und die Konstruktion der Wirklichkeit. Soziale Welt 16: S. 220-235.

Blossfeld, Hans-Peter, und Götz Rohwer, 2002: Techniques of Event History Modeling. New Approaches to Causal Analysis. Second Edition. Mahwah: Erlbaum.

Blossfeld, Hans-Peter, und Andreas Timm (Hg.), 2003: Who Marries Whom? Educational Systems as Marriage Markets in Modern Societies. Dordrecht: Kluwer.

Blossfeld, Hans-Peter, Alessandra De Rose, Jan M. Hoem und Götz Rohwer, 1995: Education, Modernization, and the Risk of Marriage Disruption. S. 200-222 in: Mason, Karen Oppenheim, und An-Magritt Jensen (Hg.), Gender and Family Change in Industrialized Countries. Oxford: Clarendon Press.

Blossfeld, Hans Peter, und Johannes Huinink, 2001: Lebensverlaufsforschung als sozialwissenschaftliche Forschungsperspektive. Themen, Konzepte, Methoden und Probleme. BIOS 14: S. 5-31.

Bodenmann, Guy, 1995: Bewältigung von Stress in Partnerschaften. Der Einfluss von Belastungen auf die Qualität und Stabilität von Paarbeziehungen. Freiburg: Universitäts-Verlag.

Booth, Alan, und John N. Edwards, 1985: Age at Marriage and Marital Instability. Journal of Marriage and the Family 47: S. 67-74.

Booth, Alan, und David R. Johnson, 1994: Declining Health and Marital Quality. Journal of Marriage and the Family 56: S. 218-223.

Booth, Alan, John N. Edwards und David R. Johnson, 1991: Social Integration and Divorce. Social Forces 70: S. 207-224.

Booth, Alan, David R. Johnson, Lynn K. White und John N. Edwards, 1986: Divorce and Marital Instability over the Life Course. Journal of Family Issues 7: S. 421-442.

Böttcher, Karin, 2006: Scheidung in Ost- und Westdeutschland. Der Einfluss der Frauenerwerbstätigkeit auf die Ehestabilität. Kölner Zeitschrift für Soziologie und Sozialpsychologie 58: S. 592-616.

Brockmann, Hilke, und Thomas Klein, 2004: Love and death in Germany: The marital biography and its effect on mortality. Journal of Marriage and the Family 66: S. 567-581.

Brückner, Erika, 1993: Lebensverläufe und gesellschaftlicher Wandel. Konzeption, Design und Methodik der Erhebung von Lebensverläufen der Geburtsjahrgänge 1919-1921. Teil I. Berlin: Max-Planck-Institut für Bildungsforschung.

Brüderl, Josef, 2000: The Dissolution of Matches: Theoretical and Empirical Investigations. S. 1-17 [http://www.sowi.uni-mannheim.de/lehrstuehle/lessm/papers/Utrecht.pdf] in: *Weesie, Jeroen, und Werner Raub* (Hg.), The Management of Durable Relations: Theoretical Models and Empirical Studies of Households and Organizations. Amsterdam: Thela Thesis.

Brüderl, Josef, und Henriette Engelhardt, 1997: Trennung oder Scheidung? Einige methodologische Überlegungen zur Definition von Eheauflösungen. Soziale Welt 48: S. 277-290.

Brüderl, Josef, und Frank Kalter, 2001: The Dissolution of Marriages: The Role of Information and Marital-Specific Capital. Journal of Mathematical Society 25: S. 403-421.

Brüderl, Josef, Andreas Diekmann und Henriette Engelhardt, 1997: Erhöht eine Probeehe das Scheidungsrisiko? Eine empirische Untersuchung mit dem Familiensurvey. Kölner Zeitschrift für Soziologie und Sozialpsychologie 49: S. 205-222.

Bulanda, Jennifer R., 2006: Marriage in Later Life: The Relationship between Marital Quality, Health and Divorce among Older Adults. Dissertation an der Bowling Green State University, Ohio [http://etd.ohiolink.edu/ send-pdf.cgi/ Bulanda%20Jennifer.pdf?bgsu1150401607].

Bumpass, Larry L., und James A. Sweet, 1972: Differentials in Marital Instability: 1970. American Sociological Review 37: S. 754-766.

Cherlin, Andrew, 1977: The Effect of Children on Marital Dissolution. Demography 14: S. 265-272.

Coleman, James S., 1990: Foundations of Social Theory. Cambridge (Mass.): Belknap.

Collins, Rebecca L., Phyllis L. Ellickson und David J. Klein, 2007: The role of substance use in young adult divorce. Addiction 102: S. 786–794.

Diekmann, Andreas, 1987: Determinanten des Heiratsalters und Scheidungsrisikos. Eine Analyse soziodemographischer Umfragedaten mit Modellen und statistischen Schätzmethoden der Verlaufsdatenanalyse. Habilitation an der Universität München [http://www.socio.ethz.ch/vlib/dhs/ dhs0.pdf].

Diekmann, Andreas, 1993: Auswirkungen der Kohortenzugehörigkeit, der schulischen Bildung und der Bildungsexpansion auf das Heiratsverhalten. S. 136-164 in: *Diekmann, Andreas, und Stefan Weick* (Hg.), Der Familienzyklus als sozialer Prozess. Bevölkerungssoziologische Untersuchungen mit den Methoden der Ereignisanalyse. Berlin: Duncker & Humblot.

Diekmann, Andreas, und Peter Mitter, 1983: The "Sickle Hypothesis". A Time Dependent Poisson Model with Applications to Deviant Behavior and Occupational Mobility. Journal of Mathematical Sociology 9: S. 85-101.

Diekmann, Andreas, und Peter Mitter, 1984: A Comparison of the "Sickle Function" with Alternative Stochastic Models of Divorce Rates. S. 123-153 in: *Diekmann, Andreas, und Peter Mitter* (Hg.), Stochastic Modelling of Social Processes. London: Academic Press, Inc.

Diekmann, Andreas, und Peter Mitter, 1990: Stand und Probleme der Ereignisanalyse. S. 404-441 in: *Mayer, Karl Ulrich* (Hg.), Lebensverläufe und sozialer Wandel. Sonderheft 31 der Kölner Zeitschrift für Soziologie und Sozialpsychologie. Opladen: Westdeutscher Verlag.

Diekmann, Andreas, und Thomas Klein, 1991: Bestimmungsgründe des Ehescheidungsrisikos. Eine empirische Untersuchung mit den Daten des sozioökonomischen Panels. Kölner Zeitschrift für Soziologie und Sozialpsychologie, 43: S. 271-290.

Diekmann, Andreas, und Henriette Engelhardt, 1995: Die soziale Vererbung des Scheidungsrisikos. Eine empirische Untersuchung der Transmissionshypothese mit dem deutschen Familiensurvey. Zeitschrift für Soziologie 24: S. 215-228.

Diekmann, Andreas, und Kurt Schmidheiny, 2001: Bildung und Ehestabilität: Eine Untersuchung schweizerischer Familienbiographien mit den Methoden der Ereignisanalyse. Swiss Journal of Sociology 27: S. 241-254.

Diekmann, Andreas, und Kurt Schmidheiny, 2004: Do Parents of Girls Have a Higher Risk of Divorce? An Eighteen-Country Study. Journal of Marriage and Family 66: S. 651-660.

Dinkel, Andreas, 2006: Der Einfluss von Bindungsstil und dyadischem Coping auf die partnerschaftliche Beziehungsqualität. Eine Analyse moderierter Mediationseffekte: Dissertation an der Universität Dresden.

Dinkel, Reiner H., und Ina Milenovic, 1992: Die Kohortenfertilität von Männern und Frauen in der Bundesrepublik Deutschland. Eine Messung mit Daten der empirischen Sozialforschung. Kölner Zeitschrift für Soziologie und Sozialpsychologie 44: S. 55-75.

Dorbritz, Jürgen, und Karla Gärtner, 1998: Bericht 1998 über die demographische Lage in Deutschland mit dem Teil B "Ehescheidungen - Trends in Deutschland und im internationalen Vergleich". Zeitschrift für Bevölkerungswissenschaft 23: S. 373-458.

Engelhardt, Henriette, 1998: Zur Dynamik von Ehescheidungen: Dissertation an der Universität Bern.

Engelhardt, Henriette, Heike Trappe und Jaap Dronkers, 2002: Differences in Family Policy and the Intergenerational Transmission of Divorce: A Comparison between the former East and West Germany. Demographic Research 6: S. 295-324.

Esser, Hartmut, 1993: Soziologie. Allgemeine Grundlagen. Frankfurt am Main: Campus.

Esser, Hartmut, 1999: Heiratskohorten und die Instabilität von Ehen. S. 63-90 in: *Klein, Thomas, und Johannes Kopp* (Hg.), Scheidungsursachen aus soziologischer Sicht. Würzburg: Ergon.

Esser, Hartmut, 2002: Ehekrisen: Das (re-)Framing der Ehe und der Anstieg der Scheidungsraten. Zeitschrift für Soziologie 31: S. 472-496.

Fisher, Helen, 1993: Anatomie der Liebe. Warum Paare sich finden, sich binden und auseinandergehen. München: Droemer Knaur.

Fooken, Insa, und Inken Lind, 1997: Scheidung nach langjähriger Ehe im mittleren und höheren Erwachsenenalter. Expertise im Auftrag des Bundesministeriums für Familie, Senioren, Frauen und Jugend. Stuttgart: Kohlhammer.

Fry, Christine L., 2002: The Life Course as a Cultural Construct. S. 269-294 in: *Settersen, Richard A.* (Hg.), Invitation to the Life Course: Toward New Understandings of Later Life. Amityville, New York: Baywood Publishing Company.

Fu, Haishan, und Noreen Goldman, 2002: The association between health-related behaviours and the risk of divorce in the USA. Journal of Biosocial Science 32: S. 63-88.

Galler, Heinz P., und Notburga Ott, 1990: Zur Bedeutung familienpolitischer Maßnahmen für die Familienbildung - eine verhandlungstheoretische Analyse familialer Entscheidungsprozesse. S. 111-134 in: *Felderer, Bernhard* (Hg.), Bevölkerung und Wirtschaft. Jahrestagung des Vereins für Socialpolitik, Gesellschaft für Wirtschafts- und Sozialwissenschaften. Berlin: Duncker & Humblot.

Giele, Janet Z., und Glen H. Elder, 1998: Life Course Research: Development of a Field. S. 5-27 in: *Giele, Janet Z., und Glen H. Elder* (Hg.), Methods of Life Course Research. Qualitative and Quantitative Approaches. Thousand Oaks: Sage.

Glenn, Norval D., und Michael Supancic, 1984: The Social and Demographic Correlates of Divorce and Separation in the United States: An Update and Reconsideration. Journal of Marriage and Family 46: S. 563-575.

Glick, Paul C., und Arthur Norton, 1977: Marrying, divorcing, and living together in the U.S. today. Population Bulletin 32: S. 1-39.

Goldman, Noreen, Sanders Korenman und Rachel Weinstein, 1995: Marital status and health among the elderly. Social Sciences & Medicine 40: S. 1717-1730.

Hall, Anja, 1997: "Drum prüfe, wer sich ewig bindet." Eine empirische Untersuchung zum Einfluß vorehelichen Zusammenlebens auf das Scheidungsrisiko. Zeitschrift für Soziologie 26: S. 275-295.

Hartmann, Josef, 1997: Komplexes Stichprobendesign und Ereignisanalyse: Zur Notwendigkeit einer Gewichtung bei diproportional geschichteter Stichprobe. MZES Arbeitspapiere/Working Papers Arbeitsbereich I / Nr. 17: S. 1-46.

Hartmann, Josef, 1999: Soziale Einbettung und Ehestabilität. S. 233-253 in: Klein, Thomas, und Johannes Kopp (Hg.), Scheidungsursachen aus soziologischer Sicht. Würzburg: Ergon.

Hartmann, Josef, 2003: Ehestabilität und soziale Einbettung. Würzburg: Ergon Verlag.

Hartmann, Josef, und Nikolaus Beck, 1999: Berufstätigkeit der Ehefrau und Ehescheidung. S. 179-202 in: Klein, Thomas, und Johannes Kopp (Hg.), Scheidungsursachen aus soziologischer Sicht. Würzburg: Ergon.

Heaton, Tim B., 1990: Marital Stability Throughout the Child-Rearing Years. Demography 27: S. 55-63.

Heaton, Tim B., 1991: Time-Related Determinants of Marital Dissolution. Journal of Marriage and the Family 53: S. 285-295.

Heaton, Tim B., Stan L. Albrecht und Thomas K. Martin, 1985: The Timing of Divorce. Journal of Marriage and Family 47: S. 631-639.

Hiedemann, Bridget, und Olga Suhomlinova, 1998: Economic Independence, Economic Status, and Empty Nest in Midlife Marital Duration. Journal of Marriage and the Family 60: S. 219-231.

Hill, Paul B., 1992: Emotionen in engen Beziehungen: Zum Verhältnis von 'Commitment', 'Liebe' und 'Rational Choice'. Zeitschrift für Familienforschung 4: S. 125-146.

Hill, Paul B., und Johannes Kopp, 1990: Theorien der ehelichen Instabilität. Zeitschrift für Familienforschung 2: S. 211-243.

Hill, Paul B., und Johannes Kopp, 2006: Familiensoziologie. Grundlagen und theoretische Perspektiven. 4., überarbeitete Auflage. Wiesbaden: VS Verlag für Sozialwissenschaften.

Hoem, Jan M., 1997: Educational Gradients in Divorce Risks in Sweden in Recent Decades. Population Studies 51: S. 19-27.

Höhn, Charlotte, 1980: Rechtliche und demographische Einflüsse auf die Entwicklung der Ehescheidungen seit 1946. Zeitschrift für Bevölkerungswissenschaft 6: S. 335-371.

Hu, Yuanreng, und Noreen Goldman, 1990: Mortality Differentials by Marital Status: An International Comparison. Demography 27: S. 233-250.

Hughes, Diane, Ellen Galinsky und Anne Morris, 1992: The Effects of Job Characteristics on Marital Quality: Specifying Linking Mechanisms. Journal of Marriage and Family 54: S. 31-42.

Huinink, Johannes, und Michael Feldhaus, 2009: Family Research from the Life Course Perspective. International Sociology 24: S. 299–324.

Hullen, Gert, 1998: Scheidungskinder - oder: die Transmission des Scheidungsrisikos. Zeitschrift für Bevölkerungswissenschaft 23: S. 19-38.

Inglehart, Roland, 1997: The Silent Revolution. Princeton, New Jersey: Princeton University Press.

Jalovaara, Marika, 2002: Socioeconomic Differentials in Divorce Risk by Duration of Marriage. Demographic Research 7: S. 537-564.

Joung, Inez M., H. Dike Van De Mheen, Karien Stronks, Frans W. Van Poppel und Johan P. Mackenbach, 1998: A longitudinal study of health selection in marital transitions. Social Science & Medicine 46: S. 425-435.

Kaestner, Robert, 1997: The Effects of Cocaine and Marijuana Use on Marriage and Marital Stability. Journal of Family Issues 18: S. 145-173.

Kalmijn, Matthijs, 1998: Intermarriage and Homogamy: Causes, Patterns, Trends. Annual Review of Sociology 24: S. 395-421.

Kalter, Frank, 1999: "The Ties that Bind" - Wohneigentum als ehespezifische Investition. S. 255-270 in: *Klein, Thomas, und Johannes Kopp* (Hg.), Scheidungsursachen aus soziologischer Sicht. Würzburg: Ergon.

Klages, Helmut, 1984: Wertorientierungen im Wandel. Rückblick, Gegenwartsanalyse, Prognosen. Frankfurt am Main/New York: Campus.

Klein, Thomas, 1992: Die Stabilität der zweiten Ehe - besondere Risikopotentiale, Selektionseffekte und systematische Unterschiede. Zeitschrift für Familienforschung 4: S. 221-237.

Klein, Thomas, 1994: Marriage Squeeze und Ehestabilität. Eine empirische Untersuchung mit den Daten des sozioökonomischen Panels. Zeitschrift für Familienforschung 6: S. 177-196.

Klein, Thomas, 1995a: Scheidungsbetroffenheit im Lebensverlauf von Kindern. S. 253-263 in: *Nauck, Bernhard, und Hans Bertram* (Hg.), Kinder in

Deutschland. Lebensverhältnisse von Kindern im Regionalvergleich. Opladen: Leske + Budrich.

Klein, Thomas, 1995b: Ehescheidung in der Bundesrepublik und in der früheren DDR. Unterschiede und Gemeinsamkeiten. S. 76-89 in: *Nauck, Bernhard, Norbert Schneider und Angelika Tölke* (Hg.), Familie und Lebensverlauf im gesellschaftlichen Umbruch. Stuttgart: Enke.

Klein, Thomas, 1996: Der Altersunterschied zwischen Ehepartnern. Ein neues Analysemodell. Zeitschrift für Soziologie 25: S. 346-370.

Klein, Thomas, 1999: Der Einfluß vorehelichen Zusammenlebens auf die spätere Ehestabilität. S. 143-158 in: *Klein, Thomas, und Johannes Kopp* (Hg.), Scheidungsursachen aus soziologischer Sicht. Würzburg: Ergon.

Klein, Thomas, 2000: Partnerwahl zwischen sozialstrukturellen Vorgaben und individueller Entscheidungsautonomie. Zeitschrift für Soziologie der Erziehung und Sozialisation 20: S. 229-243.

Klein, Thomas, 2003: Die Geburt von Kindern in paarbezogener Perspektive. Zeitschrift für Soziologie 32: S. 506-527.

Klein, Thomas, und Johannes Stauder, 1999: Der Einfluß ehelicher Arbeitsteilung auf die Ehestabilität. S. 159-177 in: *Klein, Thomas, und Johannes Kopp* (Hg.), Scheidungsursachen aus soziologischer Sicht. Würzburg: Ergon.

Klein, Thomas, und Johannes Kopp, 2002: Divorce in Europe - A Cohort Perspective. S. 149-174 in: *Kaufmann, Franz-Xaver, Anton Kuijsten, Hans-Joachim Schulze und Klaus Peter Strohmeier* (Hg.), Family Life and Family Policies in Europe. Volume II: Problems and Issues in Comparative Perspective. Oxford: Clarendon Press.

Klein, Thomas, und Ingmar Rapp, 2010: Der Einfluss des Auszugs von Kindern aus dem Elternhaus auf die Beziehungsstabilität der Eltern. Zeitschrift für Soziologie 39: S. 140-150.

Koch, Achim, Martina Wasmer, Janet Harkness und Evi Scholz, 2001: Konzeption und Durchführung der "Allgemeinen Bevölkerungsumfrage der Sozialwissenschaften" (ALLBUS) 2000. Mannheim: ZUMA.

Koch, Anja, 1993: An Economic Analysis of Marital Dissolution in West-Germany. Münchener wirtschaftswissenschaftliche Beiträge Discussion Paper Nr. 93-10: S. 1-21.

Kohli, Martin, 1985: Die Institutionalisierung des Lebenslaufs. Historische Befunde und theoretische Argumente. Kölner Zeitschrift für Soziologie und Sozialpsychologie 37: S. 1-29.

Kopp, Johannes, 1994: Scheidung in der Bundesrepublik. Zur Erklärung des langfristigen Anstiegs der Scheidungsraten. Wiesbaden: Deutscher Universitäts-Verlag.

Kraft, Kornelius, und Stefanie Neimann, 2009a: Impact of Educational and Religious Homogamy on Marital Stability. IZA Discussion Paper No. 4491: S. 1-37.

Kraft, Kornelius, und Stefanie Neimann, 2009b: Effect of labor division between wife and husband on the risk of divorce: Evidence from German data. SOEPpapers on Multidisciplinary Panel Data Research No. 223: S. 1-31.

Kruse, Andreas, und Hans-Werner Wahl, 1999: III. Soziale Beziehungen. Zeitschrift für Gerontologie und Geriatrie 32: S. 333-347.

Landesamt Für Datenverarbeitung und Statistik Nordrhein-Westfalen, 2007: Methodenverbund Mikrozensus-Panel. Teilprojekte "Verknüpfbarkeit" und "Prüfung der Selektivität von Arbeitsmarktprozessen und familiären Veränderungen". Abschlussbericht für das Bundesministerium für Bildung und Forschung (BMBF). Landesamt für Datenverarbeitung und Statistik Nordrhein-Westfalen.

Lee, Gary R., 1977: Age at Marriage and Marital Satisfaction: A Multivariate Analysis with Implications for Marital Stability. Journal of Marriage and the Family 39: S. 493-504.

Lehrer, Evelyn L., 2006: Age at Marriage and Marital Instability: Revisiting the Becker-Landes-Michael Hypothesis. IZA Diskussion Paper No. 2166: S. 1-40.

Levinger, George, 1976: A Social Psychological Perspective on Marital Dissolution. Journal of Social Issues 32: S. 21-47.

Lewis, Robert A., und Graham B. Spanier, 1979: Theorizing about the Quality and Stability of Marriage. S. 268-294 in: *Burr, Wesley R., Reuben Hill, F. Ivan Nye und L. Ira Reiss* (Hg.), Contemporary Theories about the Family. Vol. 1. New York: The Free Press.

Lewis, Robert A., und Graham B. Spanier, 1982: Marital Quality, Marital Stability, and Social Exchange. S. 49-65 in: *Nye, F. Ivan* (Hg.), Family Relationships: Rewards and Costs. Beverly Hills, CA: Sage.

Lillard, Lee A., und Constantijn W.A. Panis, 1996: Marital Status and Mortality: The Role of Health. Demography 33: S. 313-327.

Liu, Guiping, und Andres Vikat, 2004: Does divorce risk depend on spouses' relative income? A register-based study of first marriages in Sweden in 1981–1998. MPIDR Working Paper WP 2004-010: S. 1-23.

Lois, Daniel, 2008: Arbeitsteilung, Berufsorientierung und Partnerschaftsstabilität – Ehen und nichteheliche Lebensgemeinschaften im Vergleich. Kölner Zeitschrift für Soziologie und Sozialpsycholgie 60: S. 53-77.

Lynch, John, und George Davey Smith, 2005: A life course approach to chronic disease epidemiology. Annual Review of Public Health 26: S. 1-35.

Lyngstad, Torkild Hovde, 2004: The impact of parents' and spouses' education on divorce rates in Norway. Demographic Research 10: S. 121-142.

Lyngstad, Torkild Hovde, und Marika Jalovaara, 2010: A review of the antecedents of union dissolution. Demographic Research 23: S. 257-292.

Manzoli, Lamberto, Paolo Villari, Giovanni M Pirone und Antonio Boccia, 2007: Marital status and mortality in the elderly: A systematic review and meta-analysis. Social Science & Medicine 64: S. 77-94.

Mayer, Karl Ulrich, 1990: Lebensverläufe und sozialer Wandel. Anmerkungen zu einem Forschungsprogramm. S. 7-21 in: *Mayer, Karl Ulrich* (Hg.), Lebensverläufe und sozialer Wandel. Sonderheft 31 der Kölner Zeitschrift für Soziologie und Sozialpsychologie. Opladen: Westdeutscher Verlag.

Mayer, Karl Ulrich, 2009: New Directions in Life Course Research. Working Paper - Mannheimer Zentrum für Europäische Sozialforschung, Nr. 122: S. 1-25.

Miilunpalo, Seppo, Ilkka Vuori, Pekka Oja, Matti Pasanen und Helka Urponen, 1997: Self-Rated Health Status as a Health Measure: The Predictive Value of Self-Reported Health Status on the Use of Physician Services and on Mortality in the Working-Age Population. Journal of Clinical Epidemiology 50: S. 517-528.

Moore, Kristin A., und Linda J. Waite, 1981: Marital Disruption, Early Motherhood and Early Marriage. Social Forces 60: S. 20-40.

Morgan, S. Philip, und Ronald R. Rindfuss, 1985: Marital Disruption: Structural and Temporal Dimensions. American Journal of Sociology 90: S. 1055-1077.

Müller, Rolf, 2003: Union Disruption in West Germany. Educational Homogeneity, Children, and Trajectories in Marital and Nonmarital Unions. International Journal of Sociology 33: S. 3-35.

Murray, John E., 2000: Marital protection and marital selection: Evidence from a historical-prospective sample of american men. Demography 37: S. 511-521.

Ostermeier, Marion, und Hans Peter Blossfeld, 1998: Wohneigentum und Ehescheidung. Eine Längsschnittanalyse über den Einfluß gekauften und geerbten Wohneigentums auf den Prozeß der Ehescheidung. Zeitschrift für Bevölkerungswissenschaft 23: S. 39-54.

Ott, Notburga, 1993: Verlaufsanalysen zum Ehescheidungsrisiko. S. 394-415 in: *Diekmann, Andreas, und Stefan Weick* (Hg.), Der Familienzyklus als sozialer Prozeß. Bevölkerungssoziologische Untersuchungen mit den Methoden der Ereignisanalyse. Berlin: Duncker & Humblot.

Ott, Notburga, 1998: Der familienökonomische Ansatz von Gary S. Becker. S. 63-90 in: *Pies, Ingo, und Martin Leschke* (Hg.), Gary Beckers ökonomischer Imperialismus. Tübingen: Mohr Siebeck.

Presser, Harriet B., 2000: Nonstandard Work Schedules and Marital Instability. Journal of Marriage and the Family 62: S. 93–110.

Rapp, Ingmar, 2008: Wann werden Ehen getrennt? Der Einfluss der Ehedauer auf das Trennungsrisiko. Kölner Zeitschrift für Soziologie und Sozialpsychologie 60: S. 500-527.

Rapp, Ingmar, und Thomas Klein, 2010: Empty nest und die Stabilität der Elternbeziehung. Gibt es einen empty nest-Effekt auf das Trennungsrisiko? S. 235-248 in: *Ette, Andreas, Kerstin Ruckdeschel und Rainer Unger* (Hg.), Potentiale intergenerationaler Beziehungen. Chancen und Herausforderungen für die Gestaltung des demografischen Wandels. Würzburg: Ergon.

Rapp, Ingmar, 2012: In Gesundheit und Krankheit? Der Zusammenhang zwischen dem Gesundheitszustand und der Ehestabilität. Kölner Zeitschrift für Soziologie und Sozialpsychologie 64.

Ross, Heather L., und Isabel V. Sawhill, 1975: Time of Transition: The Growth of Families Headed by Women. Washington, D.C.: Urban Institute.

Sauvain-Dugerdil, Claudine, 2006: Soziodemografie der späten familialen Lebensphase. S. 37-71 in: *Eidgenössische Koordinationskommission Für Familienfragen* (Hg.), Pflegen, betreuen und bezahlen. Familien in späteren Lebensphasen. Bern.

Scheller, Gitta, 1992: Wertewandel und Anstieg des Ehescheidungsrisikos? Eine qualitative Studie über den Anspruchs- und Bedeutungswandel der Ehe und seine Konsequenzen für die Ehestabilität. Pfaffenweiler: Centaurus.

Schmitt, Marina, und Susanne Re, 2004: Partnerschaft im Alter. S. 373-386 in: Kruse, Andreas , und Mike Martin (Hg.), Enzyklopädie der Gerontologie: Alternsprozesse in multidisziplinärer Sicht. Bern/Göttingen/Toronto/ Seattle: Verlag Hans Huber.

Schnell, Rainer, 2009: Biometrische Daten. S. 45-60 in: König, Christian, Matthias Stahl und Erich Wiegand (Hg.), Nicht-reaktive Erhebungsverfahren (GESIS-Schriftenreihe Band 1). Bonn: GESIS.

Siegrist, Johannes, und Töres Theorell, 2008: Sozioökonomischer Status und Gesundheit: Die Rolle von Arbeit und Beschäftigung. S. 99-130 in: Siegrist, Johannes, und Michael Marmot (Hg.), Soziale Ungleichheit und Gesundheit: Erklärungsansätze und gesundheitspolitische Folgerungen. Bern: Hans Huber.

South, Scott J., 2001: Time-Dependent Effects of Wives' Employment on Marital Dissolution. American Sociological Review 66: S. 226-245.

South, Scott J., und Glenna Spitze, 1986: Determinants of Divorce Over the Marital Life Course. American Sociological Review 51: S. 583-590.

South, Scott J., und Kim M. Lloyd, 1995: Spousal Alternatives and Marital Dissolution. American Sociological Review 60: S. 21-35.

Statistisches Bundesamt, 1966: Fachserie A: Bevölkerung und Kultur. Reihe 2: Natürliche Bevölkerungsbewegung. Stuttgart: Kohlhammer.

Statistisches Bundesamt, 2006: Handbuch Mikrozensus-Panel 1996-1999. Wiesbaden: Statistisches Bundesamt.

Statistisches Bundesamt, 2011: Fachserie 1: Bevölkerung und Erwerbstätigkeit. Reihe 1.1: Natürliche Bevölkerungsbewegung. Wiesbaden: Statistisches Bundesamt.

Stauder, Johannes, 2002: Eheliche Arbeitsteilung und Ehestabilität. Eine Untersuchung mit den Daten der Mannheimer Scheidungsstudie 1996 unter Verwendung ereignisanalytischer Verfahren. Würzburg: Ergon.

Stauder, Johannes, 2003: Räumliche Mobilität und Familienzyklus. Statistische Analysen und Studien Nordrhein-Westfalen: S. 3-12.

Stauder, Johannes, 2006: Die Verfügbarkeit partnerschaftlich gebundener Akteure für den Partnermarkt. Kölner Zeitschrift für Soziologie und Sozialpsychologie 58: S. 617-637.

Syse, Astri, und Oystein Kravdal, 2007: Does cancer affect the divorce rate? Demographic Research 16: S. 469-492.

Teachman, Jay, 2008: Complex Life Course Patterns and the Risk of Divorce in Second Marriages. Journal of Marriage and Family 70: S. 294–305.

Thorslund, Mats, und Thor Norström, 1993: The Relationship Between Different Survey Measures of Health in an Elderly Population. Journal of Applied Gerontology 12: S. 61-70.

Tyrell, Hartmann, 1988: Ehe und Familie – Institutionalisierung und Deinstitutionalisierung. S. 145-156 in: *Lüscher, Karl, Franz Schultheis und Michael Wehrspann* (Hg.), Die 'postmoderne' Familie. Konstanz: Universitätsverlag.

Tzeng, Meei-Shenn, 1992: The Effects of Socioeconomic Heterogamy and Changes on Marital Dissolution for First Marriages. Journal of Marriage and the Family 54: S. 609-619.

Udry, J. Richard, 1983: The Marital Happiness/Disruption Relationship by Level of Marital Alternatives. Journal of Marriage and the Family 45: S. 221-222.

Udry, Richard J., 1981: Marital Alternatives and Marital Disruption. Journal of Marriage and the Family 43: S. 889-897.

Unger, Rainer, 2008: Gesundheit im Lebenslauf. Zur relativen Bedeutung von Selektions- gegenüber Kausaleffekten am Beispiel des Familienstands. S. 430-451 in: *Bauer, Ullrich, Uwe H. Bittlingmayer und Matthias Richter* (Hg.), Health Inequalities. Determinanten und Mechanismen gesundheitlicher Ungleichheit. Wiesbaden: VS Verlag für Sozialwissenschaften.

Wagner, Gert, 1991: Der Rentenzugang von Ehepaaren - Anmerkungen zur Emperie und Regulierung. S. 223-230 in: *Gather, Claudia* (Hg.), Frauen-Alterssicherung: Lebensläufe von Frauen und ihre Benachteiligung im Alter. Berlin: Sigma.

Wagner, Gert, 1993a: Gesellschaftliche Veränderungen und Rentenversicherung - Ein Plädoyer für eine eigenständige Alterssicherung. S. 188-199 in: *Naegele, Gerhard, und Hans Peter Tews* (Hg.), Lebenslagen im Strukturwandel des Alters. Opladen: Westdeutscher Verlag.

Wagner, Michael, 1993b: Soziale Bedingungen des Ehescheidungsrisikos aus der Perspektive des Lebenslaufs. S. 372-393 in: *Diekmann, Andreas, und Stefan Weick* (Hg.), Der Familienzyklus als sozialer Prozess. Bevölkerungssoziologische Untersuchungen mit den Methoden der Ereignis-analyse. Berlin: Duncker & Humblot.

Wagner, Michael, 1997: Scheidung in Ost- und Westdeutschland: zum Verhält-nis von Ehestabilität und Sozialstruktur seit den 30er Jahren. Frankfurt am Main/New York: Campus.

Wagner, Michael, und Bernd Weiß, 2003: Bilanz der deutschen Scheidungs-forschung. Versuch einer Meta-Analyse. Zeitschrift für Soziologie 32: S. 29-49.

Waite, Linda J., und Lee Lillard, A., 1991: Children and Marital Disruption. American Journal of Sociology 96: S. 930-953.

Waldron, Ingrid, Mary Elizabeth Hughes und Tracy L. Brooks, 1996: Marriage protection and marriage selection - prospective evidence for reciprocal effects of marital status and health. Social Science & Medicine 43: S. 113-123.

White, Lynn K., und Alan Booth, 1991: Divorce Over the Life Course. Journal of Family Issues 12: S. 5-21.

White, Lynn K., und John N. Edwards, 1991: Emptying the Nest and Parental Well-Being: An Analysis of National Panel Data. American Sociological Review 55: S. 235-242.

Wilson, Sven E., und Shawn L. Waddoups, 2002: Good marriages gone bad: Health mismatches as a cause of later-life marital dissolution. Popu-lation Research and Policy Review 21: S. 505-533.

Wu, Zheng, und Margaret J. Penning, 1997: Marital instability after midlife. Journal of Family Issues 18: S. 459-478.

Anhang

Tabelle 16: Effekte der Ehedauer auf das Trennungsrisiko für verschiedene Heiratskohorten (relative Risiken, Piecewise Constant Exponential-Modell)

Parameter	Modell 1[1]	Modell 2[2]	Modell 3[3]	Modell 4[4]	Modell 5[5]	Modell 6[6]
Ehedauer in Jahren						
0 bis unter 3 (Referenzkategorie)	1	1	1	1	1	1
3 bis unter 6	1,66 **	1,16	1,56 **	1,26 *	1,41 **	1,50
6 bis unter 9	1,48 *	1,11	1,35 *	1,30 **	1,24 *	1,54
9 bis unter 12	1,09	1,04	1,72 **	1,08	1,14	1,06
12 bis unter 15	0,86	1,09	1,38 *	0,84	1,27 *	
15 bis unter 18	0,69 +	1,01	1,15	0,76 *	1,19	
18 bis unter 21	0,73	1,23	1,04	0,88	1,18	
21 bis unter 24	0,51 **	1,28	1,18	0,76 +		
24 bis unter 27	0,40 **	0,72	0,92	0,62 **		
27 bis unter 30	0,36 **	0,99	0,87	0,48 **		
30 bis unter 33	0,19 **	0,54 *	0,37 **			
33 bis unter 36	0,29 **	0,69	0,64 +			
36 bis unter 39	0,17 **	0,28 **	0,31 **			
39 bis unter 42	0,10 **	0,31 *				
42 bis unter 45	0,09 **	0,24 *				
45 bis unter 48	0,07 **	0,10 *				
48 bis unter 51	0,10 *					
Konstante	-5,55 **	-5,79 **	-5,36 **	-4,60 **	-4,51 **	-4,34 **
Ereignisse	556	722	1444	1719	1400	654
Episoden	180293	178108	173319	113143	68783	35466
Log-Likelihood	-3362,8	-3667,9	-6083,5	-6428,9	-5011,0	-3073,9

Signifikanzlimits: ** p < 0,01; * p < 0,05; + p < 0,10

[1] vor 1950 geschlossene Ehen

[2] 1950 bis 1959 geschlossene Ehen

[3] 1960 bis 1969 geschlossene Ehen

[4] 1970 bis 1979 geschlossene Ehen

[5] 1980 bis 1989 geschlossene Ehen

[6] ab 1990 geschlossene Ehen

Quelle: kumulierter Datensatz, eigene Berechnung.

Tabelle 17: Effekte der Ehedauer auf das Trennungsrisiko, mit und ohne
Kontrolle des Alters (relative Risiken, Piecewise Constant
Exponential-Modell)

Parameter	Modell 1[1]	Modell 2[2]	Modell 3[2]
Ehedauer in Jahren			
0 bis unter 3	1,01	1,01	0,66 **
3 bis unter 6	1,44 **	1,44 **	1,09
6 bis unter 9	1,38 **	1,38 **	1,19 *
9 bis unter 12	1,25 **	1,25 **	1,16 *
12 bis unter 15	1,13 +	1,12 +	1,09
15 bis unter 18 (Referenzkategorie)	1	1	1
18 bis unter 21	1,04	1,04	1,08
21 bis unter 24	0,97	0,97	1,06
24 bis unter 27	0,69 **	0,68 **	0,79 *
27 bis unter 30	0,67 **	0,67 **	0,87
30 bis unter 33	0,30 **	0,30 **	0,45 **
33 bis unter 36	0,46 **	0,46 **	0,76
36 bis unter 39	0,23 **	0,23 **	0,42 **
Heiratsjahr minus 1900	1,03 **	1,03 **	1,03 **
Alter der Befragungsperson			
16 bis 20 (Referenzkategorie)			1
21 bis 25			0,72 **
26 bis 30			0,52 **
31 bis 35			0,42 **
36 bis 40			0,42 **
41 bis 45			0,39 **
46 bis 50			0,39 **
51 bis 55			0,29 **
56 bis 60			0,26 **
61 bis 65			0,22 **
66 bis 70			0,17 **
71 oder älter			0,10 **
Konstante	-7,20 **	-7,21 **	-6,46 **
Ereignisse	6580	6557	6557
Episoden	732981	730814	730814
Log-Likelihood	-28132,5	-28050,6	-27959,6

Signifikanzlimits: ** p < 0,01; * p < 0,05; + p < 0,10

[1] alle Ehen (bei einer maximalen Beobachtungsdauer von 39 Ehejahren)

[2] nur Ehen ohne fehlende Werte zum Alter der Befragungsperson

Quelle: kumulierter Datensatz, eigene Berechnung.

Tabelle 18: Effekte des Alters der Frau bzw. des Mannes auf das
Trennungsrisiko für alle Ehen und für nur Erstehen (relative
Risiken, Piecewise Constant Exponential-Modell)

Parameter	Frauen		Männer	
	Modell 1[1]	Modell 2[2]	Modell 3[1]	Modell4[2]
Alter der Frau (M1,2) bzw. des Mannes (M3,4)				
16 bis 20	1,26 *	1,34 **	1,17	1,15
Alter 21 bis 25	1,30 **	1,36 **	1,03	1,08
Alter 26 bis 30	1,09 +	1,12 *	1,10 +	1,13 *
Alter 31 bis 35 (Referenzkategorie)	1	1	1	1
Alter 36 bis 40	1,03	1,00	0,94	0,93
Alter 41 bis 45	0,90 +	0,85 *	0,90 +	0,86 *
Alter 46 bis 50	0,78 **	0,74 **	0,86 *	0,80 **
Alter 51 bis 55	0,48 **	0,44 **	0,58 **	0,52 **
Alter 56 bis 60	0,37 **	0,32 **	0,50 **	0,42 **
Alter 61 bis 65	0,23 **	0,18 **	0,32 **	0,25 **
Alter 66 bis 70	0,16 **	0,13 **	0,21 **	0,15 **
Heiratsjahr minus 1900	1,04 **	1,03 **	1,03 **	1,03 **
Konstante	-7,27 **	-7,05 **	-7,14 **	-6,95 **
Ereignisse	5626	4943	5309	4636
Episoden	567967	529680	527675	492700
Log-Likelihood	-22605,4	-19852,5	-20689,5	-18017,1

Signifikanzlimits: ** p < 0,01; * p < 0,05; + p < 0,10

[1] alle Ehen mit Informationen zum Alter der Frau bzw. des Mannes (bei einer maximalen Beobachtungsdauer bis zum Alter 70)

[2] nur Erstehen

Quelle: kumulierter Datensatz, eigene Berechnung.

Tabelle 19: Effekte des Alters der Frau bzw. des Mannes auf das
Trennungsrisiko, mit und ohne Kontrolle der Ehedauer (relative
Risiken, Piecewise Constant Exponential-Modell)

Parameter	Frauen		Männer	
	Modell 1[1]	Modell 2[1]	Modell 3[1]	Modell4[1]
Alter der Frau (M1,2) bzw. des Mannes (M3,4)				
16 bis 20	1,26 *	2,09 **	1,17	1,85 *
Alter 21 bis 25	1,30 **	1,71 **	1,03	1,40 **
Alter 26 bis 30	1,09 +	1,16 **	1,10 +	1,21 **
Alter 31 bis 35 (Referenzkategorie)	1	1	1	1
Alter 36 bis 40	1,03	1,03	0,94	0,93
Alter 41 bis 45	0,90 +	0,93	0,90 +	0,90
Alter 46 bis 50	0,78 **	0,92	0,86 *	0,92
Alter 51 bis 55	0,48 **	0,70 **	0,58 **	0,72 **
Alter 56 bis 60	0,37 **	0,61 **	0,50 **	0,74 *
Alter 61 bis 65	0,23 **	0,44 **	0,32 **	0,55 **
Alter 66 bis 70	0,16 **	0,35 **	0,21 **	0,42 **
Heiratsjahr minus 1900	1,04 **	1,03 **	1,03 **	1,04 **
Ehedauer in Jahren				
0 bis unter 3		1,84 +		2,18 *
3 bis unter 6		3,08 **		3,72 **
6 bis unter 9		3,48 **		3,92 **
9 bis unter 12		3,31 **		3,64 **
12 bis unter 15		3,21 **		3,63 **
15 bis unter 20		3,12 **		3,45 **
20 bis unter 25		3,01 **		3,43 **
25 bis unter 30		2,21 *		2,66 **
30 bis unter 40		1,59		1,73
ab 40 (Referenzkategorie)		1		1
Konstante	-7,27 **	-8,24 **	-7,14 **	-8,53 **
Ereignisse	5626	5626	5309	5309
Episoden	567967	567967	527675	527675
Log-Likelihood	-22605,4	-22528,0	-20689,5	-20617,8

Signifikanzlimits: ** $p < 0,01$; * $p < 0,05$; + $p < 0,10$

[1] alle Ehen mit Informationen zum Alter der Frau bzw. des Mannes (bei einer maximalen Beobachtungsdauer bis zum Alter 70)

Quelle: kumulierter Datensatz, eigene Berechnung.

VS Forschung | VS Research
Neu im Programm Soziologie